SOIL & CONCRETE TEST HANDBOOK

토질 및 콘크리트

시험 핸드북

건설기술교육연구소 저

공학박사 **최 재 진** 역
공학박사 **정 대 석** 역

since1973 도서출판 +iT
성안당 .com
www.cyber.co.kr / www.sungandang.com

日本옴사 · 성안당.com 공동출간

토질 및 콘크리트 시험핸드북

Original Japanese edition
Hyoujun Doshitsu · Concrete Shiken Handobukku
Edited by Kensetsu Gijutsu Kyouiku Kenkyusho
Writer by Kimiyasu Azuma, Shunji Ono, Kenichi Kouda, Akihiro Shimizu, Hiroyuki
Takahashi, Iwao Hieta, Hiroshi Furuya, Yasunobu Morino and Seiji Yonekawa
Copyright © 1999 by Kensetsu Gijutsu Kyouiku Kenkyusho
Published by Ohmsha, Ltd.

This Korean Language edition co-published by Ohmsha, Ltd.
and SEONG AN DANG Publishing co.

Copyright © 2005

머리말

최근 공사의 품질을 확보하지 못하면 살아남을 수 없는 상황하에서 기업으로서는 신입사원 연수에도 많은 노력을 경주하고 있다. 그러나 전문대학이나 대학교의 졸업생을 채용하여 현장에 배속시켜도 품질관리에 대한 지식이 거의 없기 때문에 현장을 맡길 수 없는 실정이라고 한다.

「건설기술교육연구소」에서 대학교와 전문대학의 교과과정을 조사하였더니 정보처리 교육의 학습시간에 밀려 토목재료시험과 실습시간이 극단적으로 적어진 것을 알 수 있었다. 그렇기 때문에 품질관리에 대한 지식이 거의 몸에 붙지 않은 것은 당연하여 졸업생이 일을 잘 처리할 수 없게 된 것이다.

이러한 배경에서 본서는 가능한 한 많은 시험 항목을 선택하여 품질관리에 필요한 지식을 얻을 수 있도록 각 시험을 엄밀히 기술하기보다는 쉽게 이해하도록 하는 데 중점을 두어 실제로 시험을 하고 있는 것과 같은 이미지가 체득될 수 있도록 그림으로 나타냈다. 또 시험 번호의 앞에 ★ 표시가 붙어 있는 것은 그만큼 알아둘 필요가 있는 중요한 시험을 표시한 것이다.

본서는 시험을 하는 시간이 적은 대학교와 전문대학에 최적의 교과서가 될 수 있도록 편집하였다. 또 신입사원 교육이나 보수교육에 충분히 도움이 되도록 많은 기업으로부터 귀중한 의견을 들어 정리한 것이기 때문에 기업 내 교육에도 적절할 것으로 확신하고 있다.

본서에 의해 시공관리의 중심을 이루는 품질관리의 각 시험 중에서도 근간이 되는 시험지식을 습득하여 한발 앞서가며, 입사 후에는 실무에 반영하여 하루라도 빨리 숙련자가 되어 활약할 수 있기를 기대해 마지않는다.

끝으로 본서를 집필하는 데 있어 여러 가지 일로 바쁘신 가운데도 불구하고 진력해 주신 집필자 여러분, 또 격려와 조언을 아끼지 않으신 출판 관계자 여러분에게 사의를 표하는 바이다.

건설기술교육연구소

1. 본서의 편집 방향

본서는 시험에 친숙하지 못하고 실제로 시험 기구를 보지 못한 학생과 기업의 신입 사원이, 시험 기구와 장치의 명칭, 그 기구와 장치의 사용 방법을 도해적으로 나타냄으로써, 직감적으로 시험 기구 및 장치의 원리를 이해하고 시험 순서 등도 재미있게 학습할 수 있도록 연구하였다.

더욱 깊은 지식이 필요한 분은 KS와 학회 기준서 등을 참고하기 바란다. 또, 토목기술자로서 상식적으로 알아두어야 할 20항목의 시험에 ★ 표시를 붙였는데 이 시험은 각 기업이 중요시하고 있는 시험이다. 그렇다고 기타의 시험이 중요하지 않다는 말은 아니다.

2. 본서의 구성

제1편의 기초지식에서는 단위 이야기와 시험에 사용하는 기구, 수치의 처리 등을 Q & A 형식으로 정리하였다.

제2편의 토질시험에서는 토목기술자로서 가장 기초가 되는 현장에서의 원위치 시험과 시험실에서 실시하는 토질 시험을 취급하고, 가능한 다수의 항목을 다루고자 하였다.

제3편의 재료시험에서는 콘크리트의 소재가 되는 시멘트, 골재에 대한 시험과 콘크리트 시험을 중점적으로 다루고 그 외에 철근 시험, 아스팔트 시험의 기초적인 것을 다루었다.

부록에서는 본서에서 사용한 기호와 단위 표시 방법, 그리스 문자의 읽는 방법 외에 시험 항목을 분류하여 기술하고 시험명과 무엇을 구하는 것인가를 곧바로 알 수 있도록 일람표로 정리하고, 입사시험에서 구술문답에 대응할 수 있도록 하였다.

3. 단위에 대하여

지금까지 중력단위가 사용되었지만 본서에서는 SI 단위로 환산하여 기술하였다. 이때의 환산은 다음과 같이 하였다.

$$1kgf = 9.81N$$
$$1kgf/cm^2 = 0.0981N/mm^2$$

또는

$$1N = 0.102kgf$$
$$1N/mm^2 = 10.19kgf/cm^2$$

4. 데이터 시트에 대하여

본서는 시험의 전체 상황을 명확히 이해하기 위하여 데이터 시트의 가장 중요한 점에 대한 기입법을 나타냈으며, 실제 공사에 따른 조사에서는 KS, 토목학회, 지반공학회, 콘크리트학회 등에서 제시한 데이터 시트를 이용해 주시기 바란다.

차례

●제4장 흙의 물리적 성질을 판단하는 시험

제3편 재료시험

•제1장 골재 시험

부록 B

제 1 편 기초지식

1. 단위에 관한 Q & A

Q SI 단위는 어떤 단위인가.

A 정확히는 SI 단위계라 하며, 다음과 같이 나타낸다.
길이는 [m], 속도는 [m/s], 가속도는 $[m/s^2]$, 질량은 [kg].
힘은 질량과 가속도의 곱 $[kg \cdot m/s^2]$으로 [N](뉴턴).
압력은 단위면적당의 힘 $[N/m^2]$으로 [Pa](파스칼).
[s], [m], [kg]과 같이 단일 단위를 기본단위, 기본단위를 조합한 [m/s], $[kg \cdot m/s^2]=[N]$, $[N/m^2]=[Pa]$은 유도단위라 한다.
그 외에 각도를 나타내는 [rad](라디안)을 보조단위라 하며, SI 단위는 기본단위, 유도단위, 보조단위로 구성된다.

Q SI 단위에서는 [mm], [cm], [g], [t], [min](분), [h](시간), 등의 단위는 사용할 수 없는가.

A 사용해도 좋은 것으로 되어 있다.
$[\mu m]=10^{-6}m$, $[mm]=10^{-3}m$, $[cm]=10^{-2}m$, $[g]=10^{-3}kg$, $[t]=10^3 kg$, $[min]=60s$, $[h]=3,600s$와 동일한 의미이지만 가능하면 [s], [m], [kg] 등의 SI 단위를 사용하는 것이 바람직하다.

Q SI 단위에서 큰 수, 작은 수는 어떻게 나타내는가.

A [mm]의 앞의 m은 접두어의 밀리를, 뒤의 m은 단위의 [m](미터)를 나타내며, $10^{-3}m$를 나타낸다. 또 [km]의 k(킬로)는 접두어로 10^3을 표시하고, $10^3 m$를 나타낸다.
접두어에는 오른쪽 표와 같은 것이 있다.

10^9	G	(기가)
10^6	M	(메가)
10^3	k	(킬로)
10^2	h	(헥토)
10^1	da	(데카)
10^{-1}	d	(데시)
10^{-2}	c	(센티)
10^{-3}	m	(밀리)
10^{-6}	μ	(마이크로)
10^{-9}	n	(나노)

Q 지구의 적도를 따라 한바퀴 돌면 약 40,000km이다. SI 단위에서 이렇게 표시해도 좋은가.

A SI 단위에서는 원칙적으로 0.1~1,000 사이에 있는 수치로 나타내며, 클 때와 작을 때는 접두어를 붙여 나타내야 한다.
$40,000km \rightarrow 4 \times 10^4 km \rightarrow 4 \times 10^4 \times 10^3 m \rightarrow 40 \times 10^6 m \rightarrow 40Mm$
이와 같이 길이는 접두어 M(메가)를 붙인 [Mm]의 단위로 나타내는 것이 원칙이다.

적도의 길이
40Mm

질량 1kg이 받는 중력은
9.81N의 힘

Q SI 단위와 중력 단위는 어떤 관계가 있는가.

A 지구상에 질량 1kg의 물체가 있다. 이 물체는 지구의 인력(중력 가속도 9.81m/s²)의 작용을 받아 지구의 중심으로 향하는 힘(질량 × 가속도 =1kg×9.81m/s²) 9.81N을 받는다. 종전의 중력단위에서는 1kg의 질량은 1kgf의 중력을 받는 것을 나타내었기 때문에 중력단위와 SI 단위는

  1kgf=9.81N

의 관계가 있어 서로 환산할 수 있다.

Q 액체에 작용하는 압력과 기체에 작용하는 기압, 구조부재에 생기는 응력이 같은 단위 [Pa]을 사용하는 것은 이해가 가지 않는데…….

A 수압 그리고 재료에 생기는 응력도 단위면적당 받는 힘이라고 하는 의미에서 SI 단위에서는 [N/m²]=[Pa]로 나타내며, 그 구별은 전혀 없다. 그러나 관용적으로 수리, 기상 등은 [Pa]을, 재료역학은 [N/mm²]를 사용하고 있다.

응력의 계산에서 [N/mm²]를 단위로 사용하는 것은 종래의 중력단위에 가까운 수치로 표현하려는 의도이다. 예를 들면

$$1,400kgf/cm^2=1,400 \times 9.81N/cm^2$$
$$=1,400 \times 9.81N/100mm^2$$
$$=137N/mm^2$$

중력단위의 응력 1kgf/cm²는, SI 단위 N/mm²로 환산하면 약 1/10로 되기 때문이다.

  $1kgf/cm^2=0.0981N/mm^2$

Ⓠ 길이를 측정하는 도구에는 어떤 것이 있는가.

Ⓐ 길이나 2점 간의 거리를 측정하는 데는 그 길이와 목적으로 하는 정밀도에 따라 적합한 것을 선택한다.

① 곧은자 : 1cm~1m 정도가 많고, 0.1mm의 정밀도까지 읽는다.

② 버니어 캘리퍼스 : 30mm~50cm 정도가 많고, 내경, 외경, 깊이를 측정할 수 있고, 버니어를 사용하여 0.05mm의 정밀도까지 읽는다.

③ 마이크로미터 : 25mm 정도 이하의 것이 많고 캘리퍼스보다 정밀도가 높아 0.01mm의 정밀도까지 읽는다.

④ 다이얼게이지 : 변동하는 공시체의 변위량을 측정하는 것으로 5~10mm 정도로 0.01~0.001mm의 정밀도까지 읽는다.

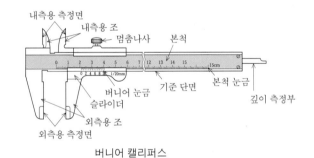

버니어 캘리퍼스

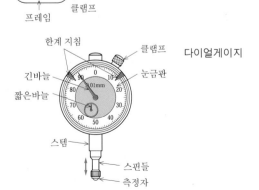

마이크로미터

다이얼게이지

◎ 질량, 힘을 측정하는 도구
에는 어떤 것이 있는가.

A 질량을 측정하는 도구에는 다음
과 같은 것이 있다.

천칭(수중 저울)

① 저울 : 0.5g~500kg까지로 정
밀도는 1/1,000 정도이다.

② 전자저울 : 천칭과 같이 폭넓
은 질량을 측정할 수 있다. 정
밀도는 천칭과 거의 같다.

③ 대저울 : 수 kg~수백 t까지이
고, 정밀도는 측정량의 1/100
~1/1,000 정도까지이다.

④ 로드셀 : 힘의 작용으로 생기
는 변형을 전기적으로 검출하
는 것으로 재하시험기에 붙여
사용한다. 정밀도는 측정량의 1/1,000 정도이다.

하중 읽기용
다이얼
게이지

프루빙
링

프루빙링

⑤ 프루빙링 : 힘의 크기와 링의 처짐량 사이에는 직선관계가
있는 것으로 가정하여 힘의 크기를 검출하는 것으로 정밀도
는 측정량의 1/100~1/500 정도이다.

◎ 온도를 측정하는 도구에는
어떤 것이 있는가.

A ① 수은온도계 : -30~+700℃ 사이의 온도를 측정할 수 있고,
0.1℃ 까지 측정할 수 있다. 유리로 만든 봉상온도계이다.

② 열전계 : -200~+600℃를 측정할 수 있고, 원격측정, 자동
측정장치의 일부로 사용된다. 정밀도는 지시온도의
0.5~0.75 정도이다. 측정에는 증폭기를 사용한다. 지시열
전온도계라고도 한다.

③ 방사온도계 : -50~+2,000℃ 정도의 온도를 측정할 수 있
고, 정밀도는 지시온도범위의 1% 정도이다. 고체의 표면온
도를 비접촉으로 측정할 수 있는 특징이 있다. 이것은 방사
열(전자파)의 세기로부터 측정한다.

A ① 고체의 체적을 구할 때, 밀도를 알고 있는 액체를 충분히 넣은 용기에 고체를 넣고 넘친 액체의 질량을 측정하거나 용량을 메스실린더로 측정하여 구한다.

$$체적 = \frac{질량}{밀도}$$

의 관계가 있다.

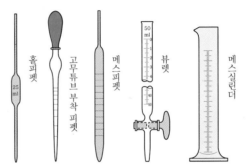

② 시멘트 등의 분체의 체적을 구할 때는 용적을 알고 있는 피크노미터와, 밀도 $\rho[g/cm^2]$를 알고 있는 액체를 사용하여 잰다. 재는 방법은 액체를

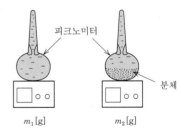

피크노미터에 충분히 넣어 질량 $m_1[g]$을 재고, 이번에는 액체를 비우고, 피크노미터에 분체를 넣은 다음 액체를 충분히 넣어 질량 $m_2[g]$을 잰다. 분체의 체적 v_p는 다음 식으로 구할 수 있다.

$$v_p = \frac{m_2 - m_1}{\rho}$$

③ 액체의 체적은 메스실린더로 용량 $v_l[ml]$를 측정한다.

④ 밀도의 측정도 체적의 측정과 같이 알고 있는 용기의 피크노미터나 메스실린더를 사용하여 측정한다. 그 외에 미소액체를 측정하고 적정(滴定)할 때는 피펫과 뷰렛을 사용한다.

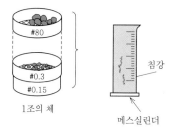

Q 입도는 어떠한 도구를 사용 하여 측정하는가.

A ① 체 눈금이 정해진 1조의 체 를 사용하여 체가름하고, 체에 잔유한 시료의 질량을 구하여 입도분포를 구한다.

② 체에 걸리지 않는 극세립자 는 입자의 침강 속도차를 이용하여 측정한다.

1조의 체

침강

메스실린더

Q 압력과 응력, 변형은 어떤 도구로 측정하는가.

A ① 기체나 액체에 작용하는 압력은 관 내에 밀도가 다른 액체 를 채운 별개의 가는 관을 꽂고 그 액체면의 위치를 측정하 여 압력을 구한다.

② 흙과 콘크리트 등이 받는 응력과 변형은 일반적으로 변형 저항측정기를 사용하여 전기적으로 응력과 압력 등을 측정 한다.

액체 등은 액체의 압력이 미치는 관의 신축량을 계측하여 압력을 구한다.

또 흙의 응력과 콘크리트에 생기는 응력은 변형을 측정하여 곧바로 응력으로 환산할 수 있다.

어느 것이나 측정하는 것은 변형률 ε으로 훅의 법칙에 의해 콘크리트의 압축응력 f_c', 강재의 응력 σ [N/mm²]로 환산 한다.

$$(f_c',\ \sigma) = E \cdot e$$

다만, E는 재료의 종탄성계수(영률)[N/mm²]

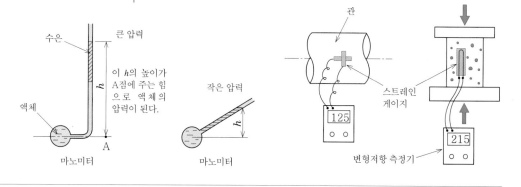

Q pH는 어떻게 측정하는가.

A pH는 액체의 수소이온농도를 나타내는 지표로 산성과 알칼리성의 정도를 나타내는 것이다. 주로 pH 지시약의 색 변화를 표준색과 비교하는 방법과, pH를 알고 있는 표준용액과 유리전극을 사용하여 두 용액의 전위차로부터 구하는 것이 있다.

Q pH는 어떻게 측정하는가.

A 토목 시험에서 생명을 위협할 수 있는 위험한 것은 없지만 고열의 재료를 취급하는 아스팔트 시험은 화상에 주의할 필요가 있다.

약품을 사용하는 화학적 시험에서는 물로 충분히 씻으면 문제가 없는 것이 많다. 다만 수은, 아세톤 등의 유해물을 취급하는 시험에서는 사전에 충분히 조처 방법을 생각해 두어야 한다. 수은 등은 만일 넘쳐흘러도 회수할 수 있도록 큰 접시 위에서 취급하는 등의 대응이 필요하다. 또, 사고를 방지하기 위해 실험 중에는 의복을 잘 갖춰 입고 항시 정리 정돈을 하는 자세가 필요하다.

3. 수치처리에 관한 Q & A

시험 데이터를 5.3mm라 쓰는 것과 5.30mm라 쓰는 것은 차이가 있는가.

5.3mm는 곧은자를 사용하여 측정한 것으로 5.3mm라 하는 수치는 오른쪽 그림의 곧은자에서

$$5.0 < 5.3 < 6.0$$

의 범위이고, 5.3의 끝자리 3은 눈으로 읽은 값으로 정확하지는 않다. 5.30mm는 우측 그림의 다이얼게이지에서 측정한 것으로,

$$5.295 < 5.30 < 5.305$$

의 범위로서 5.3까지는 확실히 정확하고 최후의 행의 0은 눈으로 읽은 값으로 정확하지는 않다. 이와 같이 측정된 데이터의 최후 자리의 수는 반드시 정확하지는 않지만 그 하나 앞의 행의 정밀도는 보증된다. 따라서 최후가 0인 경우는 0이 없는 경우보다 정밀도가 양호한 것이다. 5.30은 유효숫자 3행, 5.3은 유효숫자 2행이다.

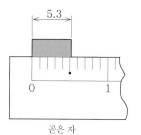

곧은 자

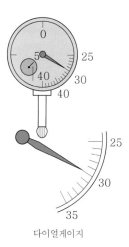

다이얼게이지

유효숫자 5행의 시험 결과 데이터를 유효숫자 3행으로 정리할 때 JIS에서는 어떻게 하는가.

33.333 → 33.3 : 4행이 5미만일 때 절사한다.

33.273 → 33.3 : 4행이 5를 넘을 때 반올림한다.

33.250 → 33.2 : 3행이 짝수이고 4행이 5, 5행이 0일 때 절사한다.

33.350 → 33.4 : 3행이 홀수이고 4행이 5, 5행이 0이일 때 반올림한다.

33.252 → 33.3 : 4행이 5이고 5행이 0이 아니면 반올림한다.

다만, 33.349 → 33.35 → 33.4로 해서는 안 된다. 33.349 → 33.3이다.

콘크리트의 압축 시험을 하였을 때 다음과 같은 데이터를 얻었다. 이 때 최소자승법에 의해 시멘트물비 x와 압축강도 Y의 관계를 구하고, 압축강도 50N/mm²가 되는 시멘트물비를 구하는 방법을 나타내시오.

압축 시험
공시체

횟수 n	1	2	3	4	5
시멘트물비 x	1.5	1.7	1.8	2.0	2.2
압축강도 y	34	45	46	47	52

다음과 같은 표를 만들고 다음 식으로 계산한다.

n	x	$(x)^2$	y	$(x \times y)$
1	1.5	2.25	34	51
2	1.7	2.89	45	76.5
3	1.8	3.24	46	82.8
4	2.0	4.00	47	94
5	2.2	4.84	52	114.4
① n $=5$	② $\sum x$ $=9.2$	③ $\sum (x)^2$ $=17.22$	④ $\sum y$ $=224$	⑤ $\sum (x \times y)$ $=418.7$

관계식

$y = ax+b$

$$a = \frac{n \times \sum(x \times y) - \sum x \times \sum y}{n \times \sum(x)^2 - \sum x \times \sum x} = \frac{① \times ⑤ - ② \times ④}{① \times ③ - ② \times ②}$$

$$= \frac{5 \times 418.7 - 9.2 \times 224}{5 \times 17.22 - 9.2 \times 9.2} = \frac{32.7}{1.46} = 22.4$$

$$b = \frac{\sum(x)^2 \times \sum y - \sum x \times \sum(x \times y)}{n \times \sum(x)^2 - \sum x \times \sum y} = \frac{③ \times ④ - ② \times ⑤}{① \times ③ - ② \times ②}$$

$$= \frac{17.22 \times 22.4 - 9.2 \times 418.7}{5 \times 17.22 - 9.2 \times 9.2} = \frac{5.24}{1.46} = 3.59$$

에 의해 $y = 22.4x+3.59$가 구해지고, $y = 50$으로 하면

$50 = 22.4x+3.59$

$x = 2.1$

따라서 시멘트물비 2.1이 된다.

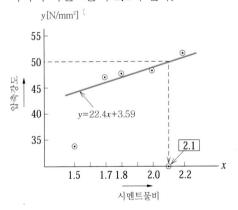

Q 물은 온도에 따라 1cm³당 질량이 변화하는데 각종 시험에서는 그러한 변화를 무시해도 좋은가.

A 대부분의 시험에서는 물의 밀도 ρ_w (1cm³당의 질량)는 1g/cm³로 해도 좋지만 물은 4℃에서 밀도가 최대가 되고 온도의 상승에 따라 밀도가 작아진다. 이러한 미소한 용적의 변화가 중요한 의미를 갖는 시험도 있다. 표에 나타낸 값은 온도와 밀도의 관계이다. 필요할 때는 이 수치를 참고하기 바란다.

T[℃]	10	11	12	13	14	15	16
ρ_w [g/cm³]	1.000	1.000	1.000	0.999	0.999	0.999	0.999
T[℃]	17	18	19	20	21	22	23
ρ_w [g/cm³]	0.999	0.999	0.998	0.998	0.998	0.998	0.998
T[℃]	24	25	26	27	28	29	30
ρ_w [g/cm³]	0.997	0.997	0.997	0.997	0.996	0.996	0.996

4. 보고서에 관한 Q & A

Q 시험을 종료하였을 때 어떤 것을 보고하면 좋은가.

A 보고서는 시험을 한 사람의 인품까지 나온다고 한다. 토목공학 기술자는 공공성이 높은 일에 종사하고 있으므로 정확한 시험 결과, 정직한 시험 결과를 기록하여야 한다.

보고서는 JIS, 학회 등의 기준이 있을 때는 그 데이터 시트에 보고자가 시험한 날짜, 기온, 날씨, 장소, 공시체 제작, 시험결과 그래프 등을

1. 시험명
2. 날짜
3. 날씨
4. 기온, 온도
5. 공시체
6. 데이터
7. 데이터 처리
8. 그래프 결론
9. 사용 기기, 정밀도 등
10. 보고자
11. 기타 유의 사항

기록하고, 노트를 준비하여 주의해야 할 중간 과정을 기록하는 것이 필요하다.

Q 시험을 할 때, 특히 염두에 두어야 할 사항은 어떤 것인가.

A ① 시험을 할 때는 우선 도구, 장치를 점검하는 것이 중요하다.

② 시험하기 전에 결과로서 어느 정도의 값이 정상적인 것인가 조사해 두고 측정된 수치가 정상인지를 판단할 수 있도록 해 두는 것이 중요하다. 동떨어진 수치가 나왔을 때는 바로 검토할 수 있도록 한다.

③ 측정 데이터를 읽을 때는 필요한 정도에 따라 유효숫자를 미리 정해 두는 것이 중요하다. 너무 세밀하게 읽으면 다음 데이터를 읽을 기회를 잃는 경우가 있다.

④ 보고서에는 유효숫자를 고려하여 기입한다. 측정한 이상으로 계산되어도 그 행수까지 모두 보고서에 쓸 필요는 없다. 측정 데이터의 유효숫자에 맞도록 한다.

제2편 **토질시험**

★ 표준 관입 시험

• • • • •

원위치에 있는 흙의 연경도나 구성의 지표로서 N값을 구하며 토층을 구성하는 흙의 시료를 채취한다.

시험공 굴착 장치	① 보링머신 1세트 : 지름 6.5~15cm의 시험공을 굴착할 수 있을 것.
	② 지지대(강관 등으로 조립)
	③ 드라이브 파이프 또는 케이싱
표준 관입 시험기	① 표준 관입 시험용 샘플러
	② Rod : JIS M 1419에 규정한 호칭 지름 40.05 또는 42.0mm
	③ Knocking head
	④ Hammer : 무게 63.5kg의 강제
	⑤ 낙하 기구 : 해머 정착 장치, 도르래, 해머 끌어올림 로프, 콘 풀리 또는 끌어올림 드럼
	⑥ 시료 보관용 용기

1. 시험공 굴착

(1) 시험공의 지름은 원칙적으로 6.5~15cm로 한다.

(2) 조사 목표 깊이까지 시험공을 굴착한다.

(3) 시험공 바닥에 남아 있는 굴착 찌꺼기 등을 제거한다.

2. 표준 관입 시험

(1) 샘플러를 rod에 접속하고 조용히 시험공 아래로 내린다.

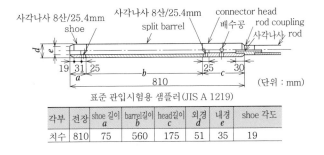

표준 관입시험용 샘플러(JIS A 1219)

(단위 : mm)

각부	전장	shoe 길이 a	barrel길이 b	head길이 c	외경 d	내경 e	shoe 각도
치수	810	75	560	175	51	35	19

(2) knocking head 및 guide용 rod를 매단다.

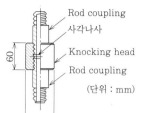

Rod coupling
사각나사
Knocking head
Rod coupling
(단위 : mm)

60
75

◀Knocking head의 예(JIS A 1219)

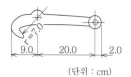

9.0 20.0 2.0
(단위 : cm)

▲ 해머 정착 장치의 예(지반 조사법)

(3) 15cm의 예비 타격, 30cm의 주 타격, 약 5cm의 추가 타격을 시행한다. 이때 주 타격의 시작 깊이, 종료 깊이를 기록한다.

(4) 주 타격은 hammer를 낙하 높이 75cm에서 자유낙하한다.

(5) 주 타격에서는 타격 1회마다 누계 관입량을 측정한다.

(6) 주 타격의 타격 횟수는 특별한 지시가 없으면 50회를 한도로 한다.

(7) 샘플러를 올리고 split barrel 내에 채취된 시료를 관찰한다.

(8) 대표적인 시료를 투명한 용기에 밀봉한다.

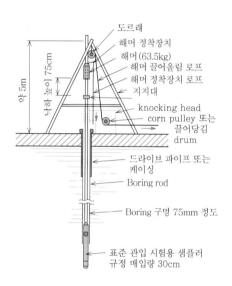

도르래
해머 정착장치
해머(63.5kg)
해머 끌어올림 로프
해머 정착장치 로프
지지대
knocking head
corn pulley 또는 끌어당김 drum
드라이브 파이프 또는 케이싱
Boring rod
Boring 구멍 75mm 정도
표준 관입 시험용 샘플러 규정 매입량 30cm

약 5m
낙하 높이 75cm

3. 결과 정리

(1) 타격 수−관입량의 관계 : 주 타격 30cm 관입에 대한 타격을 N값으로 하여 타격 수−관입량도를 작성하고 토층의 변화 지점을 구한다.

(2) 토질 주상도 작성 : 각각의 깊이에 N값을 plot하여 N값 곡선을 작성한다.

깊이 (m)	층두께 (m)	표준 관입 시험		
		토질기호	토질명	N값
				10 20 30 40 50 60
1.0	1.0		매립토	
2.0	1.5		점성토	
3.0	1.0		모래	
4.0	1.0		실트	
5.0	1.5		자갈	
6.0				

(3) 모래 지반의 상대 밀도(D_r)와 N값의 관계를 구한다.

(Meyerhof 식)

$$D_r = 21 \frac{N}{0.01\sigma_v' + 0.7}$$

D_r : 상대 밀도[%]

σ_v' : 유효 상재압[kN/m²]

(4) 점토의 consistence와 일축 압축 강도를 추정한다.

(Terzaghi and Peck 식)

$$q_u = 12.5N \,[\text{kN/m}^2]$$

q_u : 일축 압축 강도

4. 결과 이용

구조물의 기초가 되는 지지층($N \leqq 50$)이나 연약 지반(모래 지반 $N < 10$, 점토 $N < 4$)의 분포에 대한 처리 대책을 검토한다.

(1) 시험 결과로 판단 가능한 내용

구 분	내 용	
그림에 의한 판정	• 토층의 구성, 깊이 방향의 강도 변화 • 지지층의 분포 상황 • 연약층, 액상화 대상층의 유무 • 배수 조건	
N값에 의한 추정	모래 지반	• 상대 밀도, 전단 저항각 • 지지력 계수, 탄성 계수
	점토 지반	• Consistence, 일축 압축 강도 • 파괴에 대한 지지력

(2) 모래 지반에서 N값의 추정

N값	상대 밀도		내부 마찰각 ϕ (도)	
		(Dr)	Peck	Meyerhof
0~4	매우 느슨	0.0~0.2	28.5 이하	30 이하
4~40	느슨	0.2~0.4	28.5~30	30~35
10~30	중간	0.4~0.6	30~36	35~40
30~50	조밀함	0.6~0.8	36~41	40~45
50 이상	매우 조밀함	0.8~1.0	41 이상	45 이상

(3) 점토 지반에서 N값의 추정

Consistence	대단히 연약	연약	중간	강함	대단히 강함	고정됨
N값	2 이하	2~4	4~8	8~15	15~30	30 이상
q_u [kN/m²]	25 이하	25~50	50~100	100~200	200~400	400 이상

★ 평판 재하 시험

● ● ● ● ●

노상, 노반 등의 지반 반력 계수 K_s를 구하여 지반 지지력을 판단한다.

시험 장치 및 기구

① 재하판 : 두께 22mm 이상의 강재 원판으로 직경 30cm, 40cm, 75 cm인 것
② Jack : 재하 능력 50~400kN에서 정밀도가 그 능력의 1/100 이상인 프루빙링 또는 압력계를 부착한 것
③ 변위계 : 최소 눈금 1/100mm, 최대 20mm까지 측정 가능한 다이얼 게이지
④ 침하량 측정 장치 : 재하판의 침하량을 측정하는 장치, 변위계가 부착되어 있는 길이 3m 이상의 지지보와 지지 다리
⑤ 반력 장치 : 자동차 또는 트레일러 등
⑥ 기타 : 스톱워치, 건조 모래, 시료 보관용 용기 등

보강 리브

강판 두께
22mm 이상

$\dfrac{D}{2}$ 직경=D

▲ 재하판

1. 시험 방법

(1) 지반을 수준기 등으로 수평을 확인한 후 재하판을 설치할 범위를 평평하게 정리한다. 재하판의 앉음새를 좋게 하기 위해 재하판의 위치에 2~3mm 정도 모래를 깐다.

(2) 재하판 위에 jack을 설치한다. 이때 반력 장치의 지지점은 재하판에서 1m 이상 떨어지게 한다.

(3) 재하판을 안정시키기 위하여 재하 강도 35kN/m² 정도의 하중을 걸고 부하를 제거한다.

(4) 35kN/m²씩 하중을 증가시켜 그 하중에 의해 침하가 멈출 때까지 하중계와 변위계를 읽는다.

(5) 침하량 15mm, 지반에 필요한 최대 접지압 또는 지반 항복점을 넘으면 종료한다.

Jack을 설치한다.

재하판

모래를 2~3mm 얇게 깐다.

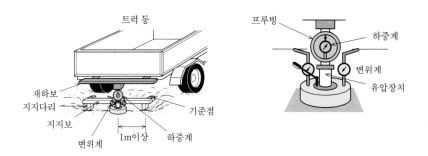

하중계 R의 계측은 침하량 S[mm]가 0.5, 1.0, 1.5, 2.0, 2.5, 3.0mm일 때 실시한다.

2. 결과 정리

(1) 평판 재하 시험의 결과 기록

JIS A 1215		도로의 평판 재하 시험					
조사건명					시험 연월일		. .
지점번호(지반고)		$SK-2(EL+18.2$m$)$			시험자	○ ○ ○	
재하판 형상		재하판의 직경(cm)		30	재하판의 면적(m²)		7.0 7E-2
Jack의 종류		Jack의 능력(kN)		100	반력 장치의 종류		
하중계 용량(kN)	60	하중계 교정계수 (kN/m²/눈금)		2.99	날씨		
계산에 이용한 침하량S(mm)	1.25	하중강도 p(kN/m²)		168	지반반력계수K(MN/m²)		134.4
시간	하중계 눈금 R	하중계 강도 P=(kN/m²)	변위계의 눈금(mm)				침하량 [mm]
			1	2	3	4	
8 : 00 : 00	0	0	0	0			0
5 : 05	11	32.89	0.29	0.28			0.29
10 : 03	24	71.76	0.57	0.55			0.56
14 : 59	40	119.60	0.85	0.80			0.83
18 : 41	51	152.49	1.15	1.11			1.13
22 : 31	66	197.34	1.47	1.35			1.41
26 : 01	77	230.23	1.77	1.69			1.73
29 : 16	93	278.07	2.05	1.95			2.00
31 : 45	104	310.96	2.36	2.20			2.28
35 : 11	117	349.83	2.68	2.48			2.58
38 : 30	133	397.67	3.05	2.83			2.94

지반 반력 계수 K_S는 하중 강도–침하량 곡선에서 임의의 침하량과 그때의 하중강도 값으로 구한다.

$$K_S = \frac{P}{S}$$

K_S : 지반 반력 계수[MN/m³]

P : 하중 강도 [kN/m²]

S : 침하량 [m]

(2) 하중 강도-침하량 곡선을 그린다.

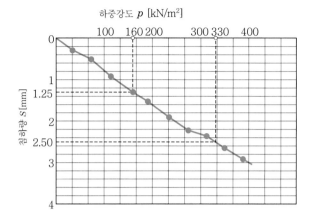

아스팔트 포장 $K_s = 160/1.25 = 128 \, MN/m^3$
시멘트 콘크리트 포장 $K_s = 330/2.5 = 132 \, MN/m^3$

3. 결과 이용

(1) 도로에서는 지반 반력 계수를 도로 포장 설계에 이용한다.
(2) 철도에서는 강화 노반의 설계 및 성토의 엄격한 관리를 위해 지반 반력 계수를 이용하고 있다.

●관●련●지●식●

콘크리트 포장 도로 두께의 설계 곡선

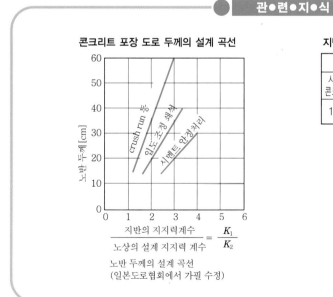

노반 두께의 설계 곡선
(일본도로협회에서 가필 수정)

지반 계수를 산정하는 침하량의 예

도로		철도	활주로	탱크 기초지반
시멘트 콘크리트	아스팔트 콘크리트			
1.25	2.5	1.25	1.25	5.00

(단위 : mm)

현장 CBR 시험

● ● ● ● ●

원위치에서 흙의 현장 CBR값을 구하고 노상의 지지력을 판단한다.

시험 장치 및 기구
① 현장 CBR 시험기
　a) 재하 장치
　b) 하중계
　c) 관입 피스톤
　d) 관입량 측정 장치 : 다이얼게이지 등 최소 눈금
　　　1/100mm, 최대 눈금 20mm까지 측정 가능한 것.
② 반력 장치
③ 하중판(반원 하중판) : JIS A 1211에 의한 것, 4개
④ 스코프, 핸드스코프, 직각칼 등
⑤ 스톱워치 등
⑥ 건조 모래
⑦ 함수비 측정 장치

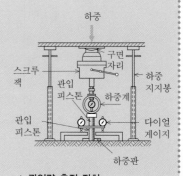

▲ 관입량 측정 장치

1. 시험 방법

(1) 시험 장소의 표면을 수평하게 마무
리하고 건조 모래를 얇게 편다.

(2) 장치를 조립하고 시험면에 하중판
4개를 둔다.

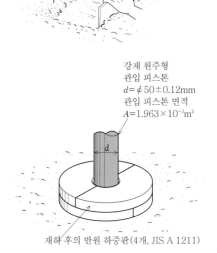

강재 원주형
관입 피스톤
$d=\phi\,50\pm0.12\text{mm}$
관입 피스톤 면적
$A=1.963\times10^{-3}\text{m}^2$

재하 후의 반원 하중판(4개, JIS A 1211)

(3) 관입 피스톤을 1mm/min의 속도로 관입시킨다.

(4) 시작에서부터 관입량이 0.5mm에 도달하면 하중계를 읽고 2개의 다이얼게이지의 관입량을 기록한다.

반력장치
(덤프트럭)

하중 지지봉
다이얼게이지
하중판
스크루 잭
하중계

(5) 시험 종료 후 피스톤 관입부 부근에서 시료를 채취하여 함수비 w[%]를 구한다.

2. 결과 정리

(1) 하중 Q[kN]을 구하고 하중–관입량 곡선을 그린다.

하중 Q는 하중계의 눈금 R에 교정계수 K= 0.0334(kN/눈금)을 곱하여 구한다.

$$Q = K \cdot R$$

또한, 하중강도 q는 피스톤의 단면적 A로 나누어서 구한다.

$$q = \frac{Q}{A}$$

측점 No.			1	
관입량 읽음[mm]		관입량 읽음 평균치[mm]	하중계의 읽음 R	하중 Q[kN]
1	2			
0.0	0	0	0	0
0.5	0.48	0.49	27.0	0.90
1.0	0.90	0.95	50.6	1.69
1.5	1.40	1.45	70.4	2.35
2.0	2.00	2.00	102.0	3.41
2.5	2.30	2.40	135.0	4.51
3.0	3.00	3.00	141.1	4.71
4.0	4.01	4.01	153.0	5.11
5.0	4.90	4.95	168.0	5.61
7.5	7.50	7.50	174.5	5.83
10.0	9.80	9.90	181.1	6.05
12.5	12.61	12.56	195.6	6.53
관입량 2.5mm		CBR[%]	33.7	
관입량 5.0mm		CBR[%]	28.2	
CBR		[%]	33.6	
시험 장소의 함수비		w[%]	18.8	

(2) 하중–관입량 곡선에서 관입량 2.5, 5.0mm에 대해 CBR을 구한다.

$$CBR = \frac{Q}{Q_o} \times 100[\%]$$

Q : 소정의 관입량에서의 하중[kN]

Q_o : 소정의 관입량에서의 표준 하중 [kN]

또는

$$CBR = \frac{q}{q_o} \times 100[\%]$$

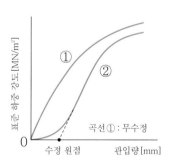

표준 하중 강도 [MN/m²]

① ②

곡선① : 무수정

0
수정 원점
관입량[mm]

q : 소정의 관입량에서의 하중강도 [MN/m²]

q_O : 소정의 관입량에서의 표준 하중 강도 [MN/m²]

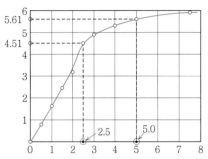

$CBR_{2.5} = \dfrac{4.51}{13.4} \times 100 = 33.7\%$

$CBR_{5.0} = \dfrac{5.61}{19.9} \times 100 = 28.2\%$

$CBR = 33.7\%$

(3) 채택하는 CBR는 관입량 2.5mm의 값으로 한다. 재시험 결과 관입량의 값이 5.0mm보다 큰 경우에는 관입량 5.0mm를 채택한다.

3. 결과 이용

현장 CBR 시험은 설계 CBR을 구하는 데 이용한다. 수정 CBR값을 원위치에서 확인하는 데도 이용하고 있다.

설계 CBR

구간 CBR	설계 CBR
2 이상 3 미만	2
3 이상 4 미만	3
6 이상 8 미만	6
12 이상 20 미만	12

수정 CBR의 개략값

재 료	수정 CBR[%]
쇄석	70 이상
철강슬래그	80 이상
자갈, 흙과 모래 섞인 자갈	20~60
모래	8~40

(일본도로협회)

관●련●지●식

- 현장 CBR : 원위치의 노상 지지력
- 구간 CBR : 어떤 구간 노상의 대표적인 현장 CBR 의 평균
- 설계 CBR : 포장 두께를 결정하기 위한 노상의 지지력으로, 구간 CBR에서 구한다.

- 수정 CBR : 토질 시험실에서 얻는 값으로, 토질 재료의 선정에 이용된다.

스웨덴식 사운딩 시험

● ● ● ● ●

원위치에서 흙의 정적 관입 저항(N_{sw})을 측정하여 흙의 연경 정도를 판정하고, 토층의 구성을 파악한다.

시험 장치 및 기구
① 핸들
② 저울 : 무게 10kg-2개, 무게 25kg-3개
③ 재하용 클램프 : 무게 5kg
④ 밑판
⑤ 봉 : 끝단까지 25cm마다 눈금이 있을 것
  a) 스크루 포인터 연결봉 : ϕ19mm, 길이 80cm
  b) 연결 로드 : ϕ19mm, 길이 100cm
⑥ 스크루 포인터

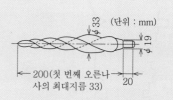

▲ 스크루 포인터(JIS A 1221)

---

1. 시험 방법

(1) 재하 장치를 설치한다. 이때 재하 장치가 지반에 박힐 우려가 있을 때에는 밑판 등을 설치한다.

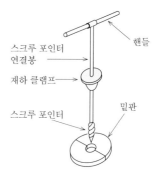

(2) 스크루 포인터를 설치하고 재하 클램프에 각 하중을 가한다.

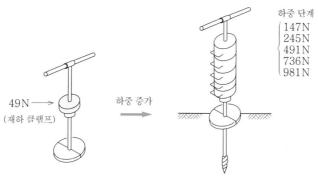

(3) 각 하중의 증가에 따라 관입이 정지될 때의 관입량을 측정하고 상황을 관찰한다.

a) 다음 눈금선까지 반회전수를 측정

b) 이와 같은 방법을 25cm마다 행한다.

c) 다음과 같을 때 종료

   ① 5cm마다 50회전 이상일 때

   ② 반발력이 현저히 클 때

   ③ 돌 등에 닿아서 공회전할 때

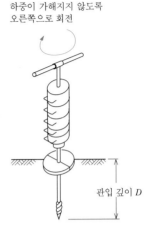

하중이 가해지지 않도록
오른쪽으로 회전

관입 깊이 D

2. 결과 정리

(1) 하중만으로 관입이 될 때 : 하중의 크기 P_{sw}[kN], 기준면에서의 관입 깊이 D[m]를 기록하고 관입량 L[cm]를 구한다.

(2) 하중 981N에서 핸들의 회전으로 관입이 될 때 : 반회전수 N_a[회전]에 대해 관입 후의 지표면으로부터 스크루 포인터 끝의 관입깊이를 기록하고 관입량 L[cm]를 계산한다.

(3) 관입량 L[cm]에 대응하는 100cm당 반회전수 :

$$N_{sw} = \frac{100}{L} N_a$$

재하장치의 종류				회전장치의 종류		기 후			
하중 P_{sw} [kN]	반회전수 N_a	관입깊이 D [m]	관입량 L [cm]	1m당 반회전수 N_{sw}	비고	깊이 D[m]	하중 P_{sw} [kN]	관입량 1m당 반회전수	
0.05		0.30	30		점토				
0.15		0.40	10		〃				
0.25		0.50	10		〃				
0.50		0.80	30		실트				
0.75		1.10	30		〃				
1.00	5	1.30	20	45	〃				
1.00	18	9.00	25	72	모래				
1.00	31	9.25	25	124	〃				
1.00	32	9.50	25	128	〃				
1.00	28	9.75	25	112	〃				
1.00	25	10.00	25	100	점토				
1.00	25	10.25	25	100	〃				

N_{sw} : 관입량 1m마다 반회전수[회전/m]

N_a : 반회전수[회전]

L : 관입량[cm]

(4) 급격하게 관입속도가 증대하거나 감소할 때는 상황을 기록한다.

(5) 하중, 반회전수, 관입량 1m마다의 반회전수 및 시험 상황을 기록한다.

3. 결과 이용

장치나 조작이 용이하며 관입 능력도 우수하여 비교적 얕은(10m 정도) 연약층의 조사에 이용하고 있다.

스웨덴식 사운딩 시험 결과와 다른 시험 결과를 비교한 예는 많지만, 다음과 같이 이용되고 있다.

a) N값의 추정

b) 일축 압축강도(qu)의 추정

c) 평판재하시험에서 지지력(q_u)의 추정

d) 토층 구성의 추정

높이에 대한 제한이 있을 때나 주택 등 소규모 구조물의 지지력 특성을 조사하는 방법으로 이용되고 있다.

관●련●지●식

사운딩의 종류

• 정적 사운딩
　a) 스웨덴식 사운딩 시험
　b) 각종 정적 콘 관입 시험
　c) 베인 시험
　d) 공내 수평 재하 시험

• 동적 사운딩
　a) 표준 관입 시험
　b) 동적 콘 관입 시험

모래 치환법에 의한 흙의 밀도 시험

● ● ● ● ●
원위치에서의 흙의 밀도를 구하고 성토 시의 다짐 관리에 이용된다.

시험 장치 및 기구

① 밀도 측정기 : 시험병(jar), 부착물(attachment), 피크노미터탑(top), 깔때기, 밸브 가이드
② 바닥판 : 관련 지식 참조
③ 유리판 : 두께 약 5mm, 한 변 200mm의 정사각형
④ 시험용 모래 : 표준망 체 호칭치수 2mm를 통과하고, 75μm에 잔류하는 것으로 씻은 후 충분히 건조시킨 것.
⑤ 저울 : 칭량 10kg, 정밀도 5g의 것, 또는 동등 이상의 것.
⑥ 기타 기구
 a) 함수비 측정 기구(JIS A 1203)
 b) 시험공 굴착 기구 : 핸드 스코프, 끌 · 정, 나무망치 또는 해머
 c) 직각칼(JIS A 1210)
 d) 온도계
 e) 치기봉(콘크리트 슬래브용) : ϕ16×500mm

---

1 시험 방법

(1) 시험병과 피크노미터탑의 체적 V_1 검정

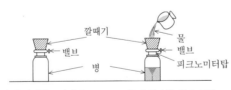

깔때기
밸브
병
물
밸브
피크노미터탑

① 측정기를 조립한다.
② 용기의 무게 m_1[g]을 잰다.

③ 측정기의 밸브 구멍 위까지 물을 채운다.

④ 물이 차면 측정기의 무게 m_2[g]을 단다.
⑤ 시험병(Jar) 내의 물의 온도 T[℃]를 재고 물을 버린다.

(2) 시험용 모래의 밀도 ρ_{ds} 검정

① 시험 모래를 깔때기
끝까지 넣는다.
② 밸브를 열고 병과 피
크노미터탑이 채워
질 때까지 넣는다.

③ 밸브를 닫고 깔때기
가운데에 남은 모래를
제거한다.

깔때기 내의 모래를
제거한다.

④ 모래가 채워지면 측정기의
무게 m_3[g]을 구한다.
⑤ 측정기에 들어간 모래의
무게를 구한다.

(3) 깔때기를 가득 채우고 필요한 시험용 모래의 무게 m_6을 검정

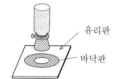

① 유리판 등의 위에 바
닥판을 설치한다.
② 깔때기 입구를 아래
로 하여 바닥판의 구
멍에 맞게 설치한다.

③ 밸브를 열고 깔때기에 모래를 채
운다.
④ 이동이 끝나면 밸브를 닫는다.
⑤ 측정기와 병에 남은 모래의 무게
m_4[g]을 구한다.
⑥ 깔때기에 필요한 모래의 무게
m_5[g]을 구한다.

(4) 측정 전의 준비와 시험공의 굴착

① 지표면의 흙, 티끌 등을 제거하
고 직각칼 등으로 35cm 정도 평
평하게 한다.

② 바닥판을 지표면에 밀착시킨다.

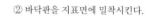

③ 바닥판 구멍 내측의 흙을 파내
고 그 밖의 흙이 남지 않도록
용기에 넣는다.

(5) 시험구멍에서 파낸 흙의 무게 m_6, 시험공의 체적 V_0를 측정

무게 m_6[g]은 용기(버킷)의 무게를 제한값으로 한다.

① 파낸 흙의 무게 m_6[g]을 구한다.
② 현장 흙의 일부를 채취하여 함수비를 측정한다.

밸브를 연다.

③ 밸브를 열고, 병에 모래를 넣은 후 밸브를 닫는다.

밸브를 닫는다.

④ 깔때기 내의 모래를 제거한다.

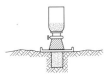
⑤ 밸브를 열고 모래를 시험공에 넣는다. 모래의 이동이 끝나면 밸브를 닫는다.

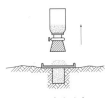
⑥ 들어 올린다.

⑦ 측정기에 올려 놓고 남아 있는 모래의 무게 m_7[g]을 잰다.

◀ 현장 밀도 시험(모래 치환법) 모습

2. 결과 정리

(1) 시험병과 피크노미터탑의 체적 V_1

$$V_1 = \frac{m_2 - m_1}{\rho_w} \ [\text{cm}^3]$$

ρ_w : 측정 수온 t [℃]에서의 물의 밀도 [g/cm³]

(2) 시험용 모래의 밀도 ρ_{ds}

$$\rho_{ds} = \frac{m_2 - m_1}{V_1} = \frac{m_2}{V_1} \ [\text{g/cm}^3]$$

(3) 시험공에서 채취한 흙의 노건조 무게 m_0

$$m_0 = \frac{100 \cdot m_6}{w + 100} \ [\text{g}]$$

(4) 시험공의 용적 V_0

$$V_0 = \frac{m_7 - m_5}{\rho_{ds}} \, [\text{cm}^3]$$

(5) 흙의 습윤밀도 ρ_t

$$\rho_t = \frac{m_6}{V_0} \, [\text{g/cm}^3]$$

(6) 건조밀도 ρ_d

$$\rho_d = \frac{m_0}{V_0} \, [\text{g/cm}^3]$$

3. 결과 이용

성토 중에 품질관리에 적용되며, 도로에서는 다짐 정도 $C_d = \rho_d / \rho_{dmax} \geqq 95\%$가 되도록 한다.

관●련●지●식

관련 규격

JIS A 1203 흙의 함수비 시험

바닥판

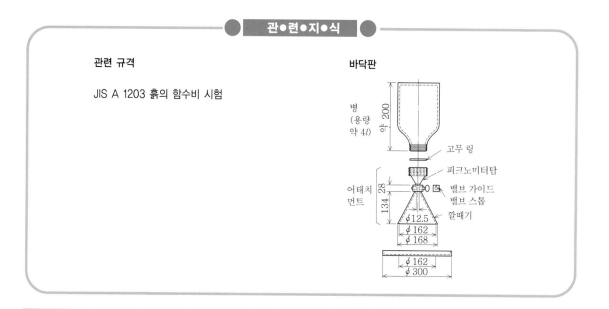

오렌드식 이중관 콘 관입 시험

· · · · ·

원위치에서 콘 관입저항 q_c를 구하고 흙의 연경도나 다짐 상태, 토층의 구성을 판정한다.

시험 장치 및 기구

① 관입 선단(JIS A 1220) : 맨틀콘의 아래 면적 $A = 1.0 \times 10^{-3} m^3$(관련 지식 참조)
② 봉 (JIS A 1220) : 관련 지식 참조
③ 압입 장치
　a) 최대 압입력은 100kN 및 20kN으로 한다.
　b) 내·외관을 동시 또는 개별적으로 압입, 인발이 가능할 것.
④ 계측 장치
⑤ 고정 장치

---

1. 시험 방법

오렌드식 2중관 콘 관입 시험기

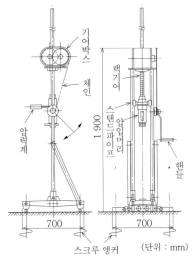

20kN형 측정기

(1) 압입 장치의 설치

　위로 밀려 올라오거나 기울어지지 않도록 고정한다.

(2) 관입 선단 및 봉(rod)의 부착

　봉에 헐거워지지 않도록 접속한다.

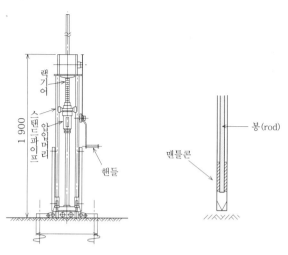

압입 장치의 설치

(3) 관입 및 측정

관입 속도는 1cm/s로 한다.

깊이의 측정 간격은 25cm로 한다.

측정 조작은 아래 그림과 같이 한다.

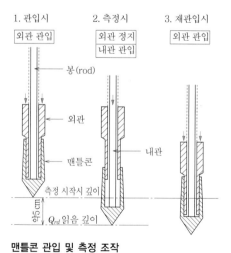

맨틀콘 관입 및 측정 조작

(4) 인발 및 점검

2. 결과 정리

시험기 종류	(20kN) 100kN		측정장치 용량 [kN]	20	교정계수 K[kN/눈금]			
내관 무게 m_1[kg]	1.52		맨틀콘 무게 [kg]	1.50	콘바닥면적 A[m²]			
관입속도 [cm/s]	1.0		최종 관입깊이 [m]	10	전 후			

측정깊이 [m]	내관수 n	측정장치 읽음값 D	압력계 $Q_{rd}=KD$ [kN]	콘 자중 m_R [kN]	콘관입저항 q_c [MN/m²]	q_c[MN/m²]
0.00	1	70.5	1.66	0.03	1.69	
0.25	2	120	2.82	0.04	2.86	
0.50	2	55	1.29	0.04	1.33	
0.75	2	34	0.80	0.04	1.20	
1.00	2	62	1.46	0.04	1.50	
1.25	3	28	0.66	0.06	0.72	
1.50	3	60	1.41	0.06	1.47	
1.75	3	20	0.47	0.06	0.53	
2.00	3	15	0.35	0.06	0.41	
2.25	4	20	0.47	0.07	0.54	
2.50	4	18	0.42	0.07	0.49	
2.75	4	16	0.38	0.07	0.45	
3.00	4	22	0.52	0.07	0.59	
5.00	5	17	0.40	0.09	0.49	
6.00	6	26	0.61	0.10	0.71	
7.00	6	20	0.47	0.10	0.57	

흙의 콘 관입 저항값 q_c는 다음 식에서 구한다.

$$q_c = \frac{Q_c}{1,000A}$$

$$Q_c = Q_{rd} + \frac{m_g \cdot g}{1,000A}$$

$$m_R = n \cdot m_1 + m_0$$

q_c : 콘 관입 저항[MN/m²]

Q_c : 맨틀콘 관입력 [kN]

A : 콘 밑면적 [m²]

Q_{rd} : 부르동(Bourdon) 게이지(압력계)의 압입력[kN]을 읽음

m_R : 내관 총 무게 [kg]

g : 중력 가속도(=9.81[m/s²])

n : 내관 사용 수

m_1 : 내관 1개의 무게

m_0 : 맨틀콘의 무게 [kg]

3. 결과 이용

보링을 하는 표준 관입 시험과 비교하여 간단하고 저렴하게 실시할 수 있고 심도 방향으로 연속 측정을 할 수 있는 특징이 있다.

결과에 따라 토층의 연경, 성토의 다짐 상태, 토층의 배열, 지반개량 효과 등이 판명된다.

관●련●지●식

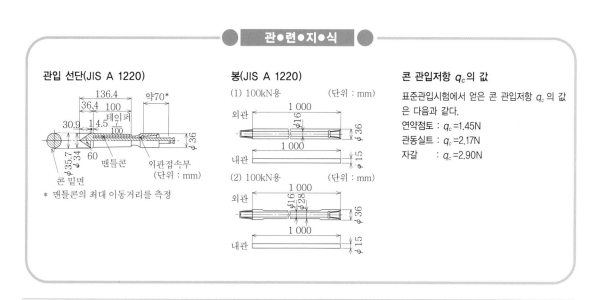

관입 선단(JIS A 1220)

테이퍼
136.4
약70*
36.4 100
30.9 1 4.5 7
100
60 맨틀콘
ϕ35.7
ϕ34
ϕ36
콘 밑면
외관접속부
(단위 : mm)

* 맨틀콘의 최대 이동거리를 측정

봉(JIS A 1220)

(1) 100kN용   (단위 : mm)

외관
1 000
ϕ16
ϕ36

내관
1 000
ϕ15

(2) 100kN용   (단위 : mm)

외관
1 000
ϕ16
ϕ28
ϕ36

내관
1 000
ϕ15

콘 관입저항 q_c의 값

표준관입시험에서 얻은 콘 관입저항 q_c의 값은 다음과 같다.

연약점토 : q_c=1.45N

관동실트 : q_c=2.17N

자갈   : q_c=2.90N

원위치 베인 전단 시험

• • • • •

원위치에서 연약한 점성토 지반에 대한 베인 전단강도 τ_v를 구하고 사면의 안정성을 판단한다.

시험 장치 및 기구 보어홀(bore hole)식, 압입식
① 표준형 베인 : 베인 플레이트(plate)와 베인 샤프트가 있다.(관련 지식 참조)
② 회전 로드
　a) 보어홀식 : 편심 방지를 위해 센터라이저를 둔다.
　b) 압입식 : 보호관과 마찰이 생기지 않을 것.
③ 재하·측정 장치 : 베인 플레이트를 회전시켜 토크와 회전각을 측정할 수 있을 것.

---

1. 시험의 종류

이 시험에서는 보링공을 이용한 보어홀식과 베인을 지표에서 삽입하고 연속하여 시험하는 압입식이 있다.

(1) 보어홀식

보링에 의해 시험 구멍을 만든 후 베인 플레이트를 정해진 깊이까지 구멍 바닥에 압입하고 시험을 한다.

(2) 압입식

베인 플레이트를 지표에서 지중에 압입하고 정해진 깊이에서 시험을 하는 형식. 베인 플레이트를 보호하기 위해 케이스와 회전봉과 흙의 마찰력을 절연하도록 보호관을 넣은 이중관 구조로 되어 있다.

	보어홀식	압입식
개략도	재하 측정장치 / 케이싱 / 센터 라이저 / 회전봉 / 베인 샤프트 / 베인 플레이트	재하 측정장치 / 보호관 / 회전봉 / 베인 샤프트 / 베인 보호 케이스 / 베인 플레이트
설치	베인 샤프트와 회전봉을 단단히 연결하고 센터라이저를 설치하여 구멍 바닥으로 내리고 이때의 깊이를 잰다.	정해진 깊이에서 50~80cm 정도 위까지 조용히 베인을 압입한다.
마찰 토크 측정	베인을 공전시키고, 토크미터 또는 하중계 눈금을 기록하고 마찰토크 M_f를 측정한다.	마찰토크 M_f는 시험 전 또는 후에 지상에서 구한다.
측정 준비	회전봉에 나사를 사용하지 않고 구멍 바닥에서 베인을 지중으로 압입한다.	정해진 깊이까지 압입한 후 회전봉을 재하·측정 장치에 고정한다.

2. 시험 방법

(1) 교란되지 않은 흙의 측정

　　a) 베인을 고정 후 빠르게 베인을 회전시킨다.

　　b) 회전 속도는 $0.1°/s(6°/min)$을 표준으로 한다.

　　c) $1°$마다 각도 θ와 압력계의 눈금 P를 기록한다.(최대값을 초과할 때까지)

(2) 교란된 흙의 측정

　　a) 베인을 급속히 5회전 이상 회전시킨다.

　　b) 급속 회전

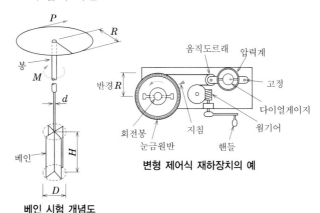

베인 시험 개념도

변형 제어식 재하장치의 예

3. 결과 정리

(1) 회전각도 θ와 하중 P의 관계에서 관계 곡선을 그리고, 이 곡선도에서 최대 하중 $P_{max}[N]$을 구한다.

(2) 측정심도와 함께 회전각–최대하중 값을 구한다.

(3) 표준형 베인에 대한 흙의 전단강도 $\tau_v[kN/m^2]$를 구한다.

$$\tau_v = \frac{M_{max}}{\pi\left(\dfrac{D^2 H}{2} + \dfrac{D^3}{6}\right)} \quad \cdots ①$$

M_{max} : 최대 토크 $[kN\cdot m]$

D : 베인 폭 $[m]$

H : 베인 높이 $[m]$

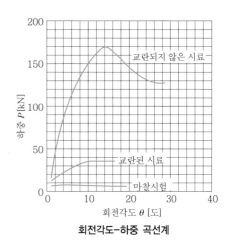

회전각도–하중 곡선계

표준형 베인에서 전단강도는 식 ①에 $H=2D$를 대입하여 정리하면

$$\tau_v = \frac{6M_{max}}{7\pi D^3} \quad \cdots ②$$

여기서, 시험기의 마찰손실 토크 M_f를 고려하여 $M_{max}-M_f$로 한다.

$$\tau_v = \frac{6(M_{max}-M_f)}{7\pi D^3} \quad \cdots ③$$

$M_f[kN\cdot m]$는 제조사(maker)에서 표시한 값을 이용한다.

(4) 측정 깊이와 전단강도의 관계를 그래프화한다.

4. 결과 이용

원위치에서 하는 비압밀, 비배수의 급속 전단시험의 일종이며, 얻어진 자료는 안정 해석과 지지력 계산에 이용된다.

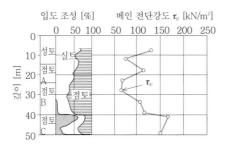

베인 시험에서 구해진 비배수 전단강도의 깊이 분포

●관●련●지●식●

표준형 베인의 타입 선정

(단위 : mm)

		타입I	타입II
베인 플레이트	폭 D	75	50
	높이 H	150	100
	두께 t	3.0	1.5
베인 샤프트	지름 d	16	13
	길이 L	750	500

타입 선정은 흙의 전단 강도가 대략 50kN/m²를 기준으로 작은 경우에는 타입 I을, 큰 경우에는 타입 II를 이용한다.

시험의 이용에 관한 규정

이 시험에 의해 얻어진 데이터를 설계에 이용하는 방법이 확립되어 있지 않지만, 선진국에서는 일반적으로 이용되고 있는 추세이다.

08 탄성파 탐사

●●●●●

인공적으로 발생시킨 탄성파의 속도 V를 구하여 암반의 굴착 방법을 정한다.

시험 장치 및 기구
① 수진기 : 지반의 진동속도에 비례하는 전압을 발생시키는 가동코일을 이용한다.
② 수진 케이블, 중계 케이블 : 수진기의 신호를 증폭기에 접속하는 것.
③ 증폭기 : 신호전압을 증폭시키는 기기
④ 합성(스태킹) 장치

각 회의 수신 파형 　　　　　　　　　　합성된 파형

Shot mark

⑤ 기록기 : 진동 파형을 기록 원지에 시각적으로 기록하여 출력한다.
⑥ 진원
　　P파 : 무거운 추 등
　　S파 : 판 두드림 방법 등

---

1. 시험 방법

P파(Primary wave)는 종파, S파(Secondary wave)는 횡파이다. S파는 연직횡파 SV와 수평횡파 SH로 분류된다.

(1) P파 검층

진원은 구멍 외부에 있고 수진계는 구멍 내부에 설치하는 방법으로 다운홀법이라고도 부른다. 충격을 가하여 수진기를 작동시키고 V_p[km/s]를 측정한다.

P파 기진(무거운 추)

증폭기　기록기

Shot marker용
수진기

수진기(V_p 측정)

P파의 동시 다성분 측정 모식도

---

8. 탄성파 탐사　　47

(2) S파 검층(PS 검층) : 판 두드림법

공외 수진, 공내 수진의 방법으로 판 두드림법이라 부르며 최근 보급되고 있다. 이 방법에서 구하는 것이 SH파이다.

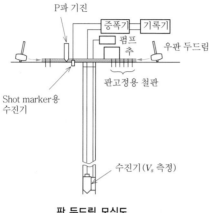

판 두드림 모식도

(3) 합성(스태킹식)에 의한 속도 검층

PS 검층에서 발진원이 멀거나 작은 경우 파형의 진폭이 작아서 소음에 묻히게 된다. 이때 합성파형을 중첩하면(스태킹) 파형이 강화된다. 따라서 소음의 제거에 관한 측정 정도의 문제나 간편성으로 도심지에서 적용되고 있다.

2. 결과 정리

개인용 컴퓨터를 이용한 해석 소프트웨어에 따라 각각의 해석 방법이 다르지만 일반적인 순서는 다음과 같다.

(1) 기록의 정리 : 기진점의 위치나 상황, 수진점의 위치를 기록

(2) 주시(走時)의 독해

(3) 검층 결과도 작성 : Shot marker에서 초동 도착까지의 시간을 안다.

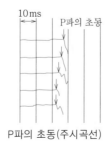

P파의 초동(주시곡선)   S파 초동(주시곡선)

(4) 주시 곡선의 초동 시간에서 P파의 속도 V_p[km/s], S파의 속도 V_s[km/s]를 구한다.

(5) 진동파형의 탄성 계수를 산출한다.

① 강성률(전단 탄성 계수)

$$G = \rho \cdot V_s^2 \ [\text{N/cm}^2]$$

② 동푸아송비(Dynamic Possion's ratio)

$$\nu = \frac{(V_p/V_s)-2}{2\{(V_p/V_s)^2-1\}}$$

③ 동영률(동탄성 계수)

$$E = 2(1+\nu) \ [\text{N/cm}^2]$$

ρ : 밀도 [g/cm^3] (검층이나 현장에서 측정한 결과 등의 값)

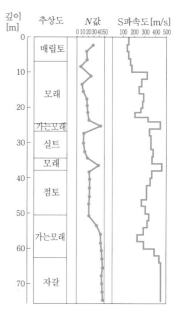

S파 검층 결과도

3. 결과 이용

속도 검층의 결과는 속도 검층 결과도로서 토질주상도, N값, V_p, V_s의 분포, 지반의 강성률 G, 동탄성 계수 E, 푸아송비 ν, 밀도 ρ 등의 수치가 나타난다. 또 이 수치를 이용하는 방법에는 다음과 같은 것이 있다.

a) 탄성 계수의 산출

b) 지진 응답 해석의 정수값

c) 암반의 굴착 방법 결정

e) 지반 개량 효과 체크

f) 탄성파 탐사의 보조 수단

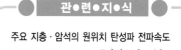

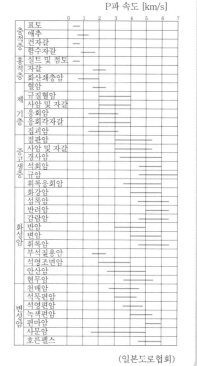

주요 지층·암석의 원위치 탄성파 전파속도

(일본도로협회)

토질시험 **09**

전기 탐사

● ● ● ● ●

지반의 외관 비저항 분포나 비저항의 변화 등에서 지반의 구조와 물 분포 상황을 추정하고 굴착 방법을 정한다.

시험 장치 및 기구　① 전기 탐사 비저항 측정기 : 지중에 전류를 흘리고 전위차를 측정하는 것.
　　　　　　　　　　• 깊은 부분 탐사 : 큰 출력의 측정기
　　　　　　　　　　• 얕은 부분 탐사 : 작은 출력의 측정기
　　　　　　　　② 전극 : 녹슬지 않는 금속성의 것. 크기는 ϕ : 15~25mm, l : 300~700mm 정도의 것.
　　　　　　　　③ 전선 : 비닐 코드 등
　　　　　　　　④ 전원 : 배터리 또는 발전기 등
　　　　　　　　⑤ 기타 기구
　　　　　　　　　a) 트랜시버
　　　　　　　　　b) 강철자
　　　　　　　　　c) 해머(전극을 땅에 설치하기 위한 기구)

---

1. 시험 방법

지질에 따라 전기적 성질이 다르다. 이것을 이용하여 지반의 구조를 탐사하는 방법이 전기 탐사로, 측정 장치 등의 개량이 진행되고 있다.

여기서는 대표적인 비저항법(1m³당 지반의 전기저항)을 이용한 장치의 예를 보여주고 있다.

(1) 전기 탐사 장치의 개념도

① 수직 탐사의 예

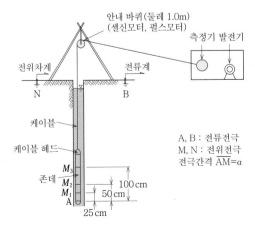

② 수평 탐사의 예

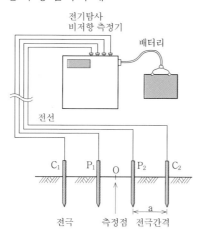

(2) 전극의 배치

전극 배치	전극 배치도
웬나 전극 배치	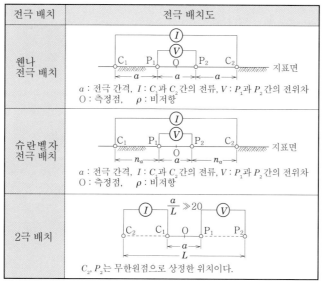
슈란벨자 전극 배치	
2극 배치	

(3) 수직 탐사와 수평 탐사

① 수직 탐사 : 전극 배치의 중심 O를 측정점으로 하고 전극간격 a를 0.25, 0.5, 1.0m로 넓일 때 전압계 Ⓥ와 전류계 Ⓘ를 측정하고, 지반의 비저항을 $\rho_a = 4\pi a V/I$에서 구한다.

② 수평 탐사 : 전극간격 a를 일정하게 하고 측선을 따라 이동하면서 외관 저항값을 측정하는 방법이다.

2. 결과 정리

(1) 수직 탐사의 결과 정리

① 지반의 비저항 산출

$$\rho = 4\pi a \frac{V}{I}\, [\Omega\text{m}]$$

② $\rho - a$ 곡선을 그린다.

③ 해석 방법

  1. 표준 곡선법

  2. 커브 매칭법 : 모델을 수정하면서 반복 계산
하는 방법으로 인버전법이라고도 부른다.

(2) 수평 탐사의 결과 정리

① 지반의 외관 비저항 산출

$$\rho_a = 4\pi a \frac{V}{I}\, [\Omega\text{m}]$$

② 외관 비저항 곡선도 및 외관 비저항 단면도 작성

③ 해석 방법

  1. 정성적 해석 방법 : 외관 비저항
단면도에서 비저항값의 이상 부
분을 검출하는 방법.

  2. 정량적 해석 방법 : 컴퓨터를 이
용하여 2차원 해석을 하며 현재
많이 보급되고 있다.

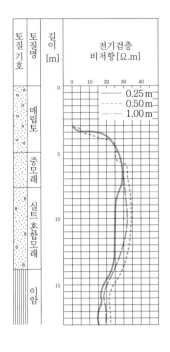

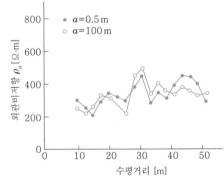

3. 결과 이용

⑴ 정성적 이용 : 암상의 판단, 대수층의 검출, 박층의 검출, 스트레이너의 위치
결정

⑵ 정량적 이용 : 비저항 ρ, 수분포화 S_r, 암반 분포

────●──── 관●련●지●식 ────●────

• 시가지나 변전소, 전철 선로 등 큰
전기 설비 근처에는 미주 전류의 영
향으로 본래의 자연 전위 곡선을 얻

을 수 없는 곳이 있다.
• 일반적으로 점토나 실트와 같은 세
립토는 낮은 비저항값을 나타내고

자갈이나 모래 등과 같이 큰 입성
토는 비교적 비저항값이 높게 나타
난다.

교란 시료 조제

● ● ● ● ●
교란된 시료를 대상으로 토질 시험을 하기 위한 시료 조제 방법을 규정한다.

조제 기구	
① 저울	⑦ 증발 그릇
② 체(표준망 체)	⑧ 항온 건조기
③ 휘젓는 기구 : 나무망치, 유채, 유봉	⑨ 데시케이터
④ 주걱(금속제)	⑩ 시료 팬
⑤ 고무 주걱	⑪ 유리판
⑥ 브러시	⑫ 분무기

1. 공시체 제작

시험에 필요한 상태로 만들기 위해 분취, 함수비, 입도 등을 조정하는 것을 시료 조제라고 한다.

시료는 교란된 상태의 흙(입경 75mm 미만)을 대상으로 하고 분산, 함수비 조정을 한다.

시험 1회에 이용되는 시료 채취량은 다음 표와 같다.

▼ 1회 시험 시 필요한 시료 분취량

시험 방법			시료 최대 입경 [mm]							
			0.425	2	4.75	9.5	19	26.5	37.5	75
흙의 물리적 성질 시험	흙 입자 밀도		20g(피크노미터 100ml 미만)							
			40g(피크노미터 용량 100ml 이상)							
	흙의 함수비		10~30g		30~100g	150~300g		1kg		2kg
	흙 입도		200g		500g	1.5kg		4.5kg		6kg
	흙의 액성한계·소성한계		230g				−			
흙의 역학적 성질 시험	다짐 시험	몰드 내경 10cm	a. 건조·반복법	5kg					−	
			b. 건조·비반복법	3kg×조수						
			c. 습윤·비반복법	3kg×조수						
	CBR			5kg×조수						
	흙의 투수			3kg(표준 공시체)				−		

2. 조제 방법

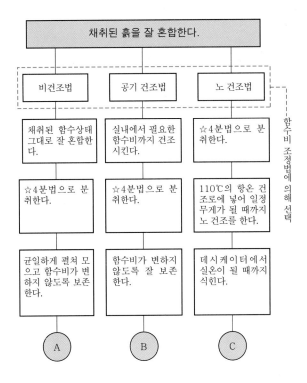

☆4분법에 의한 분취 방법

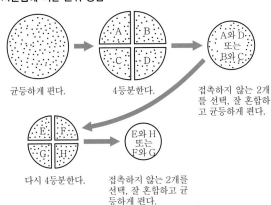

균등하게 편다.

4등분한다.

접촉하지 않는 2개를 선택, 잘 혼합하고 균등하게 편다.

다시 4등분한다.

접촉하지 않는 2개를 선택, 잘 혼합하고 균등하게 편다.

각 시험의 교란 시료 조제 방법

(1) 흙 입자의 밀도 시험용 시료

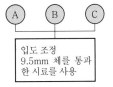

입도 조정
9.5mm 체를 통과
한 시료를 사용

(2) 함수비 시험용 시료

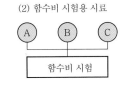

함수비 시험

(3) 입도 시험용 시료

```
(A)        (B)
 └────┬────┘
   입도 조정
```

(4) 액성한계, 소성한계, 수축한계 시험용 시료

```
       (A)
        │
☆입도 조정
4.25㎛ 체를 통과
한 것 사용
```

(5) pF 시험용 시료

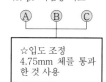

```
(A)  (B)  (C)
 └───┼───┘
☆입도 조정
4.75mm 체를 통과
한 것 사용
```

(6) pH 시험용 시료

```
       (A)
        │
☆입도 조정
약 10mm 이상의
것은 손으로 배제
```

(7) 강열감량 입도 시험용 시료

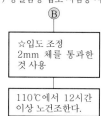

```
       (B)
        │
☆입도 조정
2mm 체를 통과한
것 사용
        │
110℃에서 12시간
이상 노건조한다.
```

(8) 투수 시험, 다짐 시험, CBR 시험용 시료

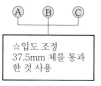

```
(A)  (B)  (C)
 └───┼───┘
☆입도 조정
37.5mm 체를 통과
한 것 사용
```

3. 입도 조정

(1) 체가름

소정의 표준체

(2) 가는 체

주걱
유리판
분무기
고무주걱

관●련●지●식

• 화학적 성질을 판별하는 시험의 시료 무게(pH 측정)

최대 입경	2mm	5mm	10mm
시료	30g	100g	150g

점토 광물 판정을 위한 시료 조제

● ● ● ● ●

흙에 섞여 있는 점토 광물의 채취 방법이나 입자의 등급 분류 방법을 규정한다.

조제 기구

① 가열 장치 : hot plate, 가스 버너
③ 사이펀
⑤ 온도계
⑦ 메스실린더
⑨ 시계접시

② 분산 장치
④ 저울
⑥ 비커, 고무 두껑
⑧ 홀피펫
⑩ 유리봉

시약

① 과산화수소수 : 10%와 30%
② 분산제(헥사메타인산나트륨 포화 용액)
③ 증류수

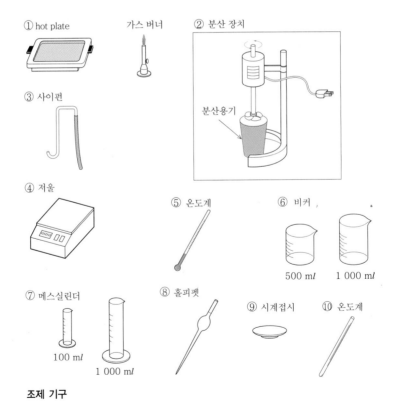

① hot plate   가스 버너   ② 분산 장치

③ 사이펀

분산용기

④ 저울   ⑤ 온도계   ⑥ 비커

500 ㎖   1 000 ㎖

⑦ 메스실린더   ⑧ 홀피펫   ⑨ 시계접시   ⑩ 온도계

100 ㎖

1 000 ㎖

조제 기구

1. 전처리

① 흙 시료를 잘게 부순다.

② 흙 시료 100g에 10%의 과산화수소수 100ml를 넣고 유리봉으로 젓는다.

③ 시계접시로 뚜껑을 덮고 90~100℃로 가열한다.

④, ⑤ 30%의 과산화수소수를 더하고, ⑤와 같이 가열한다.

⑥ 흙의 어두운 색이 없어지고 엷은 색이 될 때까지 ④, ⑤를 반복한다.

⑦ 비커를 가만히 놔두었다가 위에 뜨는 액이 있으면 ⑧과 같이 제거하여 전처리
   를 완료한다.

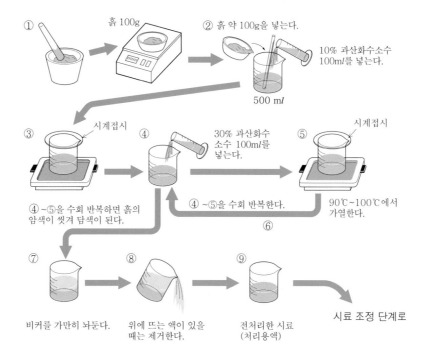

2. 시료 조정

① 처리 용액과 분산제 10ml를 분산 장치 용기의 증류수에 넣어 500ml가 되게
   한다.

② 분산 장치에서 1분간 젓는다.

③ 메스실린더로 옮기고 증류수를 넣어 1l로 만든다.

④ 뚜껑을 덮고 1~2분간 흔든다.

⑤ 온도 $T[℃]$를 측정한다.

⑥ 표의 채취 깊이와 정치시간을 참고하여 현탁액을 채취한다.

⑦ 사이펀을 적정 깊이에 설치하고 사이펀 흡입구 위쪽의 현탁액 전부를 비커로 채취한다.

⑧ 채취된 액이 점토광물 판정용 시료가 된다.

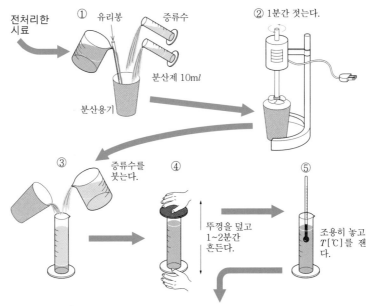

⑥ 표에 의해 채취하는 정치 시간과 채취 깊이를 결정한다.

액온	2μm 이하의 흙 입자가 함유된 현탁액을 채취하기 위한 정치시간과 채취깊이의 예 (흙 입자의 밀도 2.65g/cm³의 경우)		
	100mm 깊이에서 채취 하는 경우의 정치시간		8시간 정치 후 채취하 는 경우의 채취깊이 L
12℃	9시간	32분	84 mm
13	9	17	86
14	9	02	89
15	8	47	91
16	8	33	93
17	8	20	96
18	8	08	98
19	7	55	101
20	7	44	103
21	7	33	106
22	7	23	108
23	7	12	111
24	7	02	114

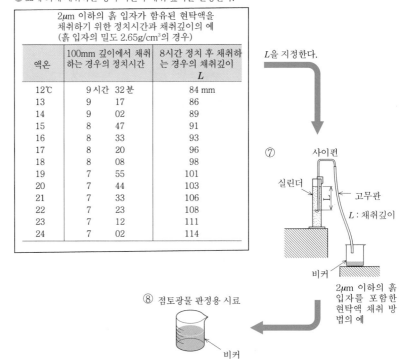

⑧ 점토광물 판정용 시료

3. 결과 이용

점토광물 판정용 시료로 X선 회절, 적외선 흡수 스펙트럼 분석 등을 하여 흙의 성
질을 규명하고 이상 토압에 의한 터널 변형 등에 대한 안전처리법을 찾는 데 이용
된다.

 관●련●지●식

- 정치 시간 t[min]과 깊이 L[mm]의 관계는 다음 식으로 산정하는 것이 좋다.

$$t = \frac{30\eta L}{g(\rho_s - \rho_w)d^2}$$

η : 물의 점성계수 [Pa · s]
ρ_s : 흙 입자의 밀도 [g/cm³]
ρ_w : 물의 밀도 [g/cm³]
d : 흙 입자의 직경
g : 표준 중력가속도

---

12 JSF M 111
흙의 공학적 분류

• • • • •

흙의 물리적 성질을 기초로 흙을 공학적으로 분류한다.

토질 재료   지반의 구성재료로서 입경 75 mm 미만의 것.

토질 분류를 위한 시험법

① JIS A 1204, JSF T 131 「흙의 입도 시험」 → p148 참조.
② JSF T 135 「흙의 세립분 함유율 시험 방법」 → p162 참조.
③ JIS A 12.5, JIS A 1206 「흙의 액성한계·소성한계 시험법」 → p142 참조.
④ dilatancy, 건조강도, 분해도 등의 판별 방법

---

1 흙의 분류

토질 재료는 흙의 관찰, 입도조성, 액성한계 및 소성지수를 기본으로 하여 분류하며, 대분류, 중분류, 소분류, 세분류의 4단계로 한다.

(1) 흙의 공학적 분류 체계(대분류)

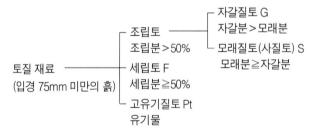

```
                                         ┌─ 자갈질토 G
                                         │  자갈분 > 모래분
                          ┌─ 조립토 ──────┤
                          │  조립분 > 50%  └─ 모래질토(사질토) S
토질 재료 ─────────────────┤                  모래분 ≧ 자갈분
(입경 75mm 미만의 흙)       ├─ 세립토 F
                          │  세립분 ≧ 50%
                          └─ 고유기질토 Pt
                             유기물
```

(2) 소성도

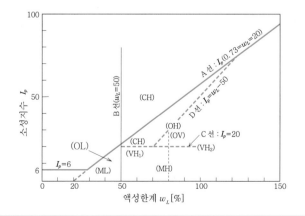

---

(3) 소성도 해석법

① A선보다 위의 흙은 점토분(C)이 많아 소성이 높고 A선보다 아래의 흙은 실트 (M)가 많아 소성이 낮다.

② B선 오른쪽의 흙은 압축성이 높고(H) 왼쪽은 압축성이 낮다(L).

③ A선과 그 아래 파선 주위는 실트가 많아 (CH)와 같은 성질을 가진 흙으로 간 주하므로 (C′H)가 된다.

여기서,

CL : 점성토, CH : 점토, OL : 유기질 점성토, OH : 유기질 점토,

OV : 유기질 화산회토, ML : 액성이 낮은 실트, MH : 액성이 높은 실트

(4) 삼각좌표

자갈, 모래, 세립분의 분할을 나타낸다. 예를 들면 그림 중 ●는 세립분 40%, 모 래 50%, 자갈 10%이므로 사질토로 판정한다.

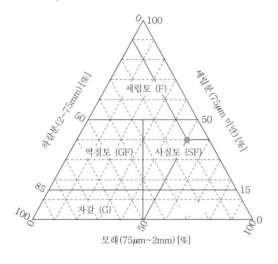

2. 분류에 필요한 시험

대분류	중분류, 소분류	세분류
JIS A 1202 흙의 입도 시험 • 입경가적곡선에서 조립분 함유율과 세립분 함 유율을 구하여 이용한다.	JIS A 1202 흙의 입도 시험 • 입경가적곡선에서 세립분 함유율을 구하 여 이용한다.	JIS A 1202 흙의 입도 시험 • 입경가적곡선에서 균등 계수 U_c와 곡률계수 U_c'를 구하여 이용한다.
JSF T 135 흙의 세립분 함유율 시험 • 세립분 함유율이 필요 할 때만 이용한다.	Dilatancy 시험 • dilatancy 반응, 건 조강도, 관찰 결과 등 을 이용한다.	JIS A 1205,1206 액성한계 · 소성한계 시험 • 액성한계, 소성한계, 소 성지수를 구하는 데 이용한 다.

3. 결과 이용

분류 결과는 흙의 공학적 분류 데이터시트, 토질시험 결과 일람표, 주상도에 이용
된다.

성상도용 도식 기호(일본 통일 토질 분류법)

구분	분류명		컴퓨터 프린트코드	수기 그림기호	구분	분류명	컴퓨터 프린트코드	수기 그림기호
암석질재료	암반	경암				깨끗한 자갈 {G}		
		중경암				조립혼입자갈 {G-F}		
		연암 또는 풍화암				자갈질토 {GF}		
	boulder					깨끗한 모래 {S}		
	cobble					조립혼입모래 {S-F}		
간이분류	자갈 {G}				조금 상세한 분류의 예	사질토 {SF}		
	역질토 {GF}					점성질토 {CL}		
	모래 {S}					점토 {CH}		
	사질토 {SF}					유기질점성질토 {OL}		
	실트 {M}					유기질점토 {OH}		
	점성토 {C}					유기질화산회토 {OV}		
	유기질토 {O}					(VH₁,), (VH₂)는 {V}의 도식기호, peat(pt), 흑먹(Kb)은 고유기질 (Pt)의 도식기호를 이용한다.		
	화산회질 점성토 {V}				특수기호	조개껍질		
	고유기질토 {Pt}					부석		
	폐기물 {W}			{W}		표토, 매립토		{SF} (매립토 재료를 기호로 기입)

Dilatancy

모래가 힘을 받을 때 체적 변화를 일으
키는 현상. 느슨한 모래는 전단력을 받
으면 체적이 수축하고 조밀한 모래는
전단력을 받으면 체적이 팽창한다.

★ 흙의 다짐 시험

● ● ● ● ●

흙에 대한 다짐 시험을 하여 최대 건조밀도와 최적 함수비를 구하여 성토의 다짐 관리에 이용한다.

시험 기구	
	① 칼라(Collar)

① 칼라(Collar)
② 몰드
 • 10cm 몰드 : 용적 1,000cm³
 • 15cm 몰드 : 용적 2,209cm³
③ 밑판
④ 스페이스 디스크(용적 조절용 금속 원판) : 직경 148mm, 높이 50mm
⑤ 래머
 • 2.5kg : 낙하 높이 30cm
 • 4.5kg : 낙하 높이 45cm
⑥ 저울 : 용량 10kg, 감량 5g
⑦ 체 : 19mm, 37.5mm
⑧ 시료용 팬 : 15cm 몰드가 들어가는 크기
⑨ 전동 유압식 시료 추출기 : 다져진 흙을 몰드에서 꺼낸다.(수동식도 있음)
⑩ 핸드스코프 : 혼합용
⑪ 분무기 : 시료에 물을 균일하게 혼합하여 함수비를 조절한다.
⑫ 직각칼 : 강재로서 한쪽 날이 25cm 이상
⑬ 각형 핸드스코프 : 몰드에 흙을 넣는 데 사용
⑭ 주걱
⑮ 솔
⑯ 헝겊(보르포)
⑰ 함수비 측정기구 : 증발접시, 항온건조로, 저울(용량 2kg, 감량 0.1g), 건조로용 팬

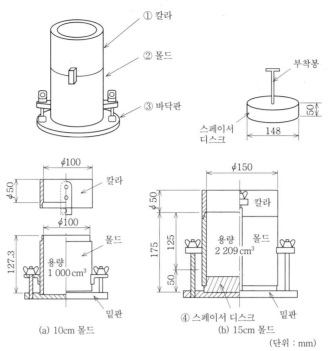

① 칼라

② 몰드

부착봉

③ 바닥판

스페이서 디스크

(a) 10cm 몰드

④ 스페이서 디스크

(b) 15cm 몰드

(단위 : mm)

몰드, 칼라, 밑판

⑤ 래머

(단위 : mm)

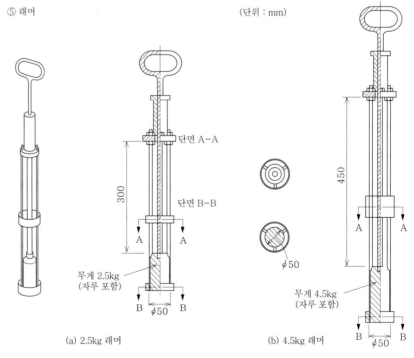

(a) 2.5kg 래머

(b) 4.5kg 래머

래머

⑥ 저울 용량 10kg 감량 5g

⑦ 체

⑧ 시료용팬

⑨ 시료 추출기

⑩ 핸드스코프

⑪ 분무기

⑫ 직각칼

⑬ 각형 핸드스코프

⑭ 주걱

⑮ 솔

⑯ 헝겊(보르포)

증발접시 항온건조로 저울

건조로용 팬

용량 2kg 감량 0.1g

⑰ 함수비 측정기구

1. 시험 방법의 선택

다짐 방법, 시료 준비, 사용 방법의 조합에 따라 5종류('14. 실내 CBR 시험' 참조)를 나타내고 있다.

A-a법으로 불리는 다짐 시험에 대해 설명한다.

다짐에 의한 다짐 시험 방법

호칭	래머 무게 [kg]	몰드 내경 [cm]	다짐 층수	1층당 다짐 횟수	허용 최대입경 [mm]
A	2.5	10	3	25	19

준비 시료의 최소 필요량

시료 준비 및 사용 방법과 호칭	몰드 내경 [cm]	허용 최대입경 [mm]	시료 최소 필요량 [kg]
a(건조법)	10	19	5

2. 시료 준비

JSF T 101의 방법으로 시료를 분취, 함수비 w_0[%]를 구한다.

① 5kg 이상 시료

② 19mm 체 통과 시료를 채취한다.

③ 시료 함수비 w_1[%]를 구한다.

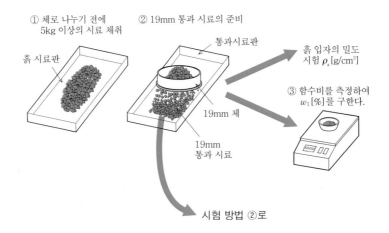

3. 시험 방법

① 몰드와 밑판의 무게 m[g]을 알고, 몰드 내경[cm]과 높이[cm]를 잰다(몰드 용적 1,000cm³).

② 1층분의 19mm 통과시료를 넣는다.

③ 2.5kg 래머로 25회 다짐하여 몰드에 1/3 정도 되게 한다.

④ 래머 낙하는 시계방향으로 시료를 그림과 같이 다짐한다. 중심부도 1회 정도 다진다.

⑤ 1층분의 다짐이 끝나면 주걱으로 표면을 고른다. 2층도 ②~⑤의 조작을 반복한다.

⑥ 3층의 다짐은 몰드 윗선보다 높도록(10mm 이하) 한다.

⑦ 칼라를 떼어내고 직각칼로 여분의 흙을 평평하게 한다.

⑧ 몰드의 여분의 흙을 제거한다.

⑨ 전체 무게 m_2[g]을 재고 습윤밀도를 구한다.

$$\rho_1 = \frac{m_2 - m_1}{1,000}$$

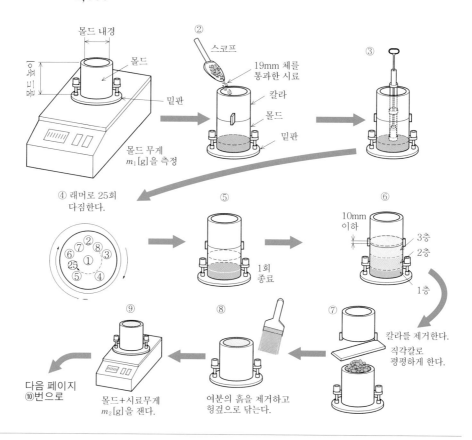

다음 페이지
⑩번으로

⑩ 시료를 꺼낸다.

⑪ 상하에서 함수비 측정시료를 채취한다.

⑫ 함수비를 측정한다.

⑬ 꺼낸 시료를 19mm 체를 통과한 나머지 시료와 섞는다.

물을 추가로 뿌리고 함수비가 증가된 시료에서 ②~⑬의 조작을 반복한다.

각 회마다 습윤밀도 ρ_t와 평균함수비 w[%]를 구한다.

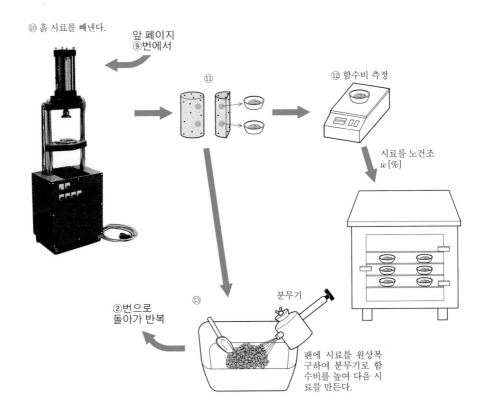

4. 결과 정리

(1) 데이터 기입

데이터시트에 다짐곡선을 그리기 위한 평균함수비 w[%]와 건조밀도 ρ_d[g/cm³]를 기록한다.

① 각 측정 번호의 함수비를 평균하여 평균함수비 w에 기입한다.

② 습윤밀도 ρ_t를 식 $(m_2-m_1)/1,000$로 계산하고 기입한다.

③ 건조밀도 ρ_d를 식 $\rho_t/(1+w/100)$로 계산하고 기입한다.

JIS A 1210 / JSA T 711		흙의 다짐시험(측정)					

조사건명					시험 연월일	. / . .	
시험번호(깊이)	$ST-2(4.0m)$				시험자		

시험방법	A-a		토질명칭				
시험준비방법	(건조법), 습윤법		래머무게[kg]	2.5		내경[cm]	10
시험 사용방법	반복법,(비반복법)		낙하높이[cm]	30	몰드	높이[cm]	12.73
시료분취후 w_o[%]	6.3		다짐횟수[회/층]	25		용량[cm³]	1 000
건조처리후 w_1[%]	4.6		다짐층수[층]	3		무게 m_1[g]	3 921

측정 No.		1	2	3	4
(시료+몰드)무게 m_2[g]		5 911	5 950	6 004	6 008
습윤밀도 ρ_t[g/cm³]		1.990	2.029	2.083	2.187
평균함수비 w[%]		4.6	6.3	8.2	10.2
건조밀도 ρ_d[g/cm³]		1.902	1.908	1.925	1.985
함수비	용기 No.	5	15	17	21
	m_a [g]	473.4	464.3	460.1	594.3
	m_b [g]	462.8	450.8	443.2	568.1
	m_c [g]	227.5	240.3	231.5	313.3
	w [%]	4.5	6.4	8.0	10.3
	용기 No.	3	9	16	22
	m_a [g]	548.7	493.8	512.5	606.7
	m_b [g]	536.9	480.8	492.4	582.5
	m_c [g]	285.6	271.4	250.6	343.2
	w [%]	4.7	6.2	8.3	10.1

측정 No.		5	6	7
[g/cm³]		6 072	6 047	6 013
		2.151	2.126	2.092
		12.2	13.8	15.1
[g/cm³]		1.917	1.868	1.818
함수비	용기 No.	18	27	30
	m_a [g]	520.3	478.0	482.1
	m_b [g]	495.5	447.6	449.6
	m_c [g]	295.6	228.7	236.1
	w [%]	12.4	13.9	15.2
	용기 No.	33	29	35
	m_a [g]	489.1	503.3	530.3
	m_b [g]	460.1	471.4	494.3
	m_c [g]	218.3	236.9	254.6
	w [%]	12.0	13.6	15.0

(2) 다짐곡선

① 다짐 곡선을 다음과 같이 구하여 기입한다.

- 각 측정 No.의 평균함수비 w, 건조밀도 ρ_d를 각각 횡축과 종축으로 그래프에 기입하고 표기점을 연결하여 다짐곡선을 그린다.
- 곡선의 정점에서 최대건조밀도 ρ_{max}, 최적함수비 w_{opt}를 구한다.
- 영(zero) 공기간극 상태는 흙 밀도 ρ_{sat}를 $\rho_w/(\rho_w/\rho_s+w/100)$ 식에 대입하여 구하며, $\rho_w \fallingdotseq 1\mathrm{g/cm^3}$, 흙입자 밀도 $\rho_s = 2.580\mathrm{g/cm^3}$로 계산한다.
- 종축을 ρ_{dsat}, 횡축을 평균함수비 w로 하고 점 (w, ρ_{dsat})를 그래프에 기입하고 No.1~No.7을 구하여 곡선을 연결하여 다짐 곡선을 완성한다.

② 다짐 곡선의 정점값을 최대건조밀도 ρ_{dmax}로 하며 그 점의 함수비를 최적함수비 w_{opt}로 한다.

No.	a	b	c	d
w [%]	10	12	15	16
ρ_{dsat} [g/cm³]	2.051	1.970	1.860	1.761

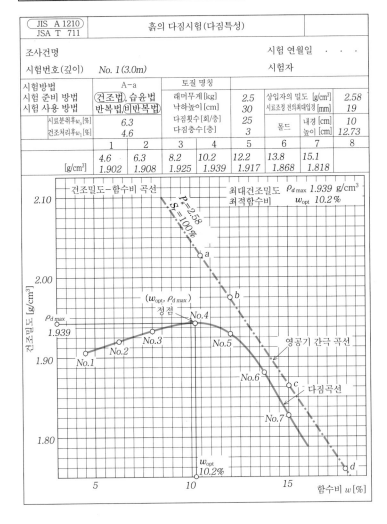

5. 결과 이용

다짐시험 결과는 현장에서의 성토, 노상 등의 다짐을 위한 흙의 다짐정도 C_d와 시공함수비의 기준으로 이용된다.

발취검사(아스팔트 포장)의 기준은 다음과 같다.

(1) 노상　　　　$C_d \geqq 92.5$

(2) 하층노반　　$C_d \geqq 95$

(3) 상층노반　　$C_d \geqq 95$

(4) 기층, 표층　$C_d \geqq 96$

관●련●지●식

- 포화도 $S_r = 100\%$일 때, w와 ρ_d의 관계를 나타낸 곡선이 영공기 간극 곡선이다.

$$\rho_{dsat} = \frac{\rho_w}{\dfrac{\rho_w}{\rho_s} + \dfrac{w}{100}} \ [\text{g/cm}^3]$$

ρ_{dsat} : 영공기 간극 상태의 건조밀도 [g/cm³]

ρ_w : 물의 밀도(= 1[g/cm³])

ρ_s : 흙 입자의 밀도 [g/cm³] (JIS A 1202 p.156 참조)

S_r : 포화도 (JIS A 1202 p.156. 흙 입자의 밀도 시험 참조)

- $S_r = 100\%$는 흙의 간극에 틈이 없이 물이 찬 상태이며 더 이상은 다짐이 불가능한 상태이다.

- 일반적인 흙의 성토 시공관리에는 다짐도 C_d를 이용하는 경우가 많다.

- 고함수비 점토의 다짐관리에는 공기간극률 V_a 또는 포화도 S_r를 이용한다.

- 다짐도 C_d는 다음 식에서 구한다.

$$C_d = \frac{\rho_d}{\rho_{dmax}} \times 100 [\%]$$

ρ_{dmax} : 흙의 최대 건조밀도 [g/cm³]

ρ_d : 현장 흙의 건조밀도 [g/cm³]

ρ_d는 다짐 흙의 단위중량시험에서 구한다 (원위치 시험 : 모래 치환법에서 흙의 밀도 시험(p.36) 등으로 구한다).

★ 실내 CBR 시험

• • • • •
실내에서 흙의 CBR을 구하여 포장재료의 선정, 흙의 지지력을 판단한다.

시험 기구

① CBR 시험기 : a) 하중계(프루빙링), b) 하중 측정용 변위계, c) 관입 측정용 변위계, d) 관
　입 피스톤, e) 재하장치
② 팽창 측정장치
③ 축부착 유공판
④ 하중판
⑤ 스페이스 디스크
⑥ 변위계(다이얼게이지)

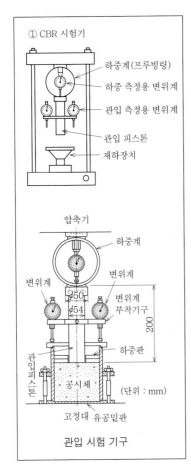

① CBR 시험기
- 하중계(프루빙링)
- 하중 측정용 변위계
- 관입 측정용 변위계
- 관입 피스톤
- 재하장치

압축기
- 하중계
- 변위계
- 변위계
- 변위계 부착기구
- 하중판
- 관입 피스톤
- 공시체
- 고정대 유공밑판
- (단위 : mm)

관입 시험 기구

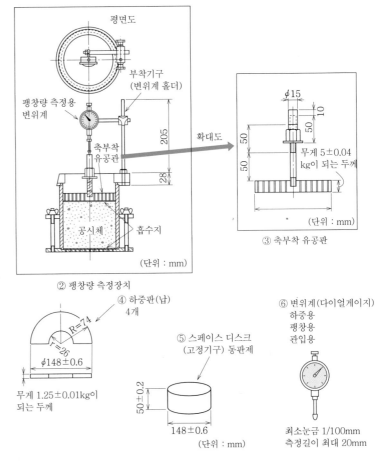

평면도

- 부착기구 (변위계 홀더)
- 팽창량 측정용 변위계
- 축부착 유공판
- 공시체
- 흡수지
- 205
- 28
- (단위 : mm)

② 팽창량 측정장치

확대도

- φ15
- 10
- 50
- 50
- 50
- 무게 5±0.04 kg이 되는 두께
- (단위 : mm)

③ 축부착 유공판

④ 하중판(납) 4개
- R=74
- r=26
- φ148±0.6
- 무게 1.25±0.01kg이 되는 두께

⑤ 스페이스 디스크 (고정기구) 동판제
- 50±0.2
- 148±0.6
- (단위 : mm)

⑥ 변위계(다이얼게이지)
- 하중용
- 팽창용
- 관입용
- 최소눈금 1/100mm
- 측정길이 최대 20mm

공시체 제작 기구	① 칼라	⑧ 체 37.5mm
	② 몰드 : 15cm, 용적 V : 2,209cm³	⑨ 시료용 팬
	③ 밑판	⑩ 직각칼 25cm
	④ 스페이스 디스크	⑪ 흙손
	⑤ 래머	⑫ 핸드스코프
	⑥ 시료 추출기	⑬ 주걱
	⑦ 저울	

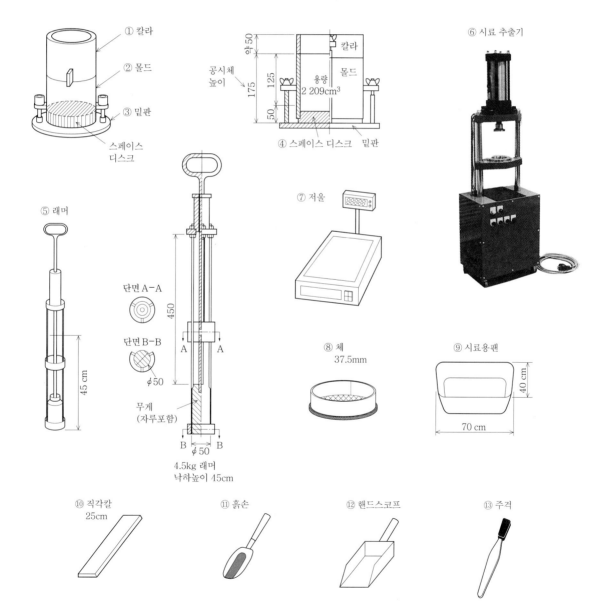

① 칼라
② 몰드
③ 밑판
스페이스 디스크

공시체 높이
용량 2 209cm³
칼라
몰드
④ 스페이스 디스크   밑판

⑥ 시료 추출기

⑤ 래머
45 cm

단면 A-A
단면 B-B
ϕ50
450
무게 (자루포함)
ϕ50
4.5kg 래머
낙하높이 45cm

⑦ 저울

⑧ 체 37.5mm

⑨ 시료용 팬
40 cm
70 cm

⑩ 직각칼 25cm

⑪ 흙손

⑫ 핸드스코프

⑬ 주걱

1. 시험 방법의 종류

CBR 시험에는 현장 CBR과 실내 CBR이 있고, 실내 CBR은 다짐흙에 대한 CBR 시험과 비교란 시료에 대한 CBR 시험이 있다.

여기서는 다짐흙의 CBR 시험 중에서 오른쪽 표의 E-a법에 관하여 시행한다.

흙의 다짐 시험 방법의 종류

호칭명	래머-무게 [kg]	몰드 내경 [cm]	다짐 함수	1층당 다짐 횟수	허용최대직경 [mm]	준비 시료의 필요량		
						건조법 반복법 a	건조법 비반복법 b	건조법 비반복법 c
A	2.5	10	3	25	19	5kg	3kg씩 필요조수	3kg씩 필요조수
B	2.5	15	3	55	37.5	15kg	6kg 〃	6kg 〃
C	4.5	10	5	25	19	5kg	3kg 〃	3kg 〃
D	4.5	15	5	55	19	8kg	−	−
E	4.5	15	3	92	37.5	15kg	6kg 〃	6kg 〃

2. 시료 준비

JSF T 101의 방법으로 시료를 분취하고 자연함수비 w_0[%]를 구한다.

① 15kg 이상의 시료

② 37.5mm 통과 시료

③ 시료 함수비 w_1[%]를 구한다.

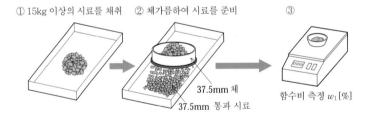

① 15kg 이상의 시료를 채취 ② 체가름하여 시료를 준비 ③

37.5mm 체
37.5mm 통과 시료

함수비 측정 w_1 [%]

3. 시험 방법

① 몰드와 밑판의 무게 m_1[g]을 잰다

② 스페이스 디스크를 넣고 종이를 편다.

③ 1층 시료를 넣는다.

④ 시료를 넣고 다진다. 각 층 92회 다짐을 3층에 걸쳐 실시한다.

⑤ 칼라를 떼고 여분의 흙을 정리한다.

⑥ 스페이스 디스크를 떼고 몰드를 뒤집는다.

⑦ 뒤집혀진 몰드와 밑판을 고정하고 전체 시료 무게 m_2[g]을 잰다.

⑧ CBR 시험 공시체의 제작 완료

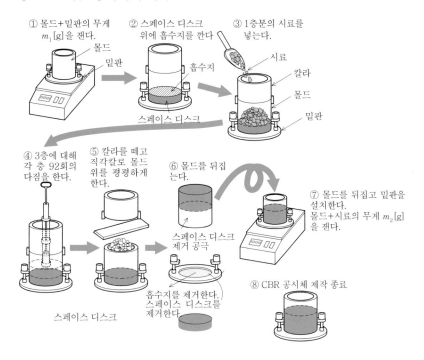

① 몰드+밑판의 무게 m_1[g]을 잰다.
몰드
밑판

② 스페이스 디스크 위에 흡수지를 간다
흡수지
스페이스 디스크

③ 1층분의 시료를 넣는다.
시료
칼라
몰드
밑판

④ 3층에 대해 각 층 92회의 다짐을 한다.

⑤ 칼라를 떼고 직각칼로 몰드 위를 평평하게 한다.

⑥ 몰드를 뒤집는다.
스페이스 디스크 제거 공극

⑦ 몰드를 뒤집고 밑판을 설치한다. 몰드+시료의 무게 m_2[g]을 잰다.

스페이스 디스크

흡수지를 제거한다. 스페이스 디스크를 제거한다.

⑧ CBR 공시체 제작 종료

4. 흡수 팽창 시험

① 상하면에 종이를 뗀다.

② 축부착 유공밑판을 부착한다.

③ 변위계를 부착한다. 수침 후의 흡수팽창량을 수침시간 h(1, 2, 4, 8, 24, 48, 72, 96)시간마다 팽창량을 측정한다.

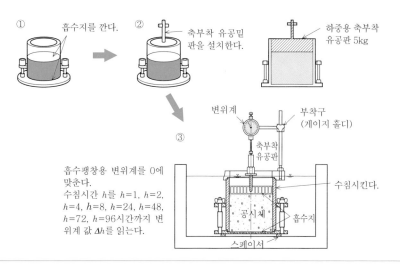

① 흡수지를 간다.

② 축부착 유공밑판을 설치한다.
하중용 축부착 유공판 5kg

③ 흡수팽창용 변위계를 0에 맞춘다.
수침시간 h를 $h=1$, $h=2$, $h=4$, $h=8$, $h=24$, $h=48$, $h=72$, $h=96$시간까지 변위계 값 Δh를 읽는다.

변위계
부착구 (게이지 홀더)
축부착 유공판
수침시킨다.
공시체
흡수지
스페이서

5. 관입 시험

① 15분간 물을 뺀다.

② 상하의 흡수지와 하중용 축부착 유공밑판을 뗀다.

③ 몰드+밑판+시료 전체 무게 m_2[g]을 잰다.

④ 하중판 1.25kg 4장을 얻는다.

⑤ 관입시험을 한다.

　　CBR 시험기에 공시체를 부착한다. 관입 피스톤을 매분 1mm의 속도로 관입한다.

　　관입량이 0.5, 1.0, 1.5, 2.0, 2.5, 3.0, 4.0, 5.0, 7.5, 10.0, 12.5mm가 될 때까지 하중계의 R과 변위계의 δ를 읽고 기록한다.

⑥ 시료를 추출기에 건다.

⑦ 공시체 상하에서 시료를 꺼낸다.

⑧ 함수비 w_2[%]를 잰다.

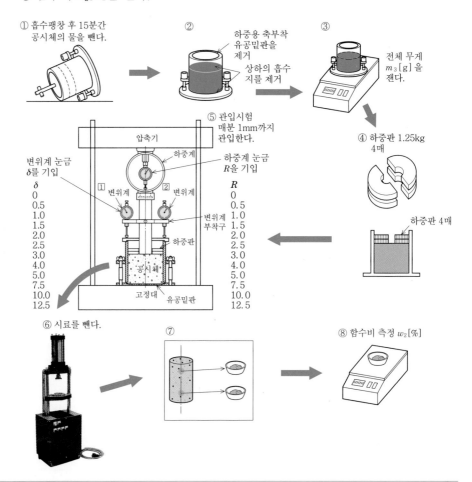

6. 결과 정리

① 공시체의 습윤밀도 ρ_t[g/cm³]와 건조밀도 ρ_d[g/cm³]를 다음 식에서 구하여 기록한다.

$$\rho_t = \frac{m_2 - m_1}{V}$$

$$\rho_d = \frac{\rho_t}{1 + w_1/100}$$

$\quad m_1$: 몰드와 밑판의 무게 [g]

$\quad m_2$: 시료, 몰드, 밑판의 무게 [g]

$\quad V$: 몰드의 용량

$\quad w_1$: 공시체의 함수비

② 공시체의 팽창비 r_e[%]를 다음 식에서 구하여 기록한다.

$$r_e = \frac{\text{변위량 } \Delta h}{\text{공시체의 높이}} \times 100$$

흡수팽창 시험 후의 습윤밀도 ρ_t' [g/cm³]를 다음 식에서 구한다.

JIS A 1211	CBR 시험 (초기 상태, 흡수팽창 시험					
조사건명				시험연월일		
시험번호(깊이) ST-2(4.5m)				시험자		

시험방법	(다짐흙) 비교란흙		래머 무게 [kg]	4.5	토질 명칭	
다짐방법	E		낙하높이 [cm]	45	자연함수비 w_a[%]	
시료준비	준비방법	(비건조맵)공기건조법	다짐횟수[회/층]	92	최적 함수비 w_{opt}	
	시료건조전함수비[%]		다짐층수 [층]	3	최대건조밀도 ρ_{dmax}[g/cm³]	
	시료조정함수비[%] 15.2	몰드	내경[cm] 15.0	하중판무게 [kg]		5.0
			높이[cm] 12.4	몰드용량 V[cm³]		2 200

	공시체번호	1		2		3	
	용기	11	12	13	14	15	16
함수비	m_a [g]	472.1	460.4	480.6	459.1	434.2	507.3
	m_b [g]	443.1	430.4	440.7	420.5	403.2	469.8
	m_c [g]	250.1	231.5	178.3	169.7	195.4	221.3
	w_1 [%]	15.0	15.1	15.2	15.4	14.9	15.1
	평균값 w_1 [%]	15.1		15.3		15.0	
밀도	(시료+몰드)무게 m_2[g]	13 100		13 180		13 105	
	몰드 무게 m_1 [g]	8 485		8 560		8 285	
	습윤온도 ρ_t [g/cm³]	2.110		2.100		2.191	
	건조밀도 ρ_d [g/cm³]	1.835		1.826		1.905	

	수침시간[h]	시각	변위계의 읽음	팽창량[mm]	변위계의 읽음	팽창량[mm]	변위계의 읽음	팽창량[mm]
흡수팽창시험	0	9 : 00	0		12	0	0	0
	1	⁷.₂₉10 : 00	0		12	0	0	0
	2	11 : 00	0		12	0	0	0
	4	13 : 00	0		12	0.01	0	0
	8	17 : 00	0		13	0.02	2	0.01
	24	⁷.₂₄8 : 00	2	0.02	14	0.03	3	0.03
	48	⁷.₂₅8 : 00	3	0.03	14	0.03	3	0.03
	72	⁷.₂₆8 : 00	3	0.03	14	0.04	4	0.04
	96	⁷.₂₇8 : 00	3	0.03	14	0.04	4	0.04
	(시료+몰드)무게 m_3[g]		13 300		13 310		13 210	
	팽창비 r_e[%]		0.24		0.32		0.32	
	습윤밀도 [g/cm³]		2.183		2.152		2.231	
	건조밀도 [g/cm³]		1.831		1.820		1.899	
	평균함수비 w_2[%]		19.2		18.2		17.5	

CBR 시험 결과(흡수팽창 시험)

하중강도는 교정계수 K를 곱하여 구한다.
하중강도 = R(하중계의 눈금) × K(교정계수)

교정계수

JIS A 1211	CBR시험 (관입시험)	

조사건명	시험연월일	. . .
시험번호(깊이)	시험자	

시험조건	(주)비수침	관입깊이[mm/min]	1	하중관무게kg	5.0
양생조건	일공기준 일수침	하중계 No. / 용량[kN]	12 / 29.4	교정계수 N/cm/눈금 N/눈금	1.116

	공시체 No. 1					공시체 No. 2					공시체 No. 3				
	관입량[mm]			하중계 읽음	(하중강도)하중 [N/mm²][N]	관입량[mm]			하중계 읽음	(하중강도)하중 [N/mm²][N]	관입량[mm]			하중계 읽음	(하중강도)하중 [N/mm²][N]
	읽음 1	읽음 2	관입 평균	읽음	[N]	읽음 1	읽음 2	관입 평균	읽음	[N]	읽음 1	읽음 2	관입 평균	읽음	[N]
	0	0	0	0	0	0	0	0	0	0	0	0	0	0	0
	0.5	0.48	0.49	1.4	0.16	0.5	0.46	0.48	1.4	0.16	0.5	0.46	0.48	1.4	0.16
	1.0	0.96	0.98	3.7	0.40	1.0	0.90	0.95	4.9	0.54	1.0	0.88	0.94	5.0	0.55
	1.5	1.44	1.47	6.7	0.74	1.5	1.42	1.46	8.2	0.90	1.5	1.30	1.40	11.0	1.21
	2.0	1.92	1.96	10.2	1.12	2.0	1.94	1.97	13.0	1.42	2.0	1.74	1.87	17.7	1.94
	2.5	2.44	2.47	14.2	1.55	2.5	2.46	2.48	18.7	2.05	2.5	2.22	2.36	24.2	2.65
	3.0	2.92	2.96	18.9	2.07	3.0	2.96	2.98	25.3	2.77	3.0	2.70	2.85	30.3	3.52
	4.0	3.92	3.96	28.9	3.17	4.0	3.96	3.98	37.7	4.13	4.0	3.68	3.84	41.2	4.51
	5.0	4.92	4.96	39.0	4.27	5.0	4.98	4.99	48.8	5.35	5.0	4.68	4.84	51.0	5.58
	7.5	7.44	7.47	62.6	6.86	7.5	7.50	7.50	71.1	7.78	7.5	7.22	7.36	69.7	7.63
	10.0	9.96	9.98	78.7	8.61	10.0	10.04	10.02	82.9	9.07	10.0	9.72	9.86	79.5	8.70
	12.5	12.48	12.49	88.1	9.63	12.5	12.56	12.53	87.9	9.62	12.5	12.22	12.36	86.2	9.44
관입시험후의 함수비	용기No.	21	22			용기No.	24	25			용기No.	29	40		
	m_0[g]	495.3	529.5			m_0[g]	465.9	483.0			m_0[g]	528.7	488.1		
	m_b[g]	454.8	478.5			m_b[g]	430.8	447.1			m_b[g]	490.4	451.5		
	m_t[g]	229.6	255.3			m_t[g]	233.7	348.8			m_t[g]	268.8	244.6		
	w_2[%]	18.0	20.1			w_2[%]	17.8	18.1			w_2[%]	17.8	17.7		
	평균값 w_2[%]	19.1				평균값 w_2[%]	18.0				평균값 w_2[%]	17.5			

CBR 시험 결과(관입 시험)

$$\rho_t' = \frac{m_3 - m_1}{V(1 + r_e/100)}$$

m_3 : 흡수팽창 시험 후의 공시체, 몰드, 밑판의 무게 [g]

흡수팽창 시험 후의 건조밀도 ρ_d' [g/cm³]를 다음 식에서 구한다.

$$\rho_d' = \frac{\rho_d}{1 + (r_e/100)}$$

ρ_d : 공시체의 최초 건조밀도 [g/cm³]

③ 하중강도, 하중-관입량 곡선을 구한다.

- 관입 시험 결과에서 관입량의 값을 횡축, 하중량을 종축으로 하여 3개의 공시체에 대한 곡선을 그린다.
- 관입량 2.5, 5.0mm의 하중강도를 표준 하중강도로 나누어 CBR 값을 구한다.

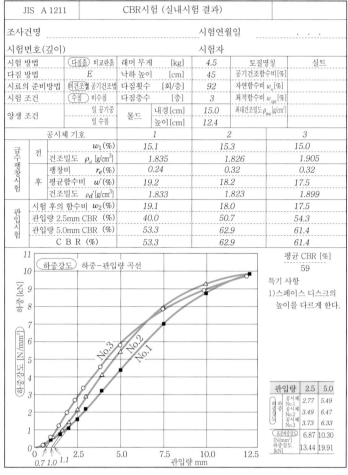

JIS A 1211		CBR시험 (실내시험 결과)				

조사건명				시험연월일		. . .
시험번호(깊이)				시험자		

시험 방법	(다짐흄) 비교란흄	래머 무게	[kg]	4.5	토질명칭	실트
다짐 방법	E	낙하 높이	[cm]	45	공기건조함수비[%]	
시료의 준비방법	비건조법 공기건조법	다짐횟수	[회/층]	92	자연함수비 w_n[%]	
시험 조건	(수침) 비수침	다짐층수	[층]	3	최적함수비 w_{opt}[%]	
양생 조건	일 공기중 일 수침	몰드 내경[cm]		15.0	최대건조밀도 ρ_{max}[g/cm³]	
		높이[cm]		12.4		

공시체 기호			1	2	3
흡수팽창시험	전	w_1(%)	15.1	15.3	15.0
		건조밀도 ρ_d [g/cm³]	1.835	1.826	1.905
	후	팽창비 r_e(%)	0.24	0.32	0.32
		평균함수비 w'(%)	19.2	18.2	17.5
		건조밀도 ρ_d'[g/cm³]	1.833	1.823	1.899
관입시험		시험 후의 함수비 w_2(%)	19.1	18.0	17.5
		관입량 2.5mm CBR (%)	40.0	50.7	54.3
		관입량 5.0mm CBR (%)	53.3	62.9	61.4
		C B R (%)	53.3	62.9	61.4

평균 CBR [%]
59

특기 사항
1) 스페이스 디스크의 높이를 다르게 한다.

관입량	2.5	5.0
하중강도 [N/mm²]	공시체 No.1	2.77	5.49
	공시체 No.2	3.49	6.47
	공시체 No.3	3.73	6.33
표준하중강도 [N/mm²]	6.87	10.30
하중강도 [kN]	13.44	19.91

CBR 시험 결과(실내 시험 결과)

7. 결과 이용

노반의 지지력 판정과 노반 재료의 적부를 판정하는 데 널리 이용되고 있다.

 관●련●지●식

• 노상 설계(구간의 CBR과 설계 CBR의 관계)

구간의 CBR	설계 CBR
(2 이상 3 미만)	(2)
3 이상 4 미만	3
4 이상 6 미만	4
6 이상 8 미만	6
8 이상 12 미만	8
12 이상 20 미만	12
20 이상	20

• 교통량 결정(설계 교통량의 구분)

설계 교통량의 구분	대형차 교통량 (대/일 · 방향)의 범위
L 교통	100 미만
A 교통	100 이상 250 미만
B 교통	250 이상 1,000 미만
C 교통	1,000 이상 3,000 미만
D 교통	3,000 이상

• 포장 두께 설계(목표로 하는 T_A[cm])

설계CBR	L교통	A교통	B교통	C교통	D교통
(2)	(17)	(21)	(29)	(39)	(51)
3	15	19	26	35	45
4	14	18	24	32	41
6	12	16	21	28	37
8	11	14	19	26	34
12	11	13	17	23	30
20	11	13	17	20	26

토질시험 15 JIS A 1216(KS F 2314)

★ 일축 압축 시험

● ● ● ● ●

개량 토질에 대한 일축 압축강도를 구해 개량 노반 및 지반의 지지력을 판단한다.

일축 압축 시험 장치

① 로드셀(변형 링) : 작용하는 하중 P와 변위 R이 비례하도록 만들어진 링. $P = KR$. 여기서 K는 교정계수라 하며, 하중 P와 변위 R의 비례상수이다.
② 변위계 (1/100)mm 눈금
③ 하중계
④ 스톱워치
⑤ 가압판
⑥ 핸들
⑦ 변속 스위치
⑧ 압축 장치

1. 공시체 제작

① 연약점토층에 내경 75mm 정도의 원통 용기인 thin wall sampler를 눌러 넣어 비교란 시료를 채취한다.
② 교란되지 않은 시료 : 원위치 상태에 가까운 교란되지 않게 채취된 흙의 시료
③ 실톱
④ Trimmer
⑤ 직각칼
⑥ 조정판
⑦ Miter box
⑧ 버니어캘리퍼스
⑨ 저울
⑩ 증발접시
⑪ 시료팬
⑫ 건조로

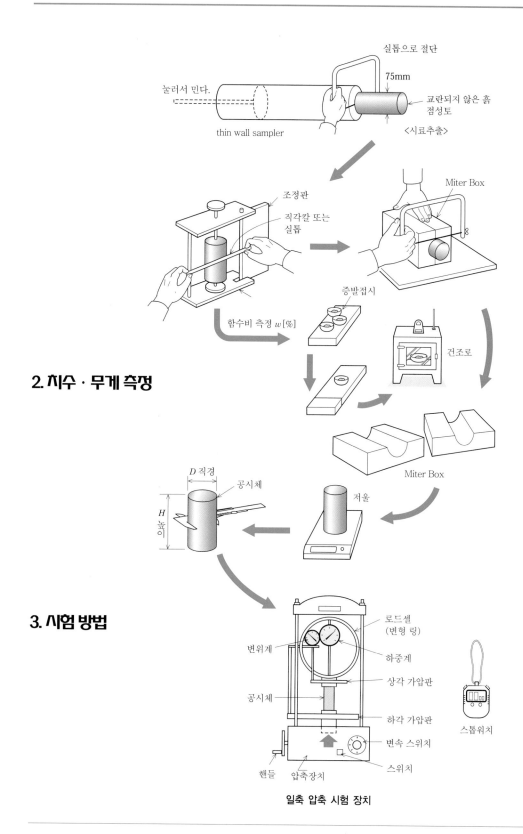

실톱으로 절단

75mm

눌러서 민다.

교란되지 않은 흙
점성토

thin wall sampler

〈시료추출〉

조정판

직각칼 또는
실톱

Miter Box

함수비 측정 w[%]

증발접시

건조로

2. 치수 · 무게 측정

Miter Box

D 직경

공시체

저울

H 높이

3. 시험 방법

로드셀
(변형 링)

변위계

하중계

상각 가압판

공시체

하각 가압판

스톱위치

핸들

압축장치

변속 스위치

스위치

일축 압축 시험 장치

① 공시체의 설치

② 변위계와 하중계의 눈금을 0에 맞춘다.

③ 스위치를 넣고 압축을 개시하고 $\Delta H/100$의 변위 20/100mm마다 하중계 R의 값을 읽고 기록한다.

4. 결과 정리

① 압축변형률을 계산한다.

$\varepsilon = \Delta H/H \times 100(\%)$

② 압축력 $P = KR$을 계산한다.

③ 압축응력을 계산한다.

$$\sigma = \frac{P}{A}\left(1 - \frac{\varepsilon}{100}\right)[\text{N/mm}^2]$$

④ σ를 종축, ε을 횡축으로 하고, $\varepsilon - \sigma$의 관계를 그래프로 그린다.

⑤ 수정 원점을 접선에서 구한다.

⑥ 일축압축강도는 그래프의 정점에서 구해 $q_u(\text{N/mm}^2)$로 정의한다.

⑦ 변형계수 E_{50}은 $q_u/2$ 점의 변형률 ε_{50}을 구해서 계산한다.

$$E_{50} = \frac{q_u}{2 \cdot \varepsilon_{50}} \times 100$$

⑧ 예민비는 반복강도 $q_u{'}$의 비로 구한다.

$q_u/q_u{'}$

압축량 ΔH 1/100 mm	압축변형률 $\varepsilon[\%]$	하중계 읽음 R	압축력 P $=KR[\text{N}]$	압축응력 $\sigma[\text{N/mm}^2]$
0	0	0	0	0
20	0.25	8.2	9.0	0.009
40	0.50	20.0	22.0	0.023
60	0.75	40.0	44.0	0.045
80	1.00	62.0	68.2	0.070
100	1.25	82.5	90.8	0.093
120	1.50	100.5	110.6	0.113
140	1.75	115.2	126.7	0.129
160	2.00	127.0	139.7	0.142
180	2.25	136.6	150.3	0.153
200	2.50	144.0	158.4	0.161
220	2.75	149.7	164.7	0.167
240	3.00	153.5	168.9	0.170
260	3.25	156.4	172.0	0.173
280	3.50	157.6	173.4	0.174
300	3.75	153.5	168.9	0.170

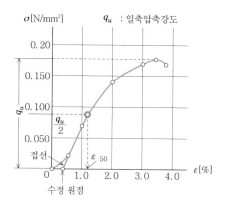

5. 결과 이용

점토지반의 연경을 알고, 직접기초 등의 설계나 사면의 안전성을 판정하는 데 이용한다.

(1) 일축 압축강도의 지지 지반

 a) 직접기초 : 모래지반 $N>30$, 점성지반 $N>20$

 b) 말뚝, 케이슨 기초 $N>50$

(2) 변형계수 E_{50}(N/mm²) : E_{50} 값보다 작은 흙은 교란된 상태에 있다고 판단한다.

관●련●지●식

일축 압축강도와 토질

컨시스턴스	일축압축강도 q_u [N/mm²]
대단히 연약	0.3
연약	0.3~0.6
중간	0.6~1.2
약간 굳은	1.2~2.4
대단히 굳은	2.4

삼축 압축 시험을 위한 공시체 제작

• • • • •
삼축 압축 시험에 이용되는 공시체를 제작한다.

1. 트리밍법에 의한 공시체 제작

트리밍법은 상온에서 교란되지 않은 점성토에 적용한다.

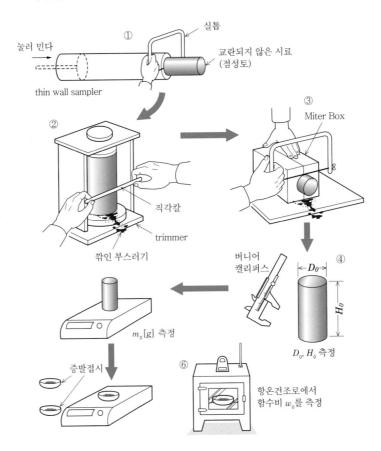

① 시료는 Thin wall sampler로 채취한 교란되지 않은 시료를 이용한다.

② 시료를 공시체 치수(직경 3.5 cm 또는 5cm를 표준, 높이는 직경의 2.0~2.5
배)보다 20% 정도 크게 깎고 소정의 원주가 되도록 trimmer, wire saw, 직
각칼을 사용하여 성형한다.

③ 공시체를 Miter box에 넣고 양끝은 box 단면을 따라 평면으로 성형한다.

④ 공시체의 치수를 측정한다. 직경(상, 중, 하 3개소), 높이를 버니어캘리퍼스로 최소 읽음값 0.1mm까지 측정하고 직경 D_0[cm], 높이 H_0[cm]를 버니어캘리퍼스로 구한다.

⑤ 공시체의 무게 m_0를 측정

⑥ 공시체 성형시 절삭된 시료의 함수비 w[%]를 3번 측정하고, 평균 함수비 w_0[%]를 구한다.

⑦ 측정된 H_0, D_0, $A_0 = \pi D_0^2/4$, $V_0 = A_0 H_0$, m_0, w 등을 초기상태값으로 데이터시트에 정리한다.

2. 결과 정리

초기 상태를 아래 표와 같이 기록 정리한다.

공시체 제작 방법			트리밍법		
직경[cm]		3.475	높이[cm]		8.200
		3.480			8.220
		3.485			8.210
평균직경	D_0[cm]		3.48		
평균높이	H_0[cm]		8.21		
단면적	A_0[cm²]		9.51		
체적	V_0[cm³]		78.08		
무게	m_0[g]		143.24		
함수비	용기No.	705	707	708	
	m_a[g]	46.54	51.25	42.75	
	m_b[g]	41.64	46.34	37.84	
	m_c[g]	28.81	33.69	25.19	
	w[%]	38.2	38.8	38.7	
평균값 w_0[%]		38.6			

(초기상태)

3. 부압법에 의한 공시체 제작

다짐이나 압밀에 의해 뭉쳐지지 않는 사질토에 적용한다.

① 내면에 고무슬리브를 붙인 몰드를 받침대(페데스탈)에 놓고, 진공펌프로 흡입하여 고무 슬리브와 몰드를 밀착시킨다. 그런 다음 고무 슬리브 하단을 O링으로 받침대에 단단히 묶는다.

② 미리 수침된 시료를 수 개 층으로 나누어 몰드에 넣고 소정의 공시체 높이(직

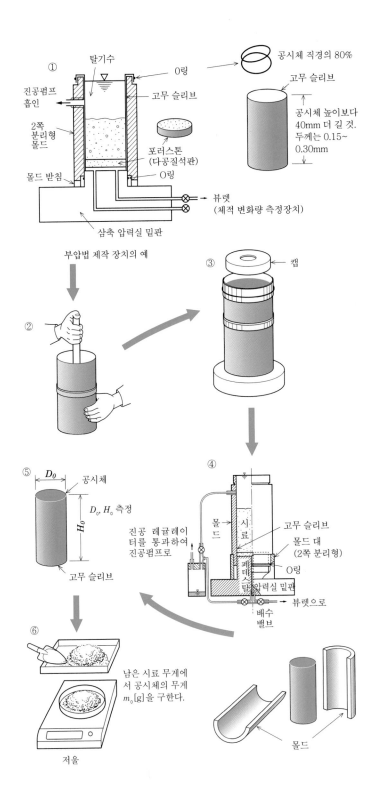

① 탈기수
O링
진공펌프 흡인
2쪽 분리형 몰드
몰드 받침
삼축 압력실 밑판
고무 슬리브
포러스톤 (다공질석판)
O링
뷰렛 (체적 변화량 측정장치)

공시체 직경의 80%
고무 슬리브
공시체 높이보다 40mm 더 길 것. 두께는 0.15~0.30mm

부압법 제작 장치의 예

②

③ 캡

④
몰드
시료
고무 슬리브
몰드 대 (2쪽 분리형)
O링
페데스탈 압력실 밑판
진공 레귤레이터를 통과하여 진공펌프로
배수 밸브
뷰렛으로

⑤ D_0 공시체
D_0, H_0 측정
H_0
고무 슬리브

⑥
남은 시료 무게에서 공시체의 무게 m_0[g]을 구한다.
저울
몰드

경의 2~2.5배)에서 소정의 밀도가 될 때까지 다진다.

③ 시료의 상면에 재하 캡을 강하게 눌러 놓고, 고무 슬리브 상단을 캡의 측면에 씌워서 O링으로 체결한다.

④ 진공펌프로 공시체에 부압을 걸어서 스스로 몰드를 떼어낸다.

⑤ 공시체의 직경과 높이는 고무 슬리브를 씌운 채 측정한다.

⑥ 공시체의 무게는 미리 선정된 시료 무게와 잔존량으로 구하고 시험 후에 전량을 회수하여 측정한다.

⑦ 데이터는 트리밍법과 같이 H_0, D_0, m_0, w 등을 기록하고 초기상태를 정리한다.

4. 결과 정리

트리밍법과 같은 방법으로 정리한다.

삼축 압축 시험 (비압밀 비배수 전단 시험 : UU 시험)

• • • • •

압밀을 하고 삼축 방향에서 압축력을 가해서 깊은 토층에 대한 지지력의 근사값을 구한다.

삼축 압축 시험 장치

① 삼축압축장치
② 하중계
③ 변위계(압축량을 측정하는 다이얼게이지)
④ 압력실
⑤ 뷰렛(체적변화량 측정용)
⑥ 에어 레귤레이터(공기압 제어에 의한 측압(σ_3[N/m^2]) 장치)

---

1. 공시체 설치

점성토질 공시체의 무게, 직경, 높이를 측정한다.

① 고무 슬리브 확대기의 내측에 고무 슬리브를 붙이고, 지관을 흡입하여 고무 슬리브를 밀착시킨다.

② 공시체에 씌운다.

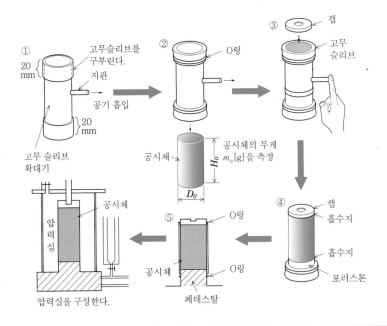

③ 고무 슬리브를 공시체에 밀착시킨 다음 위에 캡을 덮는다.

④ 확대기를 떼어낸다.

⑤ O링으로 재하캡, 재하대(페데스탈)를 묶는다.

2. 시험 방법

UU 시험은 압밀을 하지 않고 전단한다. 또, 배수는 하지 않고 배수밸브를 닫고 시험한다.

① 압력실에 일정 측압 σ_3을 작용시켜 공시체를 압축한다.

② 매분 1%의 축변형률을 부여할 때 축압축력 $P[N]$을 하중계로, 축변위량

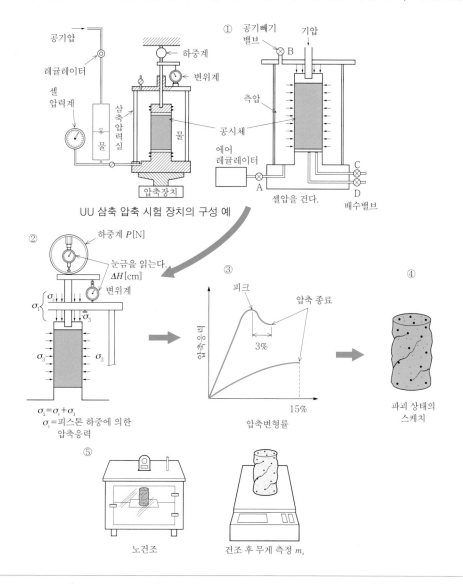

UU 삼축 압축 시험 장치의 구성 예

$\sigma_1 = \sigma_p + \sigma_3$
σ_p=피스톤 하중에 의한 압축응력

파괴 상태의 스케치

노건조   건조 후 무게 측정 m_s

ΔH[cm]를 변위계로 측정한다.

③ 하중계의 읽음값이 최대로 될 때부터 계속 인장하여 변형률이 3%를 넘든지 압축변형률이 15%에 도달하면 압축을 종료한다.

④ 공시체의 파괴 상태를 스케치한 후 공시체를 노건조하여 무게 m_s[g]을 측정한다.

⑤ 동일하게 측압 σ_3[N/mm²] 값을 바꾸어 가며 3개 이상 측정한다.

3. 결과 정리

① 공시체 함수비의 계산

$$w_0 = \frac{m_0 - m_s}{m_s} \times 100[\%]$$

② 공시체 면적의 계산

$$A_0 = \frac{\pi D_0{}^2}{4}\,[\text{cm}^2]$$

③ 공시체 축변형률의 계산

$$\varepsilon = \frac{\Delta H}{H_0} \times 100[\%]$$

④ 주응력차의 계산(압축강도)

$$\sigma_1 - \sigma_3 = \frac{P}{A_0}\left(1 - \frac{\varepsilon}{100}\right)[\text{N/mm}^2]$$

공 시 체		1	2	3
측방향 응력	σ_3 [N/mm²]	0.1	0.4	0.7
높이	H_0 [cm]	8.02	8.03	8.00
직경	D_0 [cm]	3.49	3.55	3.53
체적	V_0 [cm³]	76.97	79.98	78.64
시험 전 무게	m_0 [g]	136.50	136.35	134.38
함수비	w_0 [%]	45.8	45.4	48.4
노건조 무게	m_s [g]	93.36	90.53	93.58
습윤밀도	ρ_t [g/cm³]	1.77	1.70	1.71
간극비	e_0	1.26	1.42	1.30
포화도	S_{r0} [%]	100	98	92
압축강도	[N/mm²]	0.224	0.208	0.193
주응력차 최대 시의 변형률	ε_f [%]	5.8	2.8	3.0

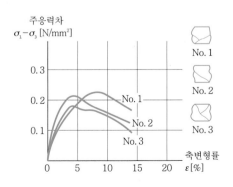

⑤ 필요한 경우에는 ρ_t, e_0, S_{r0}를 구한다.

$$\rho_t = m_0/V_0$$

$$e_0 = \rho_s V_0 /(m_s-1)$$

$$S_{t0} = \frac{m_0-m_s}{\rho_s V_0 - m_s} \times \frac{\rho_s}{\rho_w} \times 100$$

⑥ 축변형률은 가로축, 주응력차 $\sigma_1-\sigma_3$는 세로축으로 잡아 그래프를 그린다.

4. 결과 이용

구조물의 급속한 재하 직후에 있어서 지반강도 안정성을 산정할 때에 이용한다.

(1) 과압밀의 정도가 작은 지반 지지력, 사면의 안정성 산정에 이용한다.

(2) 말뚝의 원주면 마찰력 산정이나 부착력 추정에 이용한다.

(3) 원리적으로는 일축 압축 시험과 동일하게 다루는 것이 가능하다.

삼축 압축 시험 (압밀 배수 전단 시험 : CD 시험)

● ● ● ● ●

압밀 후 배수하여 삼축 방향에서 압축력을 가해 깊은 토층에서의 흙 지지력에 대한
근사값을 구한다.

1. 공시체 설치

점성토질 공시체의 무게 m_0, 직경 D_0, 높이 H_0를 측정한다.

토질시험 20의 삼축 압축 CU 시험에 근거하여 설치한다.

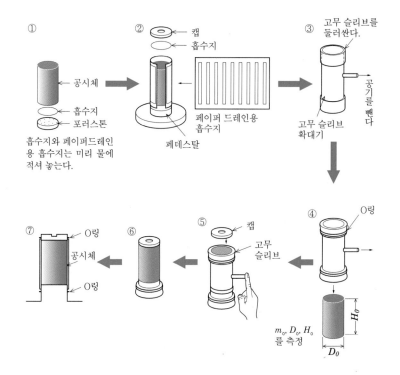

2. 시험 방법

CD 시험은 우선 압밀배수를 하고 전단 과정에서도 배수 가능하도록 배수밸브를
열어 놓는다.

① 압력실을 구성하고 밸브 A, B를 열어 압력실에 물을 가득 채운 다음 밸브 B를
   닫는다.

압밀 과정

② 뷰렛의 최초 눈금을 기록하고 배수 밸브를
열고 압밀을 시작한다.

③ 일차 압밀 종료 t_0[min] 후 압밀 배수량
ΔV_C[cm³]와 축압축 변위량 ΔH[cm]를 측
정하고 배수밸브 C를 닫는다.

   일차 압밀 종료는 $3t$법에서 확인한다.

④ 밸브 C를 닫는다.

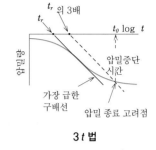

$3t$ 법

축압축 과정

⑤ 하중계와 변위계를 0으로 맞춘다.

⑥ 밸브 C를 열고 뷰렛의 눈금을 기록한다.

⑦ 측압 σ_3를 일정하게 하고 매분 1%의 축변형률을 주면서 공시체에 연속적으로
압축을 가한다.

⑧ 공시체의 변위계 읽음값 ΔH와 하중계의 읽음 R, 배수량 ΔV를 기록한다.

⑨ 하중계의 읽음값 R이 최대로 될 때부터 계속 읽어 축변형률이 3% 이상 생길
때 축압축을 종료한다.

⑩ 공시체를 노건조시켜 무게 m_s[g]을 측정한다.

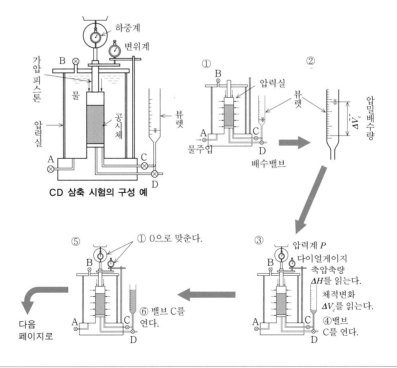

CD 삼축 시험의 구성 예

다음
페이지로

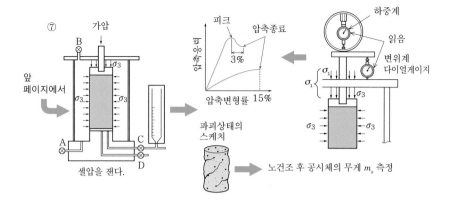

3. 결과 정리

① 공시체 함수비 계산

$$w_0 = \frac{m_0 - m_s}{m_s} \times 100$$

② 체적 계산

$$V_0 = \pi D_0^2 / 4 H_0$$

③ 압축 후의 체적 계산

$$V_c = V_0 - \Delta V_c$$

④ 압밀 후의 높이

$$H_c = H_0 - \Delta H_c$$

⑤ 압밀 후의 면적

$$A_c = V_c / H_c$$

⑥ 축변형률의 계산

$$\varepsilon = \Delta H / H_c \times 100 [\%]$$

⑦ 체적변형률의 계산

$$v = \Delta V / V_c \times 100 [\%]$$

⑧ 주응력차의 계산

$$\sigma_1 - \sigma_3 = \frac{P}{A_c} \cdot \frac{1 - \varepsilon/100}{1 - v/100}$$

⑨ 주응력차–축변형률 곡선과 체적변형률–축변형률 곡선을 그린다.

압밀 과정

경과시간 t[min]	배수량 ΔV[cm³]	축변위량 ΔH[cm]
0	0	0
0.1	1.01	0.007
0.4	1.87	0.012
480	15.11	0.401
800	15.83	0.410
1 510	16.10	0.418

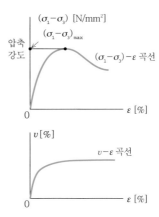

축압축 과정

축변위 $\Delta H/100$ [mm]	축변형률 ε [%]	하중계 R	축압축력 P[N]	주응력차 $\sigma_1-\sigma_3$ [N/mm²]
0	0	0	0	0
13	0.17	605	0.76	0.092
33	0.43	1 057	1.32	0.159
600	7.78	2 168	2.71	0.303
1 020	13.0	2 250	2.82	0.293
1 100	15.1	2 010	2.61	0.299

4. 결과 이용

성토의 완속시공법에서 안정 계산에 이용된다.

모어 응력원에서 접착력 C_d와 마찰각 ϕ_d를 구하고 성토의 지반 안정성을 추정한다.

삼축 압축 시험 (압밀 배수 전단 시험 : $\overline{CU}$ 시험)

● ● ● ● ●

압밀 후 비배수 상태로 삼축 방향에서 압축력을 가하고 간극수압을 측정하여 깊은 토층에서의 흙 지지력에 대한 근사값을 구한다.

1 공시체 설치

포화된 점성토 공시체의 설치는 토질시험 20을 참조한다.

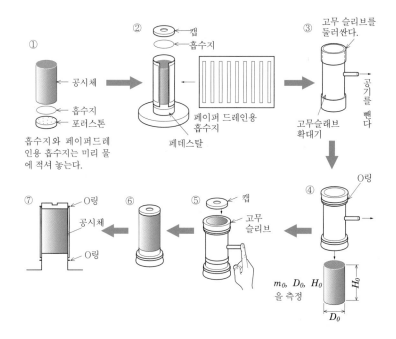

2. 시험 방법

CU는 공시체를 압밀 후 비배수 상태에서 간극수압을 측정하지 않고 전단한다.

① 압력실을 물로 채우고, 뷰렛을 통하여 공시체 내부에 배압 $u_b[\text{N/mm}^2]$와 등방 응력 $\sigma_3[\text{N/mm}^2]$를 가하고 압밀 중에는 일정하게 유지한다.

압밀 과정

② 이중관 뷰렛의 최초 읽음값을 기록하고 배수 밸브 C를 열고 압밀을 시작한다.

③ (6, 9, 15, 30)s, (1, 1.5, 3, 15, 40)min, (1, 2, 6, 24)h 등의 경과시간마다 뷰 렛의 읽음값 $\Delta V\,[\text{cm}^3]$, 축압축 변위량 $\Delta H[\text{cm}]$를 측정한다.

④ 일차 압밀 종료를 확인할 수 있도록 밸브 C를 닫는다.

⑤ 밸브 D를 열고 등방응력 $\Delta\sigma$를 감소시킨 후 간극수압계가 일정해지면 시간 t와 읽음값 Δu를 기록한다.

축압축 과정

⑥ 하중계와 변위계를 0에 맞추고 배수 밸브 D를 닫는다.

⑦ 측압 σ_3를 작용시켜 변형 속도를 일정하게 유지하며 연속적으로 공시체를 압축한다.

⑧ 압축량 ΔH마다 하중계의 읽음값 R 및 간극수압계의 읽음값 u를 기록한다.

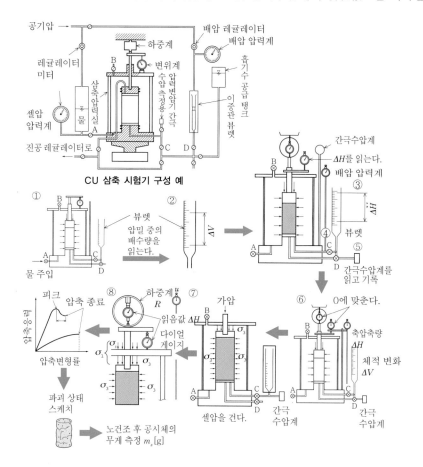

CU 삼축 시험기 구성 예

3. 결과 정리

① 압밀 전의 함수비 계산

$$w_0 = \frac{m_0 - m_s}{m_s} \times 100$$

② 공시체 면적 계산

$$A_0 = \pi D_0^2/4$$

③ 공시체 체적 계산

$$V_0 = \pi D_0^2 H_0/4$$

④ 압밀 후 체적 계산

$$V_c = V_0 - \Delta V_c$$

⑤ 압밀 후 면적 계산

$$A_c = V_c/H_c$$

단, $H = H_0 - \Delta H$이다.

⑥ 간극압계수의 계산

$$B = \Delta u/\Delta \sigma$$

⑦ 공시체의 축변형률 계산

$$\varepsilon = \frac{\Delta H}{H_c} \times 100$$

⑧ 축변형률 ε일 때 주응력차($\sigma_1 - \sigma_3$)의 계산

$$\sigma_1 - \sigma_3 = \frac{P}{A_0} \left(1 - \frac{\varepsilon}{100}\right)$$

압밀 과정

측정시각	경과시간 t [min]	배수량		축변위량	
		읽음값	배수량 ΔV [m³]	읽음값	배수량 ΔH [cm]
⁹⁄₂₆ 9:30	0	0	0	0	0
	0.1	1.22	1.22	1.4	0.008
	0.2	1.50	1.50	1.5	0.009
⁹⁄₂₇ 9:30	1440	15.3	15.3	40.8	0.402

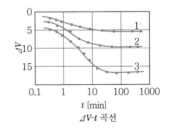

ΔV-t 곡선

축압축 과정

K= 교정계수1.25×10^{-3}

측정시각	축변위량 ΔH [1/100mm]	축변형률 ε [%]	하중계 읽음값 R	축압축력 $P=KR$ [N]	주응력차 $\sigma_1 - \sigma_3$ [N/mm²]	간극수압 u [N/mm²]	간극수압차 Δu [N/mm²]
⁹⁄₂₇ 10:00	0	0	0	0	0	0.2	0
	13	0.17	1060	1.32	0.159	0.245	0.045
⁹⁄₂₇ 16:00	1100	15.1	2010	2.16	0.299	0.497	0.297

$0 < \varepsilon \leq 15\%$ 범위의 주응력차의 최대값 $(\sigma_1 - \sigma_3)_{max}$를 구해 압축 강도로 한다.

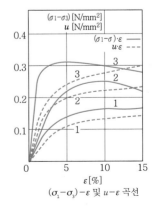

$(\sigma_1 - \sigma_3)$-ε 및 u-ε 곡선

⑨ $(\sigma_1-\sigma_3)$와 ε, u와 ε의 관계를 그래프로 그린다.

⑩ 유효 주응력 $(\sigma_1{}'-\sigma_3{}')$의 계산

$\sigma_1{}'=\sigma_1-u$, $\sigma_3{}'=\sigma_3-u$

⑪ 주응력차 최대 시의 유효 주응력($\sigma_{1f}{}'$, $\sigma_{3f}{}'$의 계산)

$\sigma_{1f}{}' = (\sigma_1-\sigma_3)_{max}+\sigma_{3f}{}'$

$\sigma_{3f}{}' = \sigma_{3f}-u_f$

4. 결과 이용

현 지반을 압밀시켜 급속히 재하를 진행시킬 때 지반의 안정 계산에 이용된다.

(1) $(\sigma_1-\sigma_3)-\varepsilon$의 그래프보다 $(\sigma_1-\sigma_3)_{max}$을 이 시료의 압축강도로 한다.

(2) 주로 점성지반의 장기 안정 해석에 이용한다.

(3) 연약지반상에 성토를 할 때에 미끄럼면 흙의 역학적인 성질을 구하는 데 이용한다.

(4) 성토, 옹벽, 굴삭공 등의 안정 해석에 이용한다.

삼축 압축 시험 (압밀 비배수 전단 시험 : CU 시험)

●●●●●
압밀 후 비배수 상태에서 삼축 방향으로 압축력을 가하여 깊은 토층에 대한 지지력의 근사값을 구한다.

1. 공시체 설치

① 공시체의 상하면에 흡수지를 부착, 측면에 페이퍼드레인 흡수지를 감는다.

② 캡을 씌운다.

③ 고무 슬리브 확대기의 내측에 고무 슬리브를 넣고 지관을 흡입하여 고무 슬리브를 밀착시킨다.

④ 공시체에 씌운다.

⑤ 고무 슬리브를 공시체에 밀착시켜 캡을 탑재한다.

⑥ 확대기를 떼어낸다.

⑦ O링으로 재하캡, 재하대(페데스탈)를 체결한다.

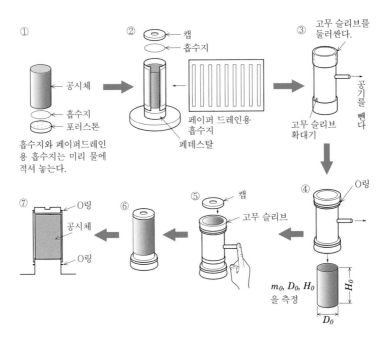

2. 시험 방법

CU는 공시체 압밀 후, 비배수 상태에서 간극수압을 측정하지 않고 전단한다.

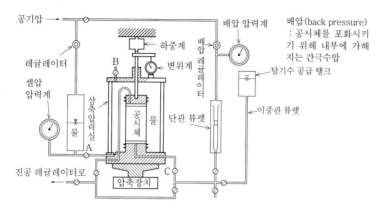

CU 삼축 시험기 구성 예(파선 : 배압 장치)

① 압밀실을 구성한 다음 밸브 A, B를 열어 압밀실에 주수하여 만수가 되면 밸브 B를 닫는다. 배압보다 약간 큰 등방응력을 작용 시키고 압밀 중에는 일정하게 유지한다.

압밀 과정

② 단관 뷰렛의 최초의 읽음값을 기록하고 배수밸브 C를 열고 압밀을 시작한다.

③ (6, 9, 15, 30)s, (1, 1.5, 3, 15, 40)min, (1, 2, 6, 24)h 등의 경과 시간마다 뷰렛의 읽음값 ΔV[cm], 축압축 변위량 ΔH[cm]를 측정한다.

④ 1차 압밀 종료가 확인되면 밸브 C를 닫는다.

축압축 과정

⑤ 하중계와 변위계(다이얼게이지)를 0에 맞춘다.

⑥ 압력실에 측압 σ_3를 작용시켜 공시체를 압축한다.

⑦ 매분 1%의 축변형률을 만들고 압축량 ΔH마다 하중계의 읽음값 R을 기록한다.

⑧ 하중계의 읽음값이 최대를 나타내면서부터 계속 인장하여 변형률이 3%를 초과하든지 압축변형률이 5%에 도달하면 압축을 종료한다.

⑨ 공시체의 파괴 상황을 스케치하고 노건조 무게 m_s를 측정한다.

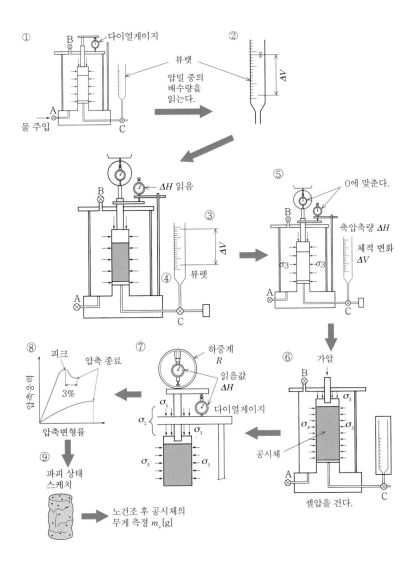

3. 결과 정리

① 초기상태에서는 다음 값을 구한다.

w_0, V_0, D_0, H_0

② 압밀 과정에서는 다음 값을 구한다.

H_c, V_c, A_c

③ 축압축 과정에서는 다음 값을 구한다.

$$\varepsilon, \ \sigma_1 - \sigma_3 = \frac{P}{A_0}\left(1 - \frac{\varepsilon}{100}\right)$$

④ ε, $(\sigma_1 - \sigma_3)$의 관계를 그래프화한다.(이상은 토질시험 19를 참조할 것)

4. 결과 이용

압밀이 완료된 후(프리로딩 등) 지반의 안정 산정에 이용한다.

CU 시험의 강도상수

CU 시험은 압밀에 의해 비배수 전단강도 c_{cu}와 전단저항각 ϕ_{cu} 값을 구한다.(전응력 표시의 모어원에서)

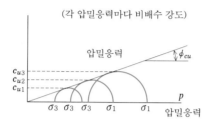

점착력 $c_u = \dfrac{1}{2}(\sigma_1 - \sigma_3)_{max}$

압밀응력 $p = \sigma_3 - u_b$ u_b : 배압

흙의 정수위 투수 시험

● ● ● ● ●

흙의 투수성의 크고 작음을 나타내는 투수계수 k_T값을 구해 지반의 안정성이나 흙의 굴착 방법을 정한다.

투수시험 기구	① 투수원통(내경 10cm, 높이 12 cm, 단면적 $A = 78.5cm^2$)
	② 투수원통 칼라 ③ 유공판
	④ 필터 ⑤ 철망(425μm)
	⑥ 월류수조
공시체 제작 기구	① 버니어캘리퍼스 ② 저울
	③ 래머 ④ 직각칼
측정 기구	① 버니어캘리퍼스 ② 메스실린더
	③ 스톱워치 ④ 온도계

1 공시체 제작

① 균일한 습도를 가진 시료의 무게 m_0를 구한다.

② 투수원통의 내경을 알고 단면적 $A[cm^2]$를 구한다.

③ 투수원통을 유공밑판에 고정한다.

④ 시료를 3층으로 각 층 25회씩 래머로 다지되 투수원통이 가득 차도록 다짐한다.

⑤ 시료높이 $L[cm]$를 구한다.

⑥ 투수원통 투입 전의 시료 무게와 투입 후의 무게의 차로 원통 내의 시료 무게 $(m = m_0 - m')$을 구한다. 남은 시료의 함수비 $w[\%]$를 구한다.

⑦ 투수원통 칼라를 투수원통에 고정한다.

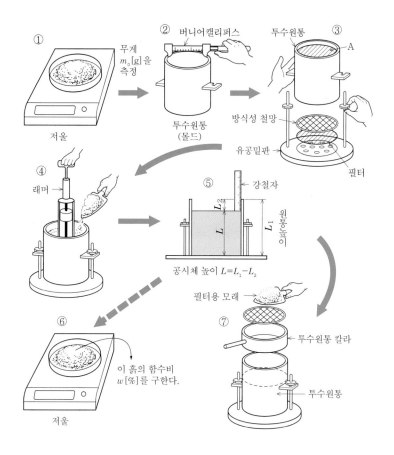

2. 시험 방법

월류구를 통하여 월류시키며 일정 수위 h[cm]를 유지하면서 월류수조에서 배수시킨다. t_1에서 t_2까지 메스실린더로 유입된 수량 Q[cm³]와 수온 T[℃]를 잰다.

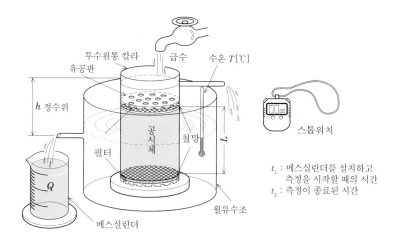

t_1 : 메스실린더를 설치하고 측정을 시작할 때의 시간
t_2 : 측정이 종료된 시간

3. 결과 정리

① 측정 시 수온 $T[℃]$에 대한 투수계수 $k_T(cm/s)$의 산정 $(A=78.5\,cm^2)$

$$k_T = \frac{L}{h} \cdot \frac{Q}{A(t_2-t_1)}$$

L : 투수거리 [cm], h ; 수위차 [cm]

Q : 유출수량 $[cm^3]$, (t_2-t_1) : 측정시간 [s]

② $T=15℃$일 때 투수계수 k는 보정계수에서

$$k = k_T \cdot \frac{\eta_T}{\eta_{15}} = 0.925\,k_T$$

15℃에 대한 투수계수의 보정계수 η_T/η_{15}

$T[℃]$	0	1	2	3	4
0	1.575	1.521	1.470	1.424	1.378
5	1.336	1.295	1.255	1.217	1.182
10	1.149	1.116	1.085	1.055	1.027
15	1.000	0.975	0.950	0.925	0.902
20	0.880	0.859	0.839	0.819	0.800
25	0.782	0.764	0.748	0.731	0.715
30	0.700	0.685	0.671	0.657	0.645
35	0.632	0.620	0.607	0.596	0.584
40	0.574	0.564	0.554	0.544	0.535
45	0.525	0.517	0.507	0.498	0.490

측정 No		1	2	3
측정개시시간	t_1[min]	0	0	0
측정종료시간	t_2[min]	3	3	3
측정시간	t_2-t_1[s]	180	180	180
정수위 수위차비	L/h[cm]	1.00	1.00	1.00
정수위 투수량	Q[cm^3]	210	220	220
정수위 수온	T[℃]	18	18	18
정수위 15℃에 대한 투수계수	k	1.37×10^{-2}	1.44×10^{-2}	1.44×10^{-2}

4. 결과 이용

흙댐, 제방, 도로, 매립지 등 인공조성 지반의 투수성을 예측한다.

투수성과 시험 방법의 운용성

투수계수 k

		10^{-9} 10^{-8} 10^{-7} 10^{-6} 10^{-5} 10^{-4} 10^{-3} 10^{-2} 10^{-1} 10^0 10^{+1} 10^{+2}			
투수성	불투수	대단히 낮음 낮음		중간	높음
대응하는 흙의 종류	점성토 (C)	검은자갈모래, 실트 모래-실트점토-혼합토 (SF) (S-F) (M)		모래 및 자갈 (GW) (GP) (SW) (SP) (G-M)	청정자갈 (GW) (GP)
투수계수를 직접 측정하는 방법	특수한 변위 투수실험	변수위 투수시험	정수위 투수시험		특수한 변위 투수시험
투수계수를 간접으로 추정하는 방법	압축시험 결과에서 계산	없음		청정한 모래와 자갈은 연도와 간극비에서 계산	

상기 표의 예에서 구한 $k=1.44\times10^{-2}$[cm/s]는 투수성이 중간인 모래 또는 자갈인 것으로 판정된다. 정수위 투수 시험에 적용하는 흙은 사질토이며, 투수계수 k값은 모래나 자갈은 크고(투수성이 높음), 점성토는 대단히 작다(투수성이 낮음).

흙의 변수위 투수 시험

●●●●●
흙에 대한 투수성의 대소를 나타내는 투수계수 k의 값을 구해서 점성토 지반의 투수성을 예측한다.

투수 시험 기구	① 투수원통(급수공에 부착된 위뚜껑과 배수공에 부착된 밑판에 의해 내부에 공기가 통하지 않게 할 것)
	② 스탠드 파이프(눈금 부착 1m 정도 투명관) ③ 유공판
	④ 필터 ⑤ 철망
	⑥ 월류수조 ⑦ 저수조(시험용의 보급용)
	⑧ 버니어캘리퍼스

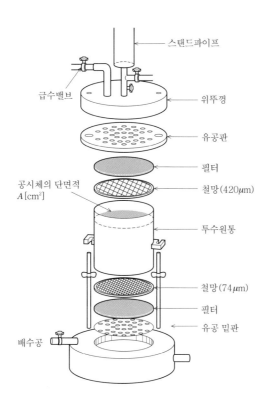

1. 시험 방법

① 밸브 B를 닫고 밸브 C를 열어 진공펌프를 작동하여 원통 내를 감압하여 공시체를 포화시킨다. 그런 다음 월류수조에 넣는다.

② 스탠드 파이프의 지름을 알고 단면적 $a[cm^2]$를 계산한다.

③ 월류수조의 수면에서 스탠드 파이프 높이 h_2[cm]를 설정한다.

④ 밸브 A를 열고 스탠드 파이프 내에 저수조의 물을 채우고 밸브 A를 닫는다.

⑤ 밸브 B를 열고 스탠드 파이프 수면이 h_1 및 h_2, 통과한 시각 t_1, t_2를 기록한다.

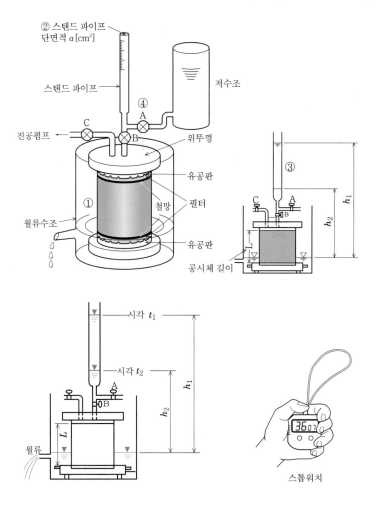

2. 결과 정리

① 측정 시의 수온 T[℃]에 대한 투수계수 k_T[cm/s]

$$k = 2.30\,\frac{aL}{A(t_2 - t_1)}$$

a : 스탠드 파이프 단면적 [cm²]

L : 공시체 길이 [cm]

A : 공시체 단면적 [cm²]

(t_2-t_1) : 측정시간 [s]

h_1 : 시간 t_1에 있는 수위 [cm]

h_2 : 시간 t_2에 있는 수위 [cm]

② 온도 15(℃)에 대한 투수계수 k[cm/s] (토질시험 21 참조)

$$k = k_T \cdot \frac{\eta_T}{\eta_{15}}$$

η_T, η_{15}는 토질시험 21의 표(15℃에 대한 투수계수의 보정계수)를 참조할 것

측 정 No		1	2	3
측정 시작시간	t_1	10 : 30	13 : 00	15 : 45
측정 종료시간	t_2	12 : 52	15 : 26	18 : 08
측정시간	t_2-t_1 [s]	8 520	8 760	8 580
변수위 시각 t_1에 있어서 수위차	h_1 [cm]	148.0	156.0	140.8
변수위 시각 t_2에 있어서 수위차	h_2 [cm]	120.2	128.0	119.2
15℃에 대한 투수계수	k [cm/s]	1.24×10^{-5}	1.15×10^{-5}	9.87×10^{-6}

3. 결과 이용

우물의 양수량, 하천, 하천제방이나 기초지반의 누수량, 지수공, 배수공의 종류 결정에 이용한다.

투수계수 k에 있어서 1.24×10^{-5}인 경우 1.24도 중요하지만 지수 부분(-5)을 구하는 데 특히 주의를 요한다.

● 관●련●지●식 ●

유량

동수구배 i를 기본으로 단위시간에 흙의 단위 단면적을 침투하는 유출량 Q[cm³/s]는 Darcy의 법칙(프랑스의 상수도 기술자, 1856년에 법칙 발견)에 의해

$Q = vA = kiA$ [cm³/s]

의 관계가 성립된다.

투수계수

모래의 입도 시험에서 투수계수 k를 추정한다.

$k = C_1 D_{10}^2$ [cm/s]

C_1 : 하겐상수 ($C_1 ≒ 100$)

D_{10} : 유효지름[cm] (입도시험에 있어 입경 가적곡선의 통과중량 백분율 10%에 대한 입경)

★ 흙의 압밀 시험

● ● ● ● ●

압밀하중에 의해 발생하는 압밀량과 침하 속도를 측정하여 구조물의 안정성을 미리
판단한다.

압밀 시험 장치

압밀 용기
① 가압판(중심에 재하점이 있고 다공판이 붙은 원판)
② 밑판(압밀링 고정용 강판)
③ 수침용기
④ 변위계(다이얼게이지) : 1/100mm

재하 장치
압밀하는 공시체를 수평으로 지지하고 소정의 하중을 충격이나 편심되지 않게 단시간에 재
하한다.

---

1 공시체 제작

① 압밀링(내경 6cm, 높이 2cm 표준)의 무게 m_R[g], 높이 h_0 [cm], 내경 D[cm]
를 잰다.
② 교란되지 않은 시료를 공시체 높이보다 크게 원반형으로 성형한다.
③ 시료 윗면에 커터링(압밀링과 같은 내경, 한쪽에 예리한 날이 있음)을 설치하

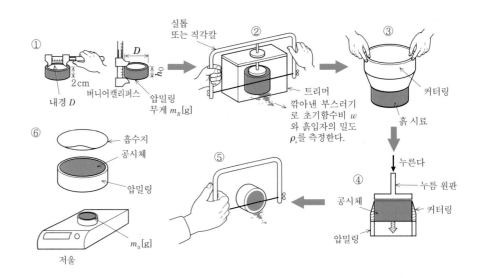

여 깎는다.

④ 커터링 내의 시료를 압밀링에 눌러 넣는다.

⑤ 링의 양면으로 나온 부분을 깎아내어 평면으로 마무리하고 그 무게 m_0[g]을 잰다.

2. 시험 방법

압밀용기를 수침용기에 넣고 재하장치에 설치하며 변위계(다이얼게이지)를 부착한다.

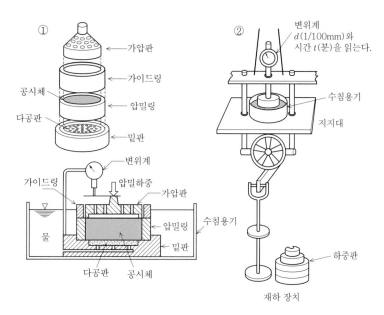

압밀 압력 p[N/mm²]를, 0.098, 0.20, 0.39, 0.78, 1.57, 3.14, 6.28, 12.60N/m²의 8단계로 증가시킨다.

첫 번째 하중 단계에서 6, 9, 15, 30(초), 1, 1.5, 2, 3, 5, 7, 10 15, 20, 30, 40(분), 1, 1.5, 2, 3, 6, 24(1,440분)(시간) 경과할 때의 변위계를 읽고 압밀량을(1/100mm) 기록한다.

경과시간-압밀량의 읽음값을 기록한다.

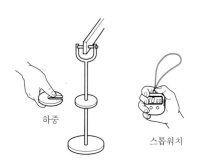

3. 결과 정리

하중 단계 1		하중 단계 8	
경과시간 t	압밀량 d[1/100 mm]	경과시간 t	압밀량 d[1/100 mm]
0	88	0	653
6 s	90.1	6 s	668
9 s	93.3	9 s	660
⋮	⋮	⋮	⋮
360 min	102.5	360 min	798
1,440 min	110.1	1,440 min	801

(1) 압밀량 d[1/100mm]는 세로축에 시간 t[min]의 제곱근은 가로축에 잡아, d와 $\sqrt{t}$의 관계를 그래프로 그린다.

(2) 초기 보정점 d_0을 구하기 위해 초기 직선을 가상으로 연장한다.

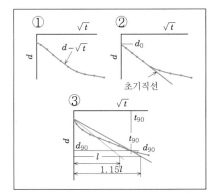

(3) 초기 보정점 d_0을 통과하고 초기 직선이 나타나는 수평거리의 1.15배 내의 수평 기울기로 직선을 그려서 $d-\sqrt{t}$ 곡선과 만나는 교점이 압밀도 90%의 점이며, 동시에 d_{90}[1/100mm]와 시간 t_{90}[min]을 읽는다.

(4) 각 하중 단계 n에서 압밀량 ΔH_n과 일차 압밀량 $\Delta H_n{}'$을 구한다.

$$\Delta H_n = \frac{d_n - d_{0n}}{1,000}$$

$$\Delta H_n{}' = \frac{\dfrac{10}{9}(d_{90n} - d_{0n})}{1,000}$$

d_n : 압밀 종료 시의 읽음값

d_{0n} : 각 단계 초기 보정값

d_{90n} : 각 단계 이론압밀도 90%의 압밀량 읽음값

(5) 각 단계의 체적압축계수 m_{vn}을 구한다.

$$m_{vn} = \frac{\Delta H_n / \overline{H}_n}{\Delta P_n} \ [\text{mm}^2/\text{N}]$$

$\overline{H}_n$: n번째 하중 단계에 있어서 공시체의 평균 높이 [cm]

ΔP_n : 압밀 증가분$(P_n - P_{n-1})$ [N/mm^2]

(6) 압축계수 c_{vn}[cm^2/d]를 구한다.

$$c_{vn} = \frac{305(\overline{H}_n)^2}{t_{90n}} \ (\sqrt{t} \text{ 법})$$

t_{90n} : 각 단계의 압밀도 90%의 시간 [min]

(7) n단계의 투수계수 k를 계산한다.

$$k = \frac{c_{vn} m_{vn} \rho_w}{8.64 \times 10^5} \ [\text{mm/s}]$$

4. 결과 이용

점성토 지반의 압밀량, 침하량의 계산침하시간을 구한다. 재하 후 t[min]에 있어 침하량 S_t는 다음과 같이 구한다.

(1) 시간계수 T_v를 구한다.

$$T_v = C_v \cdot t/H^2$$

　　H : 최대배수거리

(2) 표에서 시간계수 T_v에 대한 압밀도 U를 구한다.

(2) 재하 후 t[min] 경과 시의 침하량 S_t를 구한다.

$$S_t = S \cdot U \ [\text{cm}]$$

　　S : 최종 침하량

압밀도	시간계수
U[%]	T_v
10	0.008
20	0.031
30	0.071
40	0.126
50	0.197
60	0.287
70	0.403
80	0.567
90	0.848

조립 재료의 삼축 압축 시험 공시체 제작

●●●●●

입도 조성 및 건조 밀도가 미리 지정된 조립(粗立) 재료의 압밀 배수 삼축 압축 시험에 대한 공시체의 제작 방법을 규정하고 공시체의 초기 상태를 측정한다.

1. 공시체의 시료

53mm 체를 통과하고 19mm 체에 잔류하는 시료를 이용한다.

① 지정 입도에 따른 시료 무게 m_i[g]과 노건조 무게 m_{si}[g]을 측정한다.

② 각 입도 단계에서의 시료의 함수비 w_i[%]를 구한다.

③ 공시체의 건조 무게를 구한다.

$m_s = \Sum m_{si}$

④ 공시체의 함수비 w_0를 구한다.

$$w_0 = \Sum \frac{m_{si}}{m_s} \times w_i$$

⑤ 입도 단계에 따른 공시체의 시료 무게를 계산한다.

2. 공시체의 다짐

① 페데스탈(받침대)에 고무 슬리브의 하단부를 놓고 나사를 조인다.

② 고무 슬리브 상단부를 몰드의 윗면에서 바깥쪽에 끼운다.

③ 몰드의 공기를 빼내고 몰드 내면에 고무 슬리브를 밀착시킨다.

④ 다짐 층수는 5~6층으로 시료 윗면이 목표 높이가 될 때까지 흙다짐 시험을 하여 래머로 다짐한다.

⑤ 각 층간의 윗면을 가볍게 두드린다.

⑥ 최상층의 면을 마무리한다.

⑦ 충분한 크기의 부압을(0.03N/mm²를 표준) 가하여 공시체를 세우고 몰드를 떼어낸다.

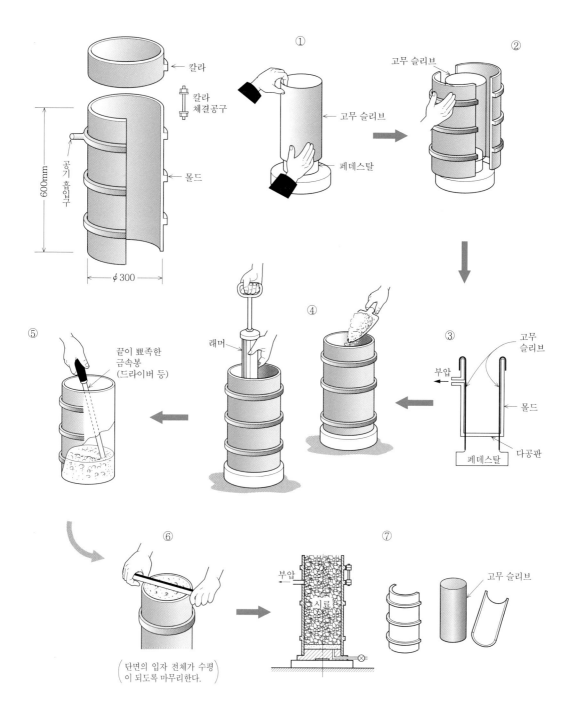

칼라

칼라 체결공구

몰드

공기 흡입구

600mm

φ300

① 고무 슬리브

페데스탈

② 고무 슬리브

③ 부압

고무 슬리브

몰드

페데스탈

다공판

④

⑤ 끝이 뾰족한 금속봉 (드라이버 등)

래머

⑥ 부압

시료

(단면의 입자 전체가 수평 이 되도록 마무리한다.)

⑦ 고무 슬리브

3. 공시체의 치수 측정

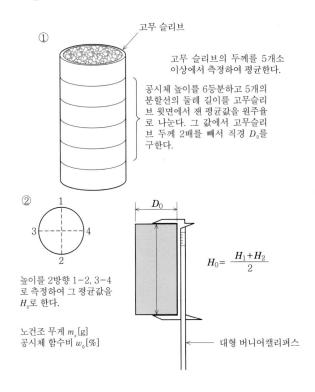

고무 슬리브

고무 슬리브의 두께를 5개소 이상에서 측정하여 평균한다.

공시체 높이를 6등분하고 5개의 분할선의 둘레 길이를 고무슬리브 윗면에서 잰 평균값을 원주율로 나눈다. 그 값에서 고무슬리브 두께 2배를 빼서 직경 D_0를 구한다.

①

②

$$H_0 = \frac{H_1 + H_2}{2}$$

높이를 2방향 1-2, 3-4로 측정하여 그 평균값을 H_0로 한다.

노건조 무게 m_s[g]
공시체 함수비 w_0[%]

대형 버니어캘리퍼스

4. 결과 정리

① 공시체의 체적 V_0

$$V_0 = \frac{\pi D_0^2}{4} H_0 \; [\text{cm}^3]$$

② 공시체의 노건조 무게 m_s

③ 공시체의 건조밀도 ρ_{d0}

$$\rho_{d0} = \frac{m_s}{V_0} \; [\text{g/cm}^3]$$

④ 공시체의 함수비 w_0 [%]

공시체의 초기 상황	직경	D_0[cm]	29.98
	높이	H_0[cm]	59.94
	체적	V_0[cm³]	42,313
	노건조 무게	m_s[g]	89,000
	함수비	w_0[%]	0.94
	건조밀도	ρ_{d0}[g/cm³]	2.105

조립 재료의 삼축 압축 시험 (압밀 배수 : CD 시험)

● ● ● ● ●

공시체를 등방위로 압밀하여, 조립 재료의 압밀 배수 조건에서의 압밀응력과 배기·배수 상태에서의 압축강도 관계를 통하여 강도상수를 구하여 조립 재료 지반의 압축강도를 구한다.

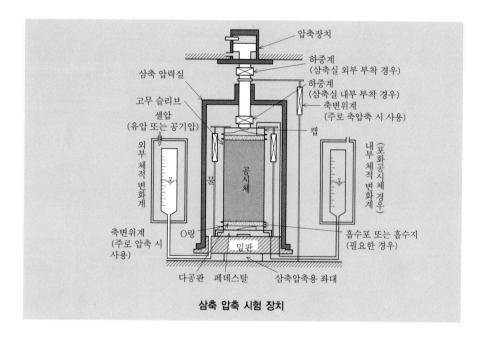

삼축 압축 시험 장치

1. 시험 방법

① 삼축 압력실을 구성하여 물로 채우고 공시체에 부압과 같은 셀압을 가한다.

압밀 과정

② 소정의 압밀응력까지 응력을 매분 0.05N/mm^2씩 증가시켜가며 압밀을 종료하며, 공시체 제작 시에서 압밀 종료 시까지의 체적 압축량 ΔV_C, 축압축량 ΔH_C를 구한다.

축압축 과정

③ 하중계, 축변위계를 0에 맞추고 체적변화계의 원점을 확인한다.

측정을 일정하게 하고, 변형률 속도를 일정하게 유지하면서 공시체를 압축한다. 압축 중에 축압축력 $P[\text{N}]$, 축압축량 $\Delta H[\text{cm}]$, 체적 변화량 $\Delta V[\text{cm}^3]$를 잰다.

④ 하중계의 읽음값이 최대값의 2/3 정도로 감소되면 압축을 종료한다.(축변형률
이 15%에 도달할 때 압축을 마친다.)
⑤ 공시체의 변형 파괴 상황을 스케치하고 기록한다.

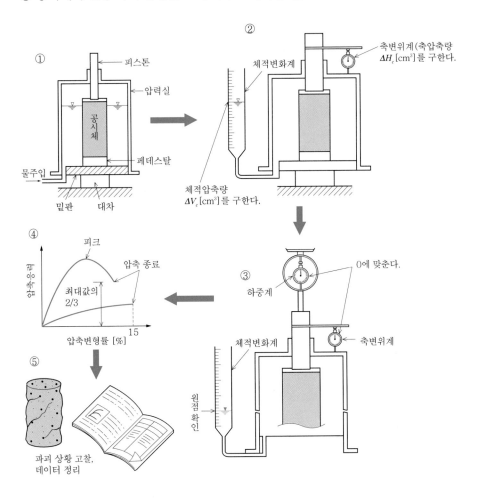

2. 결과 정리

① 압밀 후의 공시체 높이 H_c(cm)

$$H_c = H - \Delta H_c \ [\mathrm{cm}^3]$$

② 압밀 후의 공시체 체적

$$V_c = V_0 - \Delta V_c \ [\mathrm{cm}^3]$$

③ 압밀 후의 공시체 단면적

$$A_c = A_c / H_c \ [\mathrm{cm}^2]$$

④ 압밀 후의 공시체 건조밀도

$\rho_{dc} = \rho_{d0}/(1-\Delta V_c/V_0)$

ρ_{d0} : 압밀 전의 건조도

고무 슬리브		t[mm]	2.00	2.02	2.00
			2	2	2
끝면이 균일한 재질		[mm]	4.75 ~ 2.00	4.75 ~ 2.00	4.75 ~ 2.00
		[g]	622	560	604
압밀 후	압밀응력	[N/mm²]	0.201	0.400	0.610
	축압축량 ΔH_c	[cm]	0.339	0.449	0.658
	체적압축량 ΔV_c	[cm³]	722	953	1400
	공시체 높이 H_c	[cm]	59.61	59.56	59.34
	공시체 체적 V_c	[cm³]	41.711	41.409	41.012
	건조밀도 ρ_{dc}	[g/cm³]	2.135	2.150	2.172

⑤ 공시체의 축변형률

$\varepsilon = \Delta H/H_c \times 100 \ [\%]$

⑥ 공시체의 체적 변형률

$v = \Delta V/V_c \times 100 \ [\%]$

⑦ 축변형률 ε[%] 때의 주응력차

$$\sigma_1 - \sigma_3 = \frac{P}{A_c} \cdot \frac{1-\varepsilon/100}{1-v/100} + \delta$$

δ : 캡이나 수중 공시체에 있어서 응력 보정항 [N/mm²]

⑧ 주응력차 – 축변형률 곡선

체적변형률 – 축변형률 곡선

⑨ $0 < \varepsilon \leq 15\%$의 범위에서 주응력차의 최대값 $(\sigma_1 - \sigma_3)_{max}$을 구해 압축강도로 한다.

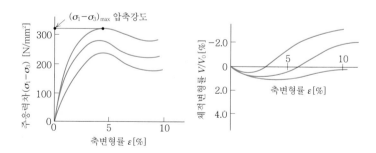

3. 결과 이용

조립 재료를 사용하는 항만 구조의 기초 마운드, Rock fill dam 등의 안정 계산에 이용한다.

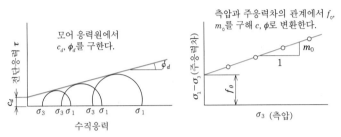

CD 시험의 강도상수

강도상수

강도상수를 구하는 데에는 흙의 압밀 배수(CD) 삼축 압축 시험 방법에 의하지만 조립 재료의 경우에는 파괴 포락선이 직선으로 되지 않는 경우가 많으며 위쪽이 볼록한 형이 된다.

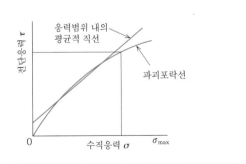

흙의 반복 비배수 삼축 압축 시험

• • • • •

포화 사질토에 있어서 동적 반복응력(지진이나 파랑 등)을 비배수 조건에서 받을 때 액상화 강도 특성을 구한다.

1. 공시체의 설치

공시체의 직경은 사질토의 경우 50mm 이상으로 하고, 높이는 직경의 1.5~2.5배로 한다.

공시체의 초기상태 높이 H_0, 직경 D_0, 면적 A_0, 체적 V_0를 측정하고 공시체를 ①~⑦의 순서로 설치한다.

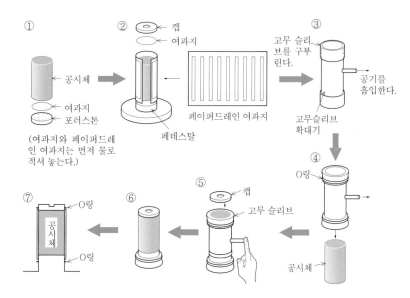

2. 시험 방법

압밀 과정

① 압력실에 설치된 공시체의 포화도를 높인다.(밸브 D를 열어서 배압을 가한다.)

② 일차 압밀이 종료(토질시험 18 참조)될 때까지 압밀을 계속하여 압밀에 의한 공시체로부터 배수량 $\Delta V_c[\mathrm{cm^3}]$와 공시체의 축변위량 $\Delta H_c[\mathrm{cm}]$를 측정한다.

압밀 후의 높이 H_c, 면적 A_c, 체적 V_c, 건조밀도 ρ_{dc}를 구한다.

반복 비배수 재하

③ 반복하중을 가한 후 축하중, 축변위, 간극수압, 셀압을 연속으로 기록한다.

④ 반복 횟수가 200회를 넘거나 $(\Delta L/H_c)\times100$의 5% 이상일 때에는 재하를 종료하고 공시체의 변형 · 파괴 상황을 스케치한다.

⑤ 공시체의 노건조 무게 m_s[g]을 측정한다.

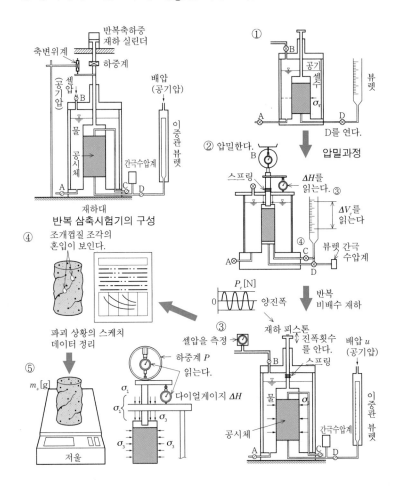

3. 결과 정리

① 공시체의 초기 상태 정리

② 압밀 후 상태의 정리

③ 양진폭 DA의 산정

축변형률의 양진폭 DA는 압밀 후의 공시체 높이 H_c의 1%, 2% 및 5%에 있어서 축변형률의 양진폭 ΔL

$$DA = \frac{\Delta L}{H_c} \times 100[\%]$$

ΔL : 축변위 ΔH의 양진폭 = $2\Delta H$ [cm]

④ 반복 횟수는 과잉간극수압이 유효구속압(압밀응력) σ_c'의 95% 때의 재하 횟수 N_{u95}를 구한다.

⑤ 반복 편차응력의 편진폭 σ_d

$$\sigma_d = \frac{P_C + P_E}{2A_C} \ [\text{Nmm}^2]$$

P_C : 압축력 [N]

P_E : 신장력 [N]

⑥ 유효구속응력 σ_c' : 압축 종료 시 셀압

⑦ 반복응력 진폭비 $\sigma_d/(2\sigma_c')$, 반복 재하횟수 N_c의 관계를 그래프로 나타낸다.

토질 명칭			사질토		시험장치	하중계 용량 (위치)	
시험조건	셀압 σ_c [N/cm²]		0.235			재하 피스톤 마찰보정	
	배압 u_c [N/cm²]		0.1			간극수압측정경로 체적변화	
	압밀응력 σ_c' [N/cm²]		0.137		고무슬리브	재 질	
재하파형			정현파 , 기타			두 께 [mm]	
재하 주파수 f [Hz]			0.1			멤브레인 관입	
공시체 No.			1	2	3	4	
건조밀도 ρ_{dc}[g/cm³]			1.334	1.305	1.336	1.303	
간극비 e_c			1.029	1.074	1.026	1.078	
상대밀도 D_{rc} [%]							
반복응력 진폭비 $\sigma_d/2\sigma_c'$			0.255	0.405	0.505	0.361	
반복재하횟수	축변형률의 양진폭	DA=1% ○	42	0.4	0.3	0.6	
		2% △	68	0.8	0.5	1.5	
		5% ●	95	3.5	1.5	6.5	
		95%					
	간극수압비 N_{u95}						

4. 결과 이용

사질지반의 액상화 예측에 이용된다.

(1) 압밀된 흙에 대하여 반복 축하중 진폭(반복응력 진폭비)을 주어 소정의 축변형률 양진폭(1%, 2%, 5%) 과잉간극수압에 도달할 때까지의 반복 재하 횟수의 대수관계를 그린다.

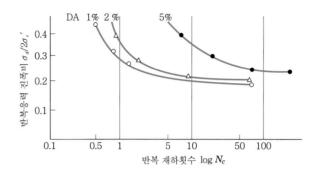

(2) 도로교 시방서에 표시하는 액상화의 판정 기준

구조물이 지반의 액상화에 의해 지지력을 잃을 때가 있기 때문에 지반의 액상화 유무를 판정한다.

a) 지하수위가 10m 이내, 지하 20m 이하에 세립분 함유율 FC가 35% 이하의 토층에서 D_{50}이 10mm 이하인 경우에 대해 고려한다.

b) 흙의 반복 비배수 삼축압축시험으로 구한 동적전단강도비 L의 비 $F_L(=R/L)$ 액상화에 대한 저항률을 구한다.

c) $F_L > 1$일 때는 액상화되지 않고, $F_L \leqq 1$일 때 액상화하는 것으로 판정한다.

27 JSF T 811

안정처리 흙의 다짐에 의한 공시체 제작

• • • • •

안정처리 흙을 다짐하여 공시체를 제작, 각종 시험에 이용한다.

공시체 제작 기구	① 각형 핸드스코프	② 시료용 팬
	③ 몰드 (체적 V : 1000cm³)	④ 래머
	⑤ 시료 추출기	⑥ 저울
	⑦ 체 : 26.5mm, 37.5mm	⑧ 항온항습기
	⑨ 항온수조	
	⑩ 밀봉 재료 : 고분자 필름(saranwrap 등), 파라핀 박스(밀랍)	

1. 공시체 제작 방법

10cm 몰드 방법과 15cm 몰드 방법의 2종류가 있다. 시료는 26.5 mm, 37.5mm 통과 시료를 이용한다.

표의 10cm 몰드 a에 대해 설명한다.

공시체 제작 방법의 종류

제작 방법		몰드 내경 [cm]	래머 무게 [kg}	다짐 횟수	1층당 다짐 횟수	허용최대 입경 [mm]
10cm 몰드를 이용 하는 방법	a	10	2.5	3	25	26.5
	b	10	4.5	3	42	
15cm 몰드를 이용 하는 방법		15	4.5	3	*17,42, 92	37.5

*17, 42, 92회의 3종류에 대하여 행한다.

2. 공시체의 제작

(1) 시험 준비

① 시료, 안정재의 소정량(토질시험 10에 근거하여)을 잰다.

② 함수비 w_1, 조정함수비 w_2를 구한다.

(2) 시료 제작

① 흙시료와 안정재의 무게를 알고 혼합률을 구한다.

② 충분히 혼합한다.

③ 함수비 w_3[%]를 잰다.

④ 몰드, 밑판의 무게 m_1[g]을 잰다.

⑤ JIS A 1210 (p.66)에 준하여 다짐한다.

⑥ 3층 25회 다짐한다.

⑦ 직각칼로 평형하게 한다.

⑧ 몰드 밑판과 시료의 무게 m_2[g]을 잰다.

(3) 양생

몰드를 제거하고 양생한다(10cm 몰드). 15cm 몰드의 경우에는 몰드에 넣은 채 양생한다.

① 양생 방법 선택 : 시료를 추출하여 목적에 따라 공기양생 또는 수중양생 여부를 선택한다.

② 공기양생 : 공시체를 파라핀 왁스 등으로 밀봉하고 온도 20±3℃에서 소정기간 양생한 후 밀봉재로 밀봉한다.

②′ 수중양생 : 공시체를 밀봉하여 온도 20±3℃의 물속에 일정 기간 양생한 후 수분을 닦는다.

③ 공시체 무게 m_3[g]을 잰다.

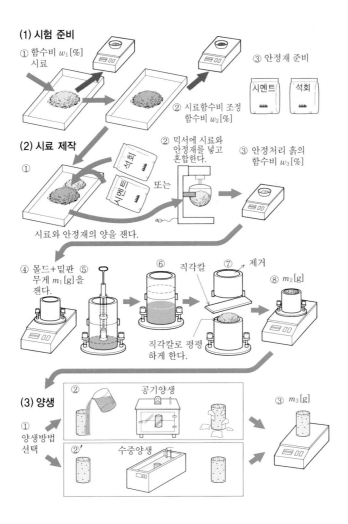

(1) 시험 준비

① 함수비 w_1[%] 시료

② 시료함수비 조정 함수비 w_2[%]

③ 안정재 준비

시멘트   석회

(2) 시료 제작

①

② 믹서에 시료와 안정재를 넣고 혼합한다.

또는

③ 안정처리 흙의 함수비 w_3[%]

시료와 안정재의 양을 잰다.

④ 몰드+밑판 무게 m_1[g]을 잰다.

⑤   ⑥ 직각칼   ⑦ 제거   ⑧ m_2[g]

직각칼로 평평하게 한다.

(3) 양생

① 양생방법 선택

② 공기양생

②′ 수중양생

③ m_3[g]

3. 결과 이용

개량흙의 지지력을 측정하는 시험 시료로 사용한다.

(1) 건조밀도 : $\rho_d = \dfrac{m_2 - m_1}{V(1 + w_3/100)}$

m_1 : 몰드 + 밑판 무게 [g]

m_2 : 공시체 + 밑판 무게 [g]

w_2 : 안정처리 흙의 함수비 [%]

V : 10cm 몰드 1,000 cm³, 15cm 몰드 2,209 cm³

(2) 양생 후의 함수비 : $w_4 = \dfrac{m_3 - m_s}{m_s} \times 100$, $m_s = \dfrac{m_2 - m_1}{1 + w_3/100}$

m_s : 공시체의 노건조 무게 [g]

28 JSF T 812

안정처리 흙의 정적 다짐 공시체 제작

• • • • •

안정처리 흙을 정적 다짐으로 공시체를 제작하고 각종 시험에 이용한다.

공시체 제작 기구	혼합 기구	
	① 각형 핸드스코프	② 시료용 팬
	③ 믹서	④ 상부 플러그
	⑤ 몰드	⑥ 하부 플러그
	⑦ 플런저	⑧ 플러그 정지 칼라
	⑨ 압축장치(만능시험기)	⑩ 체
	양생 기구	
	⑪ 항온항습기	⑫ 항온수조
	⑬ 밀봉재	

(단위 : mm)

1. 공시체 제작

(1) 시료 준비

JSF T 101의 4.1 비건조법 또는 4.2 공기건조법에 의한다.

① 함수비 w_1[%]를 구한다.

② 시료를 조정하고 함수비 w_2[%]를 구한다.

③ 안정재 : 시멘트계 또는 석회계를 준비한다.

(2) 시료 혼합

① 입경 9.5mm 이상의 자갈을 제외한 시료

② 흙의 시료와 안정재 무게를 측정하고 혼합률 p[%]를 구한다.

③ 시료와 안정재를 혼합하고 함수비 w_3[%]를 구한다.

(3) 공시체 제작

① 몰드의 무게 m_1[g]을 잰다

② 하부 플러그와 플러그 정지칼라를 부착한 몰드에 안정처리 흙을 필요량 만큼
채운다.

③ 상하부 플러그와 플러그 정지 칼라를 부착한다.

④ ③을 압축장치에 설치하고 압축한다.

⑤ 압축 후의 안정처리 흙

⑥ 몰드에서 플러그를 뗀다.

(1) 시료 준비

① 시료 함수비 w_1[%]   ② 조정 시료 w_2[%]   ③ 안정재를 준비한다.

(2) 시료 혼합

① 시료와 안정재의 소정량을 안다.   ② 시료와 안정재를 혼합한다.   ③ 함수비 w_3[%]

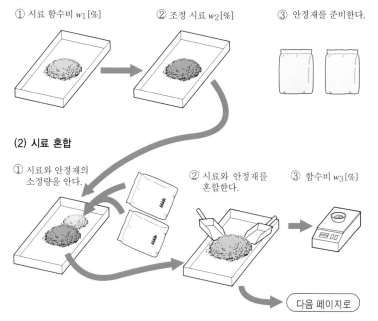

다음 페이지로

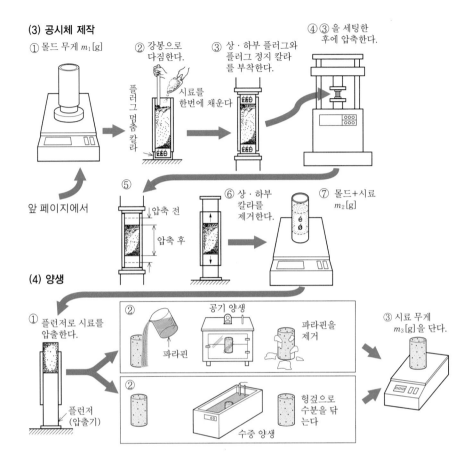

(3) 공시체 제작

① 몰드 무게 m_1[g]

② 강봉으로 다짐한다.

③ 상·하부 플러그와 플러그 정지 칼라를 부착한다.

④ ③을 세팅한 후에 압축한다.

시료를 한번에 채운다

앞 페이지에서

⑤ 압축 전 / 압축 후

⑥ 상·하부 칼라를 제거한다.

⑦ 몰드+시료 m_2[g]

(4) 양생

① 플런저로 시료를 압출한다.

플런저 (압출기)

② 공기 양생 / 파라핀 / 파라핀을 제거

③ 시료 무게 m_3[g]을 단다.

② 수중 양생 / 헝겊으로 수분을 닦는다

⑦ 몰드와 공시체 무게 m_2[g]을 잰다.

(4) 양생

① 플런저를 삽입하고 공시체를 밀어낸다.

② 공기양생 : 공시체를 파라핀으로 밀봉하고 공기양생 후 파라핀을 제거한다.

②´ 수중양생 : 공시체를 수중에서 양생하고 헝겊으로 수분을 닦는다.

③ 공시체 무게 m_3[g]을 측정한다.

2. 결과 이용

개량흙의 지지력을 추정하는 시험의 시료로 사용한다.

(1) 건조 밀도 : $\rho_d = \dfrac{m_2 - m_1}{V(1 + w_3/100)}$ [g/cm^3]

(2) 양생 후의 함수비 : $w_4 = \dfrac{m_3 - m_s}{m_3} \times 100$ 단, $m_s = \dfrac{m_2 - m_1}{1 + w_3/100}$

안정처리 흙의 다짐 하지 않은 공시체 제작

• • • • •

다짐 하지 않은 안정처리 흙의 공시체를 제작하여 각종 시험에 이용한다.

공시체 제작 기구

① 몰드 : 직경 5cm, 높이 10cm
③ 체(9.5mm)
⑤ 저울
⑦ 각형 핸드스코프
⑨ 시료용 팬

② 믹서
④ 직각칼
⑥ 항온 용기 : 20±3℃를 유지할 것
⑧ 핸드스코프
⑩ 밀봉재

---

① 몰드

직경 5cm
높이 12.7cm

② 전동 호바드형 믹서

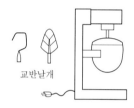

교반날개

③ 체 9.5mm

④ 직각칼

⑤ 저울

⑥ 항온용기

⑦ 각형 핸드스코프

⑧ 핸드스코프

⑨ 시료용 팬

⑩ 밀봉재

고분자 필름   파라핀 왁스

1. 공시체의 제작

(1) 시료 및 안정재

① 입경 9.5mm 이상의 자갈을 제외한 자연함수비의 흙시료

② 시료를 충분히 교반한다.

③ 함수비를 구한다.

④ 시멘트 등의 안정재를 준비한다.

(2) 시료의 혼합

① 시료와 안정재의 양(No.10을 기준한 소요량)을 잰다.

② 안정재를 슬러리로 할 때에는 적절한 물과 안정재의 비로 혼합한다.

③ 시료와 안정재를 믹서로 혼합하고 안정처리 흙을 만든다.

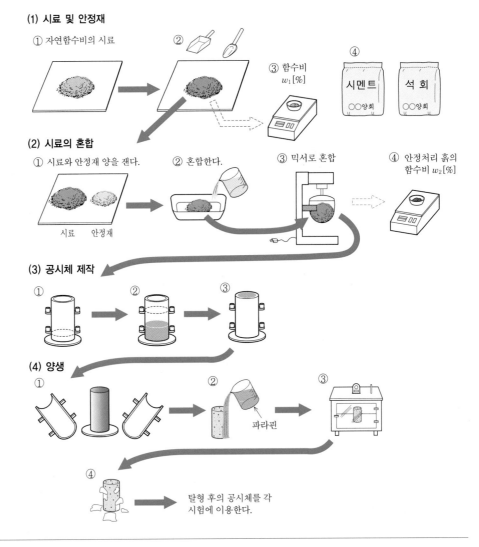

(1) 시료 및 안정재

① 자연함수비의 시료   ②   ③ 함수비 w_1[%]   ④ 시멘트 ○○양회   석 회 ○○양회

(2) 시료의 혼합

① 시료와 안정재 양을 잰다.   ② 혼합한다.   ③ 믹서로 혼합   ④ 안정처리 흙의 함수비 w_2[%]

시료   안정재

(3) 공시체 제작

①   ②   ③

(4) 양생

①   ②   파라핀   ③

④   탈형 후의 공시체를 각 시험에 이용한다.

④ 안정처리 흙의 함수비를 잰다.

(3) 공시체 제작

① 몰드의 1개 층분에 해당하는 안정처리 흙을 넣고 충분히 공기를 몰아낸다.

② 2개 층분에 해당하는 안정처리 흙을 넣고 충분히 공기를 몰아낸다.

③ 3개 층분에 해당하는 안정처리 흙을 투입한다.

(4) 양생

① 몰드를 탈형하고 공시체를 꺼낸다.(공시체를 넣은 몰드를 밀봉한 경우 탈형하지 않는다.)

② 공시체를 밀봉한다.

③ 항온 20 ± 3℃에서 소정 기간 양생한다.

④ 밀봉재를 뗀다. 단, 공시체를 넣은 몰드를 밀봉하여 양성한 안정처리 흙은 양 끝을 직각칼 등으로 평평하게 성형한 후 탈형한다.

2. 결과 이용

일축 압축 시험, 삼축 압축 시험, 단순 인장 시험, 할렬 인장 시험, 장축 반복 시험, 피로 시험 등의 공시체로 사용된다.

a) 천층 혼합처리 공법

b) 심층 혼합처리 공법

c) 소일시멘트 주열벽 공법

이상과 같은 지반 개량 공법의 시공 지침을 수행하기 위한 공시체의 몰드로 이용한다.

● 관●련●지●식 ●

슬러리

액성한계보다도 많은 수분을 함유한 액체 상태에 가까운 흙.

혼합수

안정재를 슬러리 상태로 만드는 물로 일반적으로는 수돗물을 이용하나 현장에 따라 해수를 이용하는 경우도 있다.

★ 다짐한 흙의 콘 지수 시험

· · · · ·
다짐된 흙의 콘 지수 q_u를 구해 점성 지반의 건설기계 주행성을 판단한다.

시험 기구	① 콘페네트로미터	② 몰드(다짐용 : 직경 10cm, 용적 1,000cm³)
	a) 선단 콘	③ 래머(다짐용 2.5kg 래머)
	b) 하중계	④ 저울
	c) 다이얼게이지	⑤ 체(4.75mm)
	d) 로드(rod)	⑥ 직각칼(강제로서 한쪽날, 25cm 이상)
	e) 압입용 핸들	⑦ 시료 추출기(유압기)

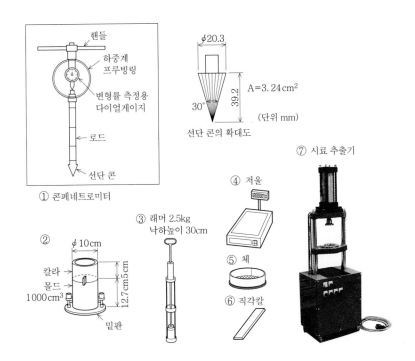

1. 시료의 준비

JSF T 101에 의해 4.75mm 체를 통과한 현장의 흙 시료를 약 10kg 준비한다.

---

2. 시험 방법

① 몰드와 밑판 무게 m_1[g]을 잰다.

②~③ 래머로 3층으로 10회씩 다짐한다.

④ 칼라를 벗기고 몰드 상부 흙을 깎아 평면으로 마무리한다.

⑤ 몰드+밑판+공시체 무게 m_2[g]을 잰다.

⑥ 콘페네트로미터의 콘을 인력으로 관입한다.

　관입량이 5, 7.5, 10cm일 때 관입 저항력을 구하며 이것을 평균하여 평균 관입력으로 한다.

⑦ 시료 추출기로 흙을 밀어낸다.

⑧ 추출된 공시체 흙을 일부 채취하여 함수비를 측정한다.

⑨ 다짐 횟수는 각각 25, 50, 90회로 하여 공시체를 만들고 ②~⑧의 조작을 반복한다. 이때 시료는 반복 사용한다.

3. 결과 정리

JSF T 716			다짐 흙의 콘 지수 시험						
조사건명					시험 연월일				
시료 번호(깊이)		*ST-4(1.5~2.5m)*			시험자				

토질 명칭			몰드	No.	*18*	하중계	No.		
흙입자밀도 [g/cm³]		*2.658*		용량 V[cm³]	*1,000*		용량 [N]		*490*
콘 밑면적 [cm²]		*3.24*		몰드+밑판무게 m_1[g]	*4,000*		교정계수 K		*2.734*

다짐 횟수(회/층)			10		25		55		90	
함수비	용기 No.		5	6	7	8	9	10	11	12
	m_a [g]		374.1	374.0	360.2	410.0	352.4	328.4	384.9	367.9
	m_b [g]		206.2	206.3	203.9	244.4	199.1	193.2	214.1	211.3
	m_c [g]		94.6	94.8	99.4	133.3	97.7	103.3	100.6	107.0
	w [%]		150.4	150.4	149.6	149.1	151.2	150.4	150.5	150.1
	평균치 w [%]		150		149		151		150	
공시체	공시체+몰드+밑판무게 m_2[g]		5,215		5,282		5,299		5,320	
	습윤밀도 [g/cm³]		1.215		1.282		1.299		1.320	
	건조밀도 [g/cm³]		0.486		0.514		0.514		0.528	
	포화도 S_r[%]		89.2		94.9		96.2		98.8	
	공기간극률 v_a[%]		8.8		4.1		3.0		1.0	
콘지수 [N]	저항력	관입량	하중계읽음값	관입저항력	하중계읽음값	관입저항력	하중계읽음값	관입저항력	하중계읽음값	관입저항력
		5[cm]	74.9	205	73.1	200	61.4	168	56.5	155
		7.5[cm]	95.8	262	84.1	230	69.4	190	68.8	188
		10[cm]	102.4	280	93.3	255	75.0	205	72.8	199
	평균관입저항력[N]		249		228		188		181	
	콘 지수 q_c[N/mm²]		0.77		0.70		0.58		0.56	

습윤밀도 $\rho_t = (m_2 - m_1)/V$ [g/cm³]

건조밀도 $\rho_d = t/(1+w/100)$ [g/cm³]

포화도 $S_r = w/(\rho_w/\rho_d - \rho_w/\rho_s)$ [%]

$$공극률 \quad v_a = \{1-(\rho_d/\rho_w)(\rho_w/\rho_s+w/100)\} \times 100 \ [\%]$$

$$관입저항력 \quad P = K \times (하중계\ 읽음값) = K \times R \ [N]$$

$$콘\ 지수 \quad q_c = (평균관입저항력)/3.24 = P/3.25 \ [N/mm^2]$$

4. 결과 이용

다짐 횟수 N과 콘 지수 q_c의 관계에서 Trafficability(차량 주행 성능)의 양부를 판정하고 시공 기계를 선정한다.

건설기계 주행에 필요한 콘 지수

건설기계의 종류	콘 지수 q_c[N/mm^2]
초습지 불도저	0.2 이상
습지 불도저	0.3 〃
보통 불도저 (15t급 정도)	0.5 〃
보통 불도저 (21t급 정도)	0.7 〃
스크레이퍼 도저	0.6 〃
피견인식 스크레이퍼	0.7 〃
자주식 스크레이퍼	1.0 〃
덤프트럭	1.2 〃

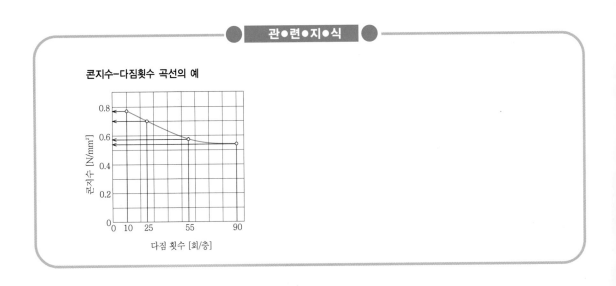

관●련●지●식

콘지수-다짐횟수 곡선의 예

약액 주입 안정처리 흙의 공시체 제작

● ● ● ● ●

약액 주입에 의한 지반의 개량 효과 판정 및 약액 배합 조건을 선정하기 위해 표준 공시체의 제작 방법과 양생 방법을 규정한다.

1. 시료의 준비

① 입경 9.5μm를 넘는 자갈을 제외한 시료로 한다.

② 시료의 함수비 w[%]를 잰다.

③ 흙입자의 밀도 시험으로 흙 입자의 밀도 ρ_s[g/cm³]를 구한다.

2. 공시체 제작

① 몰드(직경 5cm, 높이 18cm)의 무게를 잰다.

② 하부 플러그(공시체를 소정의 높이로 한다)와 플러그 정지 칼라를 붙인 몰드에 안정처리 흙을 채운다.

③ 상부 플러그를 몰드에 부착하고 압축장치에 설치한다.

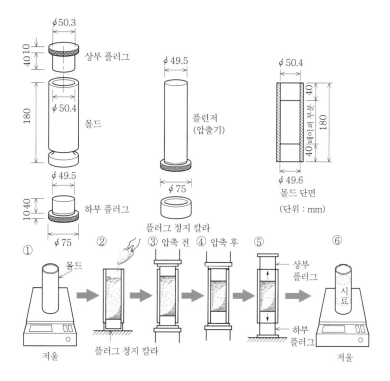

④ 소정의 공시체 높이가 될 때까지 정적으로 다짐한다.(안정처리 흙의 정적다짐
　에 의한 공시체 제작에 준하여 유압식 압축시험기로 한다.)

⑤ 다짐 종료 후 몰드에서 플러그를 떼낸다.

⑥ 몰드와 공시체의 무게 m[g]을 잰다.

3. 약액 주입

약액을 준비한다.

① 시료의 상부 및 하부에 철망, 필터재를 넣는다.

② 몰드의 위 뚜껑과 아래 뚜껑을 고정한다.

③ 몰드를 주입장치에 접속한다.

④ 소정의 겔(gell)화 시간을 조합한 일정량의 약액을 압력용기에 넣는다.

⑤ 압력용기에 압력을 조금씩 가하여 몰드 내에 약액을 주입한다.

⑥ 몰드 상부 배수구에서 약액이 유출되기 시작하면 압력을 일정하게 유지하고,
　그 다음 상하 밸브를 닫고 주입을 종료한다. 그리고 약액 주입량을 구한다.

⑦ 일정한 시간이 경과하면 필터재, 철망을 제거하고 플런저를 하부에서 삽입하
　여 탈형한다.

⑧ 온도 20 ± 3℃에서 정치하고 양생한다.

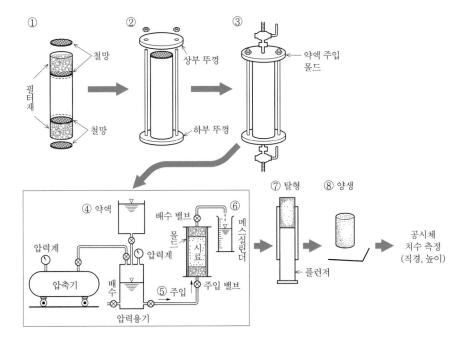

4. 결과 정리

공시체			No.1			No.2
토질 명칭			점성토			
함수비	용기 No.		50	51	52	
	m_a	[g]	128.5	135.4	140.8	
	m_b	[g]	99.6	106.8	111.8	
	m_c	[g]	65.3	72.6	77.6	
	w	[%]	84.3	83.6	84.7	
평균값			84.2			
흙 입자 밀도	ρ_s[g/cm³]		2.641			
플러그 길이 (몰드 삽입부)	상부 플러그 [cm]		4.00			
	하부 플러그 [cm]		4.00			
몰드	내경 [cm]		5.04			
	높이 [cm]		18.00			
	공시체부분용적[cm³]		196.4			
습윤무게	m[g]		258.1			
다짐시료체적[1]	V[cm³]		196.4			
다짐시료의 목표간극률[2]	n[%]					
주입	주입량		250 ml	약액 주입 상황		약
	주입압력					
	주입시간					
양생	양생시간		공기중, 수중		공기중, 수중	
	양생기간		24 h			

특기사항 1) 표준 플러그 및 몰드를 사용하는 경우는 $V=196.4\text{cm}^3$

2) $n=100\times\left(1-\dfrac{m}{v\cdot\rho_s(1+w/100)}\right)\left(v=\dfrac{e}{1+e}\times100[\%]\text{공극률}\right)$

5. 결과 이용

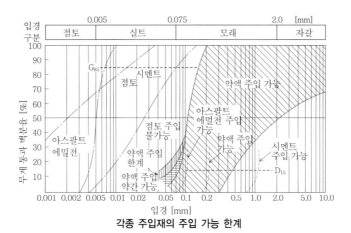

각종 주입재의 주입 가능 한계

주입재가 시멘트, 석고 등의 현탁액형일 때 그 85% 입경 G_{85} 및 지반 입경의 15%인 D_{15}의 비를 GR로 할 때 주입 가부를 다음 식으로 판단한다.

$$\text{GR}=\frac{D_{15}}{G_{85}}>24 : 주입 가능, \quad \text{GR}=\frac{D_{15}}{G_{85}}<11 : 주입 불가능$$

★ 흙의 함수비 시험

●●●●●
흙의 함수비를 구해 각종 시험의 기본 데이터로 이용한다.

시험 기구

① 증발접시 또는 배양접시
② 저울(저울의 감량은 관련지식 참조)
③ 항온건조로
④ 데시케이터(유리제 용기로서 가운데에 실리카겔 등의 건조제를 넣어 시료를 방습하는 데 이용)

---

1. 시료

전체 흙을 대상으로 한다. 시험에 이용하기 위한 최소중량을 입경별로 나타내면 오른쪽 표와 같다.

함수비 측정에 필요한 시료의 최소 무게

시료의 최대입경[mm]	시료 무게[g]
75	2,000
37.5	1,000
19	50~300
4.75	30~100
2	10~30

2. 측정 방법

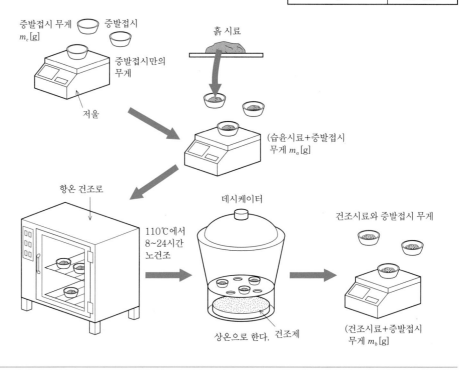

증발접시 무게 m_c[g]
증발접시
증발접시만의 무게
저울
흙 시료

(습윤시료+증발접시 무게 m_a[g]

항온 건조로
110℃에서 8~24시간 노건조

데시케이터
상온으로 한다. 건조제

건조시료와 증발접시 무게

(건조시료+증발접시 무게 m_b[g]

---

3. 결과 정리

시료의 함수비를 계산한다.

$$w = \frac{m_a - m_b}{m_b - m_c} \times 100$$

$$= \frac{\text{물의 무게}}{\text{흙 입자 무게}} \times 100$$

$$= \frac{m - m_s}{m_s} \times 100$$

m : 습윤시료의 무게 [g]

m_s : 흙 입자의 무게 [g]

데시케이터		T3-10		
용기(증발접시) No.		36	12	94
습윤시료+용기의 무게	m_a	92.94	97.21	85.67
노건조시료+용기의 무게	m_b	75.36	78.98	70.41
용기의 무게	m_c	40.56	42.36	40.84
함수비 [%]	w	50.5	49.8	51.6
평균값 [%]	w	50.6		
특기사항				

4. 결과 이용

(1) 흙의 다짐 관리에 이용한다.

(2) 흙의 기본적 성질을 구할 필요가 있을 때 반드시 필요한 시험으로, 흙을 구성하는 요소의 비를 구한다.

(3) 흙 분류에 이용한다.

함수비 $w = \dfrac{m_w}{m_s} \times 100$ [%]

간극비 $e = \dfrac{V_v}{V} \times 100$ [%]

간극률 $n = \dfrac{e}{1+e} \times 100$ [%]

포화도 $S_r = \dfrac{V_w}{V_v} \times 100$ [%]

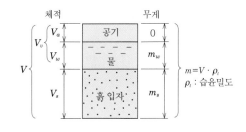

등의 계산을 통하여 흙을 분류한다.

관●련●지●식

자연 상태에서 흙의 함수비

토질명	지명	함수비 w[%]
충적점토	東京	50~80
홍적점토	東京	30~60
관동실트	關東	30~150
흑묵토	九州	30~270
이탄	石狩	115~1290

노건조 이외의 시료 건조법

a) 전자레인지법(마이크로파 가열법) : 일반 가정에서 사용하는 전자레인지를 사용한다.

b) 알코올 연소법 : 메틸알코올을 혼합하여 연소시킨다.

c) 모래 용기법 : 모래 위의 내열 용기에 시료를 넣어 건조시키는 방법.

저울의 감량

용량[g]	감량[g]
1,000 이상	1.0
100 이상 1,000 미만	0.1
100 미만	0.01

★ 흙의 액성한계 · 소성한계 시험

● ● ● ● ●

액성한계, 소성한계 및 소성지수를 구하여 흙을 분류하고 재료의 적부를 판단한다.

시험 기구		
	① 체(425μm)	② 주걱
	③ 유리판	④ 분무기
	⑤ 증류수	⑥ 헝겊
	⑦ 액성한계 측정기	⑧ 홈파기 날
	⑨ 증발접시	⑩ 저울
	⑪ 항온건조로	⑫ 데시케이터

1. 시료 준비

① 자연함수비 상태의 흙을 비건조법에 의해 조정하고, 표준체 425μm를 통과한 것을 시료로 한다.

② 시료량은 액성한계용 200g, 소성한계용 30g을 준비한다.

2. 시험 방법

(1) 액성한계를 구하는 시험 방법

① 시료에 증류수를 살포한다.

② 낙하 접시에 바른 시료를 홈파기 날로 약 1cm 간격이 되게 판다.

③ 낙하 횟수가 25~35에서 시료가 접합하는 것을 2개, 낙하 횟수가 10~25의 것을 3개, 합계 5개의 흙 데이터를 구한다.

④ 각각에 대해 흙의 함수비를 구한다.

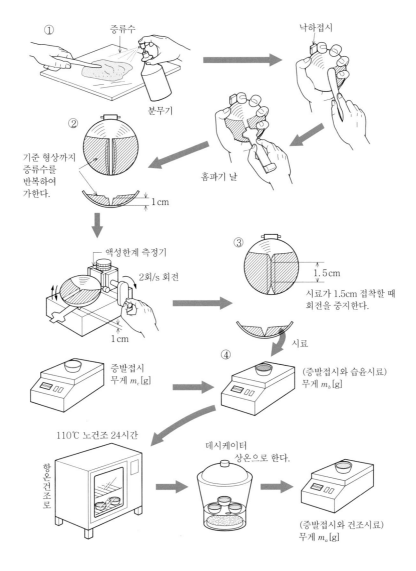

① 증류수　분무기

낙하접시

홈파기 날

② 기준 형상까지 증류수를 반복하여 가한다.

1 cm

액성한계 측정기

2회/s 회전

1 cm

③ 1.5cm

시료가 1.5cm 접착할 때 회전을 중지한다.

시료

증발접시 무게 m_c[g]

④ (증발접시와 습윤시료) 무게 m_b[g]

110℃ 노건조 24시간

항온건조로

데시케이터 상온으로 한다.

(증발접시와 건조시료) 무게 m_a[g]

(2) 소성한계를 구하는 시험 방법

① 시료에 증류수를 살포한다.

② 소성한계를 구하기 위한 길이 약 10cm, 직경 3mm 정도의 흙실을 손바닥으로 굴려 만든다.

이때 직경 3mm의 흙실로 되지 않는 흙은 소성(Non plastic)되지 않은 것으로 표시한다.

③ 함수비를 구한다.

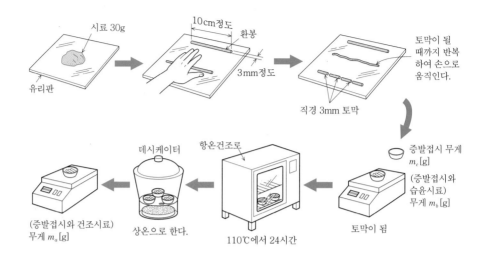

3. 결과 정리

낙하 횟수와 함수비 관계를 그래프로 그리고, 액성한계 w_L은 낙하 횟수 25에서의 함수비로 구한다. 소성한계 w_p는 각 함수비의 평균값으로 구하며 소성지수 I_p는 (w_2-w_p)로 구한다.

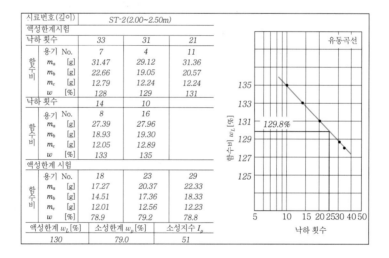

시료번호(깊이)		ST-2(2.00~2.50m)		
액성한계시험				
낙하 횟수		33	31	21
함수비	용기 No.	7	4	11
	m_a [g]	31.47	29.12	31.36
	m_b [g]	22.66	19.05	20.57
	m_c [g]	12.79	12.24	12.24
	w [%]	128	129	131
낙하 횟수		14	10	
함수비	용기 No.	8	16	
	m_a [g]	27.39	27.96	
	m_b [g]	18.93	19.30	
	m_c [g]	12.05	12.89	
	w [%]	133	135	
액성한계 시험				
함수비	용기 No.	18	23	29
	m_a [g]	17.27	20.37	22.33
	m_b [g]	14.51	17.36	18.33
	m_c [g]	12.01	12.56	12.23
	w [%]	78.9	79.2	78.8
액성한계 w_L [%]		소성한계 w_p [%]	소성지수 I_p	
130		79.0	51	

4. 결과 이용

자연 상태의 흙에서 흙의 압축성, 강도 특성을 알아내어 흙의 구조 설계에 이용한다.

(1) 재조정한 흙에서 $I_p = w_L - w_p$ 식을 이용하여 재료의 사용 여부를 판단한다.

(2) 상층 노반재료 $I_p \leqq 4$, 하층 노반재료 $I_p \leqq 6$과 같다.

흙의 수축한계 시험

•••••
흙의 수축한계를 구해 성토, 절토의 풍화에 대한 안정성을 판단한다.

시험 기구

① 유리판
② 주걱
③ 메스실린더
④ 수축접시
⑤ 직각칼
⑥ 저울
⑦ 바셀린 또는 그리스
⑧ 항온건조로
⑨ 데시케이터
⑩ 시료용 접시
⑪ 수은(50ml)
⑫ 수은받침접시
⑬ 유리판 (80mm×80mm×2mm)
⑭ 다리부착 유리판 (80mm×80mm×2mm)
⑮ 유리 용기(위 테두리가 수평일 것)

---

1. 시료 준비

① 자연 함수비 상태의 흙을 비건조법에 의해 조제하고 표준체 $425\mu m$를 통과한 것을 시료로 준비한다.

② 시료의 양은 첫 번째 수축접시에 담을 양을 30g으로 한다.

③ 함수비에 따라 수축한계차가 생기기 때문에 액성한계 부근의 함수비로 하는 것이 좋다.

④ 시료와 물이 잘 섞이도록 하기 위해 물을 반복하여 가한 후 공기 건조가 되지 않도록 시료에 적신 헝겊을 덮어서 24시간 정도 방치한다.

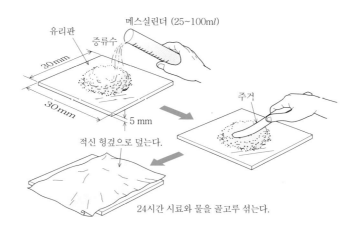

2. 공시체 제작

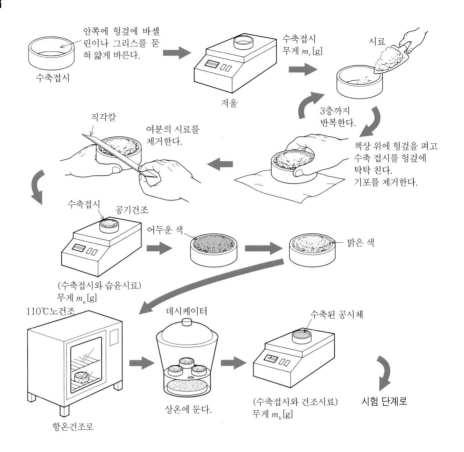

3. 시험 방법

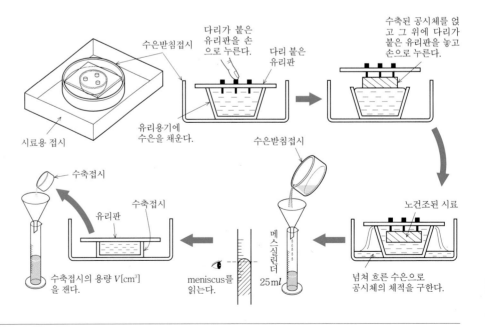

수은은 유해물질이기 때문에 직접 손으로 만지거나 하수에 흘리지 말 것. 또한 수은은 유리병에 넣어 밀봉하여 냉암소에 보관한다.

4. 결과 정리

시험번호 (깊이)		\multicolumn{3}{c}{$ST-7(4.0{\sim}4.5m)$}		
측정　　　　　No.		1	2	3
수축 접시　　　No.		7	8	9
(습윤시료+수축접시)무게 m_a [g]		39.50	37.92	38.20
(노건조시료+수축접시)무게 m_b [g]		25.80	24.78	24.55
수축접시 무게　　m_c [g]		6.54	6.48	6.60
노건조시료 무게　m_s [g]		19.26	18.30	17.95
함수비　　　　w [%]		71.1	71.8	76.0
평균값　　　　w [%]		\multicolumn{3}{c}{73}		
습윤시료 체적　V [cm³]		20.5	20.0	20.1
노건조시료 체적 V_0 [cm³]		11.5	11.5	11.4
수축한계　　　w_s [%]		24.4	25.4	27.5
평균값　　　　w_s [%]		\multicolumn{3}{c}{26}		
수축비　　　　R		1.67	1.59	1.57
평균값　　　　R		\multicolumn{3}{c}{1.61}		
임의 함수비　w_1 [%]		50	50	50
체적 수축률　C [%]		42.7	39.1	35.3
선수축　　　　L_s [%]		11.2	10.4	9.6
근사적인 흙입자의 밀도 ρ_s [g/cm³]		2.75	2.63	2.75

함수비　　　$w = \dfrac{m_a - m_c - m_s}{m_s} \times 100$ [%]　　$(m_s = m_b - m_c)$

수축한계　　$w_s = w - \dfrac{(V - V_0)\rho_w}{m_s} \times 100$ [%],　ρ_w : 물의 밀도

수축비　　　$R = \dfrac{m_s}{V_0 \rho_w}$

수축률　　　$C = (w_1 - w_s)R$,　w_1 : 임의 함수비

선수축　　　$L_s = (1 - \sqrt[3]{\dfrac{100}{C + 100}}) \times 100$

흙입자의 밀도　$\rho_s = \dfrac{\rho_w}{1/R - w_s/100}$

5. 결과 이용

체적의 수축률 C를 이용하여 오른쪽 표에서 지반의 상태를 결정한다.

기초지반의 적부와 수축 특성

체적수축률 C	지반 상태
5 이하	양호
5~10	보통
10~15	나쁨
15 이상	부적절

흙의 입도 시험

• • • • •

흙의 입도를 구하여 물의 투수성 판단, 굴착공법, 재료 선정에 이용한다.

시험 기구		
	① 접시(깊은 접시)	② 증발접시
	③ 저울	④ 항온건조로
	⑤ 체	⑥ 비중계
	⑦ 메스실린더	⑧ 버니어캘리퍼스
	⑨ 데시케이터	⑩ 비커
	⑪ 교반봉	⑫ 유리봉
	⑬ 과산화수소수 6% 용액	⑭ 증류수
	⑮ 분산제	⑯ 분산장치
	⑰ 항온 수조	⑱ 세정병 온도계

1. 시료 준비

① 입경 $75\mu m$ 이상의 흙 입자는 표준체로 체분석한다.

② 입경 $75\mu m$ 미만의 흙 입자는 흙의 밀도가 다르므로 침강분석을 한다.

입경에 따라 필요한 시료의 양은 다음 표와 같다.

분산하는 시료의 최소 무게표

시료의 최대입경[mm]	시료무게[g]
75	6,000
37.5	4,500
19	1,500
4.75	500
2	200

2. 시험 방법

① 2mm 체가름한다.

② 2mm 체 잔류분은 체 분석한다.

③ 2mm 체 통과분은 침강 분석한다.

④ 2mm 체 통과, $75\mu m$ 체 잔류분은 체 분석한다.

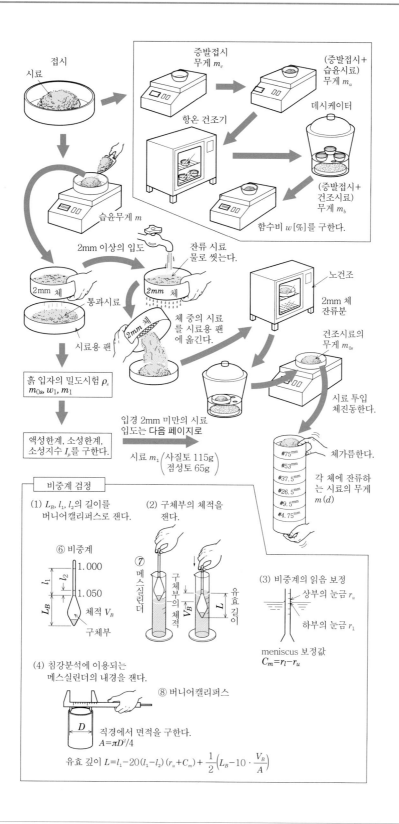

접시

시료

증발접시
무게 m_c

(증발접시+
습윤시료)
무게 m_a

데시케이터

항온 건조기

(증발접시+
건조시료)
무게 m_b

습윤무게 m

함수비 w [%]를 구한다.

2mm 이상의 입도

잔류 시료
물로 씻는다.

노건조

2mm 체
잔류분

2mm 체

통과시료

2mm 체

체 중의 시료
를 시료용 팬
에 옮긴다.

건조시료의
무게 m_{0s}

시료용 팬

흙 입자의 밀도시험 ρ_s
m_{0s}, w_1, m_1

시료 투입
체진동한다.

액성한계, 소성한계,
소성지수 I_p를 구한다.

입경 2mm 미만의 시료
입도는 다음 페이지로

시료 m_1 $\binom{\text{사질토 115g}}{\text{점성토 65g}}$

#75^{mm}
#53^{mm}
#37.5^{mm}
#26.5^{mm}
#9.5^{mm}
#4.75^{mm}

체가름한다.

각 체에 잔류하
는 시료의 무게
m (d)

비중계 검정

(1) L_B, l_1, l_2의 길이를
버니어캘리퍼스로 잰다.

(2) 구체부의 체적을
잰다.

(3) 비중계의 읽음 보정

상부의 눈금 r_u

하부의 눈금 r_1

⑥ 비중계

1.000

1.050

체적 V_B

구체부

⑦ 메스실린더

구체부의체적

유효길이

V_B

L

meniscus 보정값
$C_m = r_1 - r_u$

(4) 침강분석에 이용되는
메스실린더의 내경을 잰다.

⑧ 버니어캘리퍼스

D

직경에서 면적을 구한다.
$A = \pi D^2 / 4$

유효 깊이 $L = l_1 - 20(l_1 - l_2)(r_u + C_m) + \dfrac{1}{2}\left(L_B - 10 \cdot \dfrac{V_B}{A}\right)$

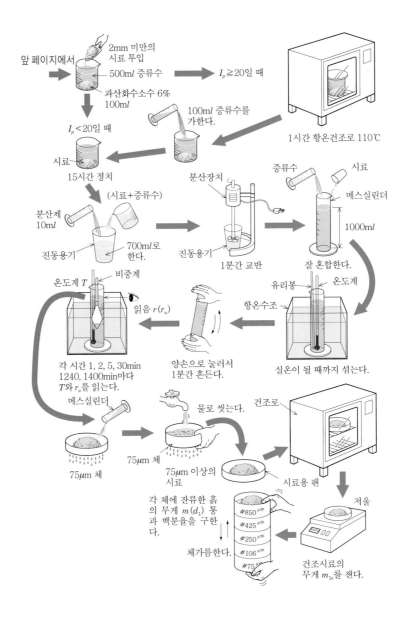

3. 결과 정리

$P(d)$, $P(d_1)$, $P(d_2)$를 입도별로 플롯(plot)하여 시료의 입경가적곡선을 구한다.

① 입경 2mm 이상의 흙시료의 통과 백분율 $P(d)$ [%]

$$P(d) = \left(1 - \frac{\Sigma m(d)}{m_s}\right) \times 100$$

전 시료의 노건조 무게

$$m_s = \frac{m}{1+w/100}$$

$m(d)$: #75~4.75mm의 각 체에 남은 무게

② 2mm 미만, 75μm 이상의 흙시료의 통과 백분율 $P(d_1)$ [%]

$$P(d_1) = \frac{m_s - m_{0s}}{m_s} \times \left(\frac{\Sigma m(d_1)}{1-m_{1s}}\right) \times 100$$

③ 75μm 미만 흙의 시료 통과 백분율 $P(d_2)$ [%]

$$P(d_2) = \frac{m_s - m_{0s}}{m_s} \times \frac{100}{m_{1s}/V} \times \frac{\rho_s}{\rho_s - \rho_w} \times (r_u + C_m + F)\rho_w$$

$V = 1,000\text{cm}^3$

F : 온도에 따른 보정계수

$T[℃]$	4~12	13~16	17~19
F	-0.0005	0	0.0005

흙 시료 입도 분포의 양부는 통과중량 백분율의 10%나 60%의 입경가적곡선에서 구한다. 그 비를 균등계수 U_c라 한다.

$U_c = D_{60}/D_{10}$

$U_c \geqq 10$을 양(良), $U_c < 10$을 불량으로 판단한다.

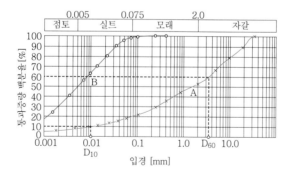

4. 결과 이용

입경가적곡선을 그리고 흙의 투수성, 굴착 공법을 정한다.

예를 들면 입경가적곡선 A는 입도 분포가 좋은 흙을 나타내고 곡선 B는 세립분이 많아서 물을 함유하면 연약화된다.

흙의 습윤밀도 시험

•••••
흙의 습윤밀도를 구해 성토의 다짐 관리에 이용한다.

시험 기구	① 샘플링 튜브	② 잭(Jack)
	③ 블록 샘플링 튜브	④ 트리머
	⑤ 와이어톱	⑥ 마이터 박스
	⑦ 저울	⑧ 항온건조로
	⑨ 데시케이터	⑩ 버니어캘리퍼스
	⑪ 전열기	⑫ 비커(법랑 비커)
	⑬ 현수식 저울(전용대, 수침용기, 둥근접시)	⑭ 온도계
	⑮ 파라핀	

1 시료 준비

① 교란되지 않은 상태에서 채취된 흙을 이용한다. 샘플링 튜브에서 압출된 것 또는 블록 샘플링에 의해 얻어진 것.

② 트리머, 마이터 박스, 와이어톱 등을 이용하여 원주 형태의 공시체를 제작한다.

③ 공시체의 무게와 함수비를 측정한다.

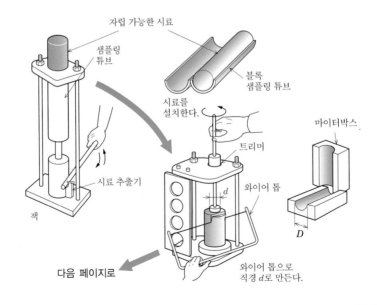

자립 가능한 시료

샘플링 튜브

블록 샘플링 튜브

시료를 설치한다.

트리머

마이터박스

시료 추출기

d

와이어 톱

잭

D

다음 페이지로

와이어 톱으로 직경 d로 만든다.

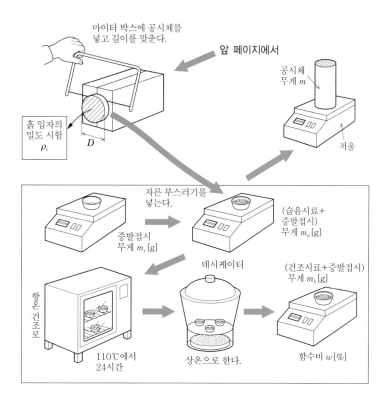

2. 시험 방법

습윤밀도의 측정은 A법 또는 B법으로 한다.

① A법 : 버니어캘리퍼스로 높이 H와 직경 D를 측정하고 공시체 용적을 구한다.

A법(치수 측정법)

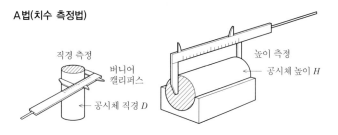

② B법 : 공시체를 파라핀으로 피복하고 현수저울로 공시체 용적을 구한다.

$$V = \frac{m_1 - m_3 - m_2}{\rho_w} - \frac{m_1 - m}{\rho_p}$$

ρ_p : 파라핀의 밀도 [g/cm^2]

ρ_w : 수온 T[℃]에 대한 물의 밀도 [g/cm^3]

m : 공시체 습윤 무게 [g]

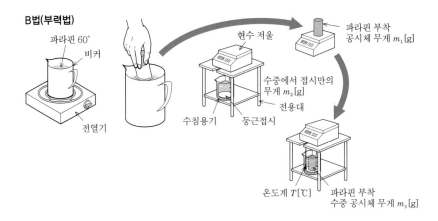

B법(부력법)

파라핀 60° / 비커 / 전열기

현수 저울 / 파라핀 부착 공시체 무게 m_1[g]

수중에서 접시만의 무게 m_2[g] / 전용대

수침용기 / 둥근접시

온도계 T[℃] / 파라핀 부착 수중 공시체 무게 m_3[g]

3. 결과 정리

A법

시료번호 (깊이)			ST-1(1.5 m)		
공시체 No.			1	2	3
공시체의 무게		m[g]	99.52	96.93	99.00
공시체체적	직경	상부 D_1[cm]	3.58	3.53	3.59
			3.56	3.53	3.56
		중앙부 D_2[cm]	3.62	3.54	3.57
			3.58	3.51	3.59
		하부 D_3[cm]	3.57	3.54	3.60
			3.57	3.53	3.62
		평균값 D[cm]	3.58	3.53	3.59
	높이	H[cm]	8.01	7.99	7.00
			8.02	7.99	8.99
		평균값 H[cm]	8.02	7.99	8.00
	체적 $V=(\pi D^2/4)\cdot H$[cm³]		80.53	78.20	80.98
함수비	용기 No.		6	7	19
	m_a [g]		77.25	70.40	79.53
	m_b [g]		70.62	61.42	55.79
	m_c [g]		25.81	32.79	31.37
	w [%]		107.3	96.7	97.2
	용기 No.		9	10	11
	m_a [g]		84.92	85.53	91.64
	m_b [g]		64.35	65.14	68.44
	m_c [g]		44.32	44.51	45.26
	w [%]		102.7	98.8	100.1
	w [%]		105.0	97.8	98.7
습윤밀도 $\rho_t=m/V$[g/cm³]			1.236	1.240	1.223
건조밀도 $\rho_d=\rho_t/(1+w/100)$ [g/cm³]			0.623	0.627	0.611
간극비 $e=(\rho_s+\rho_d)-1$			3.250	81.0	3.232
포화도 $S_r=w\rho_s/(e\rho_w)$ [%]			84.7	79.8	80.1
흙 입자 밀도 ρ_s [g/cm³]				2.586	
평균값	w [%]			100	
	ρ_t [g/cm³]			1.233	
	ρ_d [g/cm³]			0.620	
	e			3.169	
	S_r [%]			82.4	

4. 결과 이용

성토의 다짐관리에 이용한다. 일본 흙의 밀도 범위는 표와 같다.

흙의 종류 \ 밀도	충적세		홍적세 점성토	실트 (관동)	고유기 질토
	점성토	사질토			
습윤밀도 ρ_t[g/cm³]]	1.2~1.8	1.6~2.0	1.6~2.0	1.2~1.5	0.8~1.3
건조밀도 ρ_d[g/cm³]	0.5~1.4	1.2~1.8	1.1~1.6	0.6~0.7	0.1~0.6
함수비 w[%]	30~150	10~30	20~40	80~180	80~1200

흙 입자의 밀도 시험

•••••
흙 입자의 밀도를 구해서 성토의 다짐 관리에 이용한다.

시험 기구	
① 피크노미터	② 저울
③ 온도계(최소눈금 1℃의 것)	④ 깔때기
⑤ 시료용 팬	⑥ 히터
⑦ 도가니 집게	⑧ 비커
⑨ 항온건조로	⑩ 데시케이터
⑪ 헝겊	⑫ 증류수

1. 시료 준비

교란된 흙의 시료 조제 방법(JSF T 101)에 의해 채취된 재료로 9.5mm 체를 통과한 것을 이용한다.

2. 시험 방법

① 피크노미터의 무게를 잰다.

② 피크노미터를 증류수와 전체 무게 m_a[g]을 잰다. 또한 이때 증류수 온도 T [℃]를 잰다.

③ 시료를 적정량 넣고 피크노미터 용적의 2/3 정도까지 증류수를 넣어 끓이고 씻는다.

④ 피크노미터를 꺼낸 후 상온에서 증류수를 가하고, 무게 m_b[g]과 수온을 잰다.

⑤ 피크노미터의 시료를 꺼내고 노건조시킨다. 무게 $m_s{'}$ [g]을 잰다.

여기서 시료의 건조 무게는 다음과 같다.

$$m_s = m_s{'} - m_s{''}$$

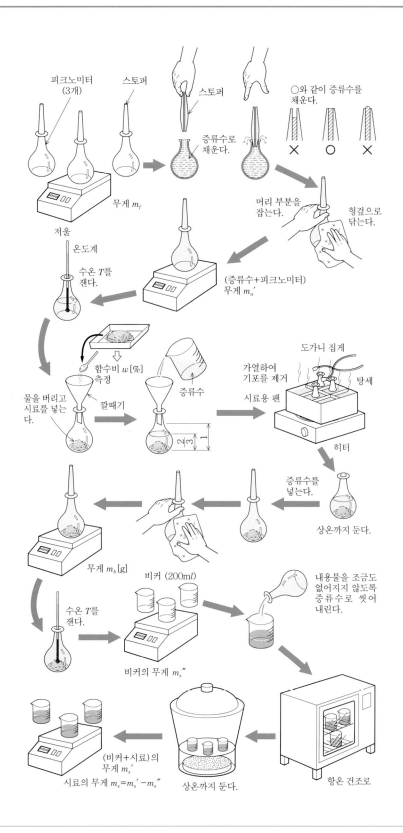

3. 결과 정리

데이터를 기입하고 식과 표를 이용하여 흙 입자의 밀도를 구한다.

① $T'[℃]$와 $T[℃]$에 대하여 증류수의 밀도 $\rho_w(T')$, $\rho_w(T)$를 구한다.

② $T[℃]$ 때의 증류수와 피크노미터의 무게 $m_a[g]$

$$m_a = \frac{\rho_w(T)}{\rho_w(T')} \times (m_a' - m_f) + m_f$$

③ 흙 입자의 밀도 $\rho_s[g/cm^3]$

$$\rho_s = \frac{m_s}{m_s + (m_a - m_b)} \times \rho_w(T)$$

증류수의 밀도

온도 [%]	물의 밀도 [g/cm³]	온도 [%]	물의 밀도 [g/cm³]
4	1.0000	16	0.9989
5	1.0000	17	0.9988
6	0.9999	18	0.9986
7	0.9999	19	0.9984
8	0.9999	20	0.9982
9	0.9998	21	0.9980
10	0.9997	22	0.9978
11	0.9996	23	0.9975
12	0.9995	24	0.9973
13	0.9994	25	0.9970
14	0.9992	26	0.9968
15	0.9991	27	0.9965

시료 번호 (깊이)		$M-1\,(1.5\sim2.01m)$		
피크노미터 No.		10	15	21
피크노미터 무게 $m_f[g]$		35.951	30.813	31.852
(증류수+피크노미터) $m_a'[g]$		139.434	138.304	139.734
m_a'를 잴 때 증류수의 온도 $T'[℃]$		18	18	18
$T℃$에서 증류수 밀도 $\rho_w(T')\,[g/cm^3]$		0.9986	0.9986	0.9986
(시료+증류수+피크노미터)무게 $m_b[g]$		152.964	153.190	156.411
m_b를 잴 때 내용물의 온도 $T[℃]$		20	20	20
$T[℃]$를 잴 때 증류수 밀도 $\rho_w(T)\,[g/cm^3]$		0.9982	0.9982	0.9982
온도 $T[℃]$의 증류수 채울 때 (증류수+피크노미터)무게 $m_a[g]$		139.398	138.261	139.691
시료의 노건조 무게	용 기 No.	10	15	21
	(노건조시료+용기)무게 [g]	57.107	54.066	57.424
	용기 무게 [g]	35.951	30.813	31.850
	m_s [g]	21.156	23.253	26.072
흙 입자의 밀도 $\rho_s[g/cm^3]$		2.784	2.788	2.783
평균값 $\rho_s[g/cm^3]$		2.785		

4. 결과 이용

압밀이 완료된 후(프리로딩 등) 지반의 안정 산정에 이용한다.

흙의 간극비 e, 포화도 S_r를 구해 흙의 다짐관리에 이용한다.

$$e = \frac{\rho_s}{\rho_d} - 1, \qquad S_r = \frac{w \times \rho_s}{e \times \rho_w}$$

w : 함수비, ρ_d : 흙의 건조밀도, ρ_s : 흙의 입자밀도, ρ_w : 물의 $T[℃]$에서 밀도

모래의 최대밀도 · 최소밀도 시험

● ● ● ● ●

모래의 최대밀도 및 최소밀도를 구해 모래지반의 유동화 유무를 조사한다.

시험 기구	
	① 몰드와 칼라(몰드의 용적 V=113.1cm³)
	② 나무망치(타격면 직경 3cm 정도)
	③ 직각칼(비월 방지판이 부착된 길이 20cm 이상인 것)
	④ 저울
	⑤ 깔때기(아트지를 사용한다.)
	⑥ 건조로
	⑦ 시료용 팬

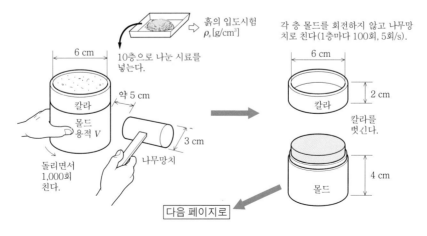

비월 방지판(종이) 10 cm 10 cm 직각 칼

비월 방지판이 부착된 직각칼

1. 시료 준비

① JSF T 101 토질시험을 위한 교란시료의 조제 방법에 의해 얻어진 것을 이용한다.

② 시료의 최소량은 습윤중량으로 약 500g 준비한다.

③ 110℃에서 일정 중량이 될 때까지 노건조하여 충분히 부순다.

2. 시험 방법

(1) 최대밀도를 구하는 방법

흙의 입도시험 ρ_s[g/cm³]

10층으로 나눈 시료를 넣는다.

각 층 몰드를 회전하지 않고 나무망치로 친다(1층마다 100회, 5회/s).

6 cm

칼라

몰드 용적 V

약 5 cm

돌리면서 1,000회 친다.

나무망치 3 cm

6 cm

칼라 2 cm

칼라를 벗긴다.

몰드 4 cm

다음 페이지로

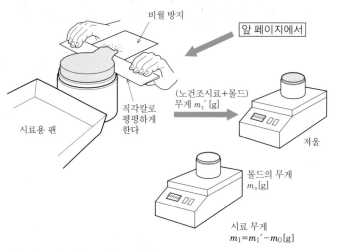

앞 페이지에서

비월 방지

직각칼로
평평하게
한다

시료용 팬

(노건조시료+몰드)
무게 m_1' [g]

저울

몰드의 무게
m_0 [g]

시료 무게
$m_1 = m_1' - m_0$ [g]

(2) 최소밀도를 구하는 방법

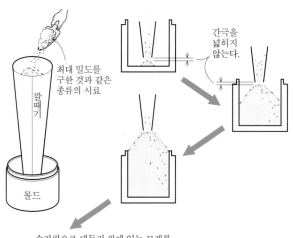

최대 밀도를
구한 것과 같은
종류의 시료

깔때기

몰드

간극을
넓히지
않는다.

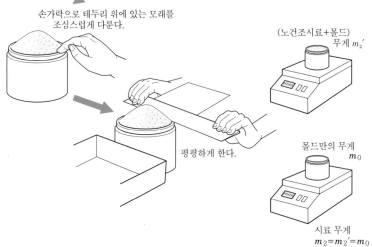

손가락으로 테두리 위에 있는 모래를
조심스럽게 다룬다.

(노건조시료+몰드)
무게 m_2'

평평하게 한다.

몰드만의 무게
m_0

시료 무게
$m_2 = m_2' = m_0$

3. 결과 정리

① 모래의 최대밀도 $\rho_{d\max}[\mathrm{g/cm^3}]$ 시험은 3회 실시하여 평균한다.

$$\rho_{d\max} = \frac{m_1}{V}$$

② 모래의 최소밀도 $\rho_{d\min}[\mathrm{g/cm^3}]$ 시험은 5회 이상 실시하여 평균한다.

$$\rho_{d\min} = \frac{m_2}{V}$$

몰드	No.	1			용적 $V[\mathrm{cm^3}]$	113.1
	무게 m_0 [g]	824.7				
	시료 번호 (깊이)					
최대	(노건조시료+몰드) 무게 m_1' [g]	999.8	1 000.8	999.2		
	노건조시료 무게 m_1[g]	174.0	175.9	174.0		
	건조 밀도 $\rho_{d\max}[\mathrm{g/cm^3}]$	1.538	1.555	1.538		
	평균값 $\rho_{d\max}[\mathrm{g/cm^3}]$	1.544				
최소	(노건조시료+몰드) 무게 m_2' [g]	950.3	951.2	950.2	949.9	949.8
	노건조시료 무게 m_2[g]	125.6	126.5	125.5	125.2	125.1
	건조 밀도 $\rho_{d\max}[\mathrm{g/cm^3}]$	1.199	1.207	1.198	1.195	1.195
	평균값 $\rho_{d\max}[\mathrm{g/cm^3}]$	1.199				

4. 결과 이용

(1) 모래의 상대밀도 D_r를 구해 모래지반의 액상화를 판단한다.

(2) 흙 입자의 밀도 시험으로 구한 ρ_s가 알고 있는 값일 때 모래의 간극비를 구해서 지반의 다짐 상태를 판단한다.

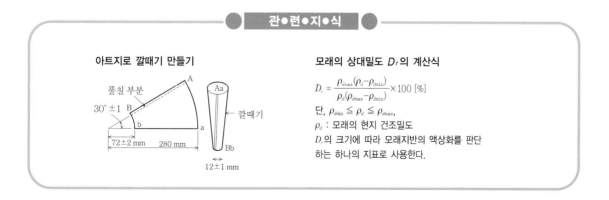

관●련●지●식

아트지로 깔때기 만들기

풀칠 부분
$30° \pm 1$ B
b
72 ± 2 mm   280 mm
A
a
Aa
깔때기
Bb
12 ± 1 mm

모래의 상대밀도 D_r의 계산식

$$D_r = \frac{\rho_{d\max}(\rho_d - \rho_{d\min})}{\rho_d(\rho_{d\max} - \rho_{d\min})} \times 100 \,[\%]$$

단, $\rho_{d\min} \leqq \rho_d \leqq \rho_{d\max}$,

ρ_d : 모래의 현지 건조밀도

D_r의 크기에 따라 모래지반의 액상화를 판단하는 하나의 지표로 사용한다.

39 JSF T 135
흙의 세립분 함유율 시험

•••••
흙의 세립분 함유율을 구해 흙의 기본적인 성질을 조사한다.

시험 기구	① 접시(깊은접시, 대, 소)	② 증발접시
	③ 저울	④ 항온 건조로
	⑤ 데시케이터	⑥ 비커
	⑦ 교반용 봉	⑧ 체(425μm, 75μm)
	⑨ 세정병	

1 시료 준비

① 「교란된 흙 시료 조제 방법」에 의한 비건조법 또는 공기 건조법에 의해 얻어진 것을 이용한다.

② 시료의 최대입경에 따른 시험에 필요한 시료량을 분취한다.

③ 시료의 함수비 w[%]를 구한다.

④ 남은 시료의 무게 m[g]을 잰다.

⑤ 노건조 후 시료의 무게 m_s[g]을 구한다.

분취하는 시료의 최소 무게

시료의 최대입경(mm)	시료의 무게(g)
75	6,000
37.5	4,500
19	1,500
4.75	500
2	200

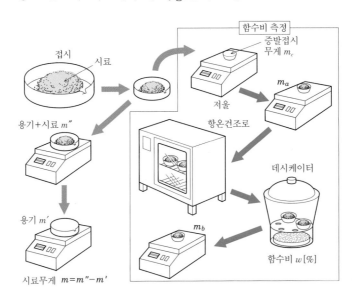

접시 시료
함수비 측정
증발접시 무게 m_c
저울
m_a
용기+시료 m''
항온건조로
데시케이터
용기 m'
m_b
함수비 w[%]
시료무게 $m = m'' - m'$

2. 시험 방법

① 노건조 시료를 비커에 넣고 교반한다.

② #425μm, #75μm로 체가름한다.

③ 재차 비커에 물로 체가름한 잔류 시료를 넣는다.

④ 교반한 물에 탁함이 없어지면 #425μm와 #75μm의 잔류시료를 용기(m_{0s}' [g])
  NO. 10과 NO. 11에 담는다.

⑤ 노건조된 용기와 시료의 각 무게 m_{0s}''[g]을 잰다.

⑥ #425μm와 #75μm의 잔류분의 각 무게 m_s' [g]을 구한다.

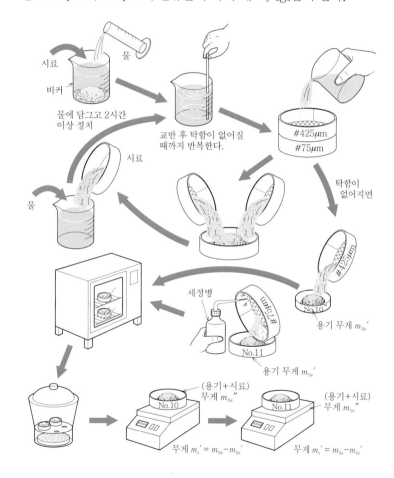

3. 결과 정리

① 시료의 노건조 무게 m_s[g]을 구한다.

$$m_s = \frac{m}{1+w/100}$$

시료 번호 (깊이)		1.5 m	
함수비	용기 No.	23	26
	m_a [g]	75.63	102.00
	m_a [g]	57.89	87.72
	m_a [g]	42.25	43.46
	m_a [g]	41.6	41.7
	평균값 w [%]	41.7	
시료의 노건조무게	용기 No.	16	
	(시료+용기)무게 m'' [g]	405.3	
	용기 무게 m' [g]	315.0	
	시료 무게 m [g]	90.3	
	시료의 노건조 무게 m_s [g]	63.7	
체잔류분	체	425μm	75μm
	용기 No.	10	11
	(노건조시료+용기)무게 m_{0s}'' [g]	208.2	255.7
	용기 무게 m_{0s}' [g]	205.7	207.9
	노건조 시료무게 m_s' [g]	2.5	47.8
	노건조된 체에 잔류된 노건조시료무게 m_{0s} [g]	합계 50.3	
세립분 함유율 P [%]		21	
시료의 최대입경 [mm]		2	

② #425μm, #75μm에 잔류된 무게 m_s' [g]을 구한다.

③ 흙의 세립분 함유율 P[%]를 구한다.

$$P = \frac{m_s - m_{0s}}{m_s} \times 100$$

4. 결과 이용

(1) 흙을 세립토와 조립토로 분류한다.

(2) 흙의 세립분에 의해 흙의 성질에 미치는 영향을 조사한다.

관●련●지●식

세립분 함유율 P[%]는 흙의 노건조 무게에 대한 75μm 표준체 통과분의 노건조 흙 무게비를 백분율로 나타낸 것으로 정의한다.

흙의 pH 시험

• • • • •

원위치에서 흙의 pH를 구해 콘크리트의 열화, 강재의 부식성 등을 판정한다.

시험 기구	① 비닐 포대	② 저울
	③ 증발접시	④ 항온건조로
	⑤ 데시케이터	⑥ 비커
	⑦ 메스실린더	⑧ 증류수
	⑨ 유리봉	⑩ 유리전극식 pH계(최대눈금 0.1 이하인 것)
	⑪ 세정병	⑫ 여과지
	⑬ 온도계	⑭ 프탈산 표준액
	⑮ 중성인산염 표준액	

1. 시료 준비

입경이 10mm 이상의 입자를 제거한 흙을 이용한다.

① 토질시험을 위해 교란된 흙 시료 조제에 따라 비건조에 의한 시료를 준비한다.

② 시료는 비닐포대 등에 넣고 보관하여 자연함수상태를 유지하도록 한다.

필요한 시료의 입경과 비커 용량표

시료의 입경[mm]	시료의 무게[g]	비커 용량[ml]
10 이하	150	500
5 이하	100	300
2 이하	30	100

2. 시험 방법

① 시료와 증류수를 넣고 교반하여 측정 용액을 만든다.

② pH계의 조정

    a : 증류수 조정

    b : 프탈산염 조사

    c : 중성인산염 조사

pH 표준액의 각 온도에 따른 pH

온도[℃]	프탈산염	중성인산염
0	4.00	6.98
5	4.00	6.95
10	4.00	6.92
15	4.00	6.90
20	4.00	6.88
25	4.01	6.86
30	4.02	6.85

③ 시료 용액의 온도 T_0[℃]와 pH를 측정한다.

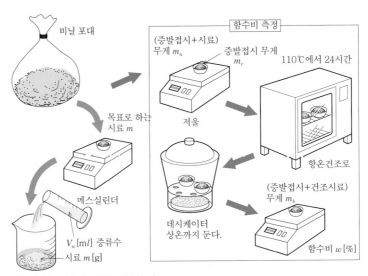

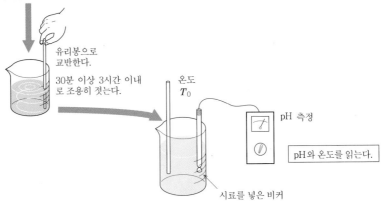

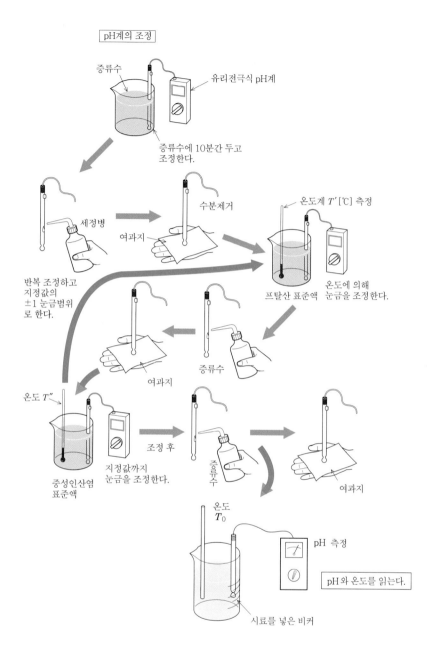

3. 결과 정리

① 노건조 시료의 무게 $m_s[\text{g}]$

$$m_s = \frac{m}{1+w/100}$$

② 시료의 노건조 무게에 대한 물의 무게비 R_w

$$R_w = \frac{m - m_s + V_w \cdot \rho_w}{m_s}$$

$\rho_w : T_0[℃]$에서 증류수 밀도

증류수의 밀도

온도 [℃]	물의 밀도 [g/cm³]	온도 [℃]	물의 밀도 [g/cm³]	온도 [℃]	물의 밀도 [g/cm³]	온도 [℃]	물의 밀도 [g/cm³]
4	1.0000	10	0.9997	16	0.9989	22	0.9978
5	1.0000	11	0.9996	17	0.9988	23	0.9975
6	0.9999	12	0.9995	18	0.9986	24	0.9973
7	0.9999	13	0.9994	19	0.9984	25	0.9970
8	0.9999	14	0.9992	20	0.9982	26	0.9968
9	0.9998	55	0.9991	21	0.9980	27	0.9965

pH계의 종류						
사용 표준액		수산염	프탈산염	중성인산염	붕산염	탄산염	
온도 [℃]			$T'=18$	$T''=18$			
pH			3.99	7.01			
시료번호 (깊이)		롬			유기질토		
비커 No.		1	2	3	4		
시료의 습윤무게 [g]		30.0	30.0	60	60		
시료의 노건조무게 [g]		15.0	14.9	8.0	8.0		
가해진 증류수의 양 [ml]		30.0	30.0	30.0	30.0		
시료의 노건조무게 R_w에 대한 물의 무게비		3.0	2.9	9.7	9.7		
시료액의 온도 $T_0[℃]$		19	19	19	19		
pH	측정값	6.5	6.5	6.5	6.4		
	평균값	6.5		6.4			
함수비	용기 No.	3	5	7	11	4	9
	m_a [g]	35.30	36.19	36.54	64.92	57.66	58.44
	m_b [g]	20.65	20.73	21.25	37.77	32.26	33.89
	m_c [g]	16.15	15.87	15.81	43.51	38.37	40.16
	w [%]	101	104	99.0	637	653	658
평균값 $w[%]$		101			649		

4. 결과 이용

강 재료에 대한 부식의 검토, 콘크리트의 내구성을 검토하는 데 이용한다.
습윤상태 원위치 흙의 산성도(pH도)에 따른 강말뚝기초의 부식이나 지하 구조물의 내구성에 대한 영향을 판정한다.

흙의 pF 시험

● ● ● ● ●
흙의 함수비와 pF의 관계를 구해 수분특성곡선을 그리고, 흙의 기본적인 성질을 조사한다.

제조 기구

① 시료용 팬
② 여과지, 가제
③ 흡인식 PF 측정장치 : 포러스 스톤판, 뷰렛 또는 메스실린더, 가는관(세관), 두꺼운 비닐 튜브, 뚜껑, 공시체 보관용기, 밸브
④ 함수비 측정기구 : 저울, 항온건조로, 증발접시, 데시케이터
⑤ 탈기수(끓인 물)

---

1 시료 준비

① 교란시료를 사용할 때는 시험 목적에 따라 공시체를 이용한다. 즉 투수 시험, 일축압축시험, 삼축압축시험 등의 공시체를 이용한다.
② 교란되지 않은 시료를 사용할 때는 코어 샘플링에서 채취된 것을 공시체로 이용한다.

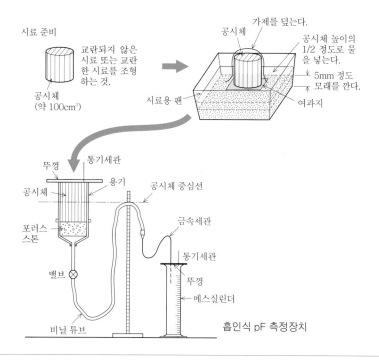

2. 시험 방법

(1) 탈기수를 비닐튜브를 통해 아래쪽에서 흡수하여 포러스 스톤(porous stone)을 완전히 포화시킨다.

(2) 공시체를 용기에 넣고 용기에 뚜껑을 부착하여 증발을 방지한다.

(3) 비닐튜브 최고 높이를 공시체의 중앙에 맞추고 3시간 정치하여 공시체의 중심 부압을 0으로 한다. 이때 남은 물은 금속세관을 통해 배수시킨다.

(4) 측정은 배수 높이(수두) H[cm]를 다음과 같이 변화시켜 가며 $pF=\log_{10}H$ 때의 배수량 m_w[g]을 메스실린더로 측정한다.

H와 pF의 관계

H[cm]	10	15.8	25.1	39.8	63.1	100
pF	1	1.2	1.4	1.6	1.8	2.0

(5) 수두를 바꿀 때는 완전히 배수가 진행되었는지 확인한다. 보통 10~30cm의 배수 높이를 바꾸는 데도 3~4시간, 100~200cm를 바꿀 때는 12~24시간 정도가 걸린다.

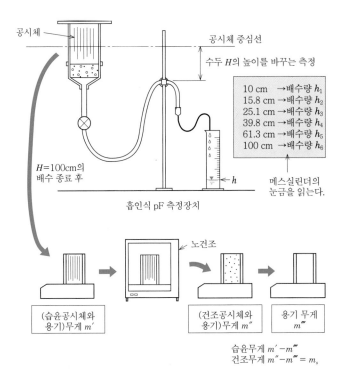

흡인식 pF 측정장치

3. 결과 정리

(1) 데이터 기입

흡인방법	(수두법) 감압법				공시체 제작방법		공기건조흙		
시료	교란된 것, 교란되지않은것								
공시체 No.	18	1	2	3	4	5	6
배수 높이 (부압)		10.0	15.8	25.1	39.8	63.1	100.0
pF		1.0	1.20	1.40	1.60	1.80	2.0
함수비 배수량에서 계산 / 배수 눈금 h[cm]		6.56	6.73	6.81	7.22	7.56	8.43
배수무게 d_i[g]		0	0.17	0.08	0.41	0.34	0.87
공시체 무게 m[g]		24.08	23.91	23.83	23.42	23.08	22.21
함수비 w[%]		53.2	52.1	51.6	49.0	46.8	41.3

노건조 무게 $m_s = 15.72$[g]

계산 방법

$0.87 \leftarrow (8.43 - 7.56)$

$22.2 \leftarrow (23.08 - 0.87)$

$41.3 \leftarrow \left(\dfrac{22.21 - 15.72}{15.72} \right) \times 100$

(2) w와 pF의 그래프 작성(수분특성곡선)

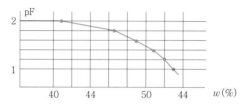

4. 결과 이용

주로 점성토의 보수 구조를 판명하여 흙이 가진 수분 특성을 알게 되며, 최적함수비, 액성한계, 소성한계와 pF의 관계를 통해 다짐 관리에 이용한다.

◀━━ 관●련●지●식 ━━▶

pF

흙이 가진 흡수능력(화학적 포텐셜)의 크기를 나타낸다. 흡수능력은 흡인력을 수위차 H[cm]의 상용대수로 나타낸다.

$pF = \log H$

함수비 w와 pF의 관계에서 흙이 가진 수분 특성을 조사하여 이용한다.

pF 시험 방법의 종류

pF의 값에 따라 다음과 같은 시험 방법이 있다.
a) 흡인법(수두법, 감압법)
b) 원심법
c) 가압법
d) 증배압법
e) 사이크로미터법

42 JSF T 221
흙의 강열감량 시험

•••••

흙 시료를 강열(700~800℃)할 때의 강열감량 L_i를 구한다.

시험 기구

① 유발과 유봉 : 시료를 분쇄한다.　② 체(2mm)와 시료용 팬 : 시료를 체가름한다.

③ 증발접시　④ 저울

⑤ 항온건조로 : 시료를 일정 온도에서 건조한다(110℃).

⑥ 데시케이터 : 실리카겔, 무수염화칼슘 흡수제를 넣은 흡습기

⑦ 도가니(25ml, 50ml)　⑧ 도가니 집게

⑨ 전기 머플로 : 도가니를 특히 고온으로 열을 낼때 머플에 넣어 이용한다. 700~ 800℃ 보다 높은 1000~1350℃

⑩ 머플(muffle)

⑪ 자루달린 백금선 : ϕ6mm, 길이 20cm의 유리봉 앞에 ϕ0.5~1mm, 길이 3~5cm의 백금선을 매입한 것.

---

1. 시료 준비

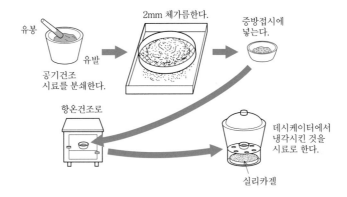

2. 시험 방법

① 도가니 무게 m_c[g]을 잰다.

② 시료를 도가니에 넣고 전체 중량 m_a[g]을 잰다.

③ 도가니를 강열 장치에 넣고 가열한다.

④ 온도를 700~800℃로 유지하고, 시료가 일정 무게가 될 때까지 가열한다(2~6 시간).

---

⑤ 강열 정지 후 도가니를 데시케이터로 옮기고 실온까지 냉각시킨 후 전체 무게 m_b[g]을 잰다.

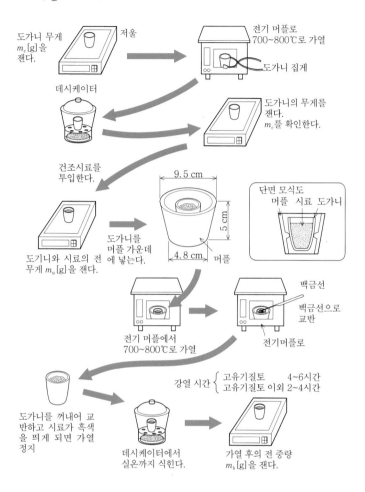

3. 결과 정리

강열감량 L_i[%]는 다음 식으로 구한다.

$$L_i = \frac{m_a - m_b}{m_a - m_c} \times 100\%$$

    m_a : 건조시료와 도가니의 무게 [g]

    m_b : 강열 후의 시료와 도가니 무게 [g]

    m_c : 도가니 무게 [g]

강열 방법		전기 머플로 · 가스 버너		
시료번호(깊이)		강열감량		
유기질토 (1.6m)	도가니 No.	3	1	15
	m_a [g]	26.931	26.873	29.460
	m_b [g]	24.363	24.349	26.869
	m_c [g]	22.918	22.848	25.462
	L_i [%]	64.0	62.7	64.8
	평균값 L_i [%]	63.8		
흑묵토	도가니 No.	2	7	72
	m_a [g]	27.002	26.346	27.767
	m_b [g]	26.664	26.019	27.445
	m_c [g]	24.979	24.349	25.769
	L_i [%]	16.7	16.4	16.1
	평균값 L_i [%]	16.4		

4. 결과 이용

유기질계 흙과 고유기질토에서는 유기물 함유량과 매우 상관성이 있고 유기물량에 따라 물리적, 화학적 성질이 다르다. 강열감량 시험은 이를 위한 공학적 성질을 아는 데 이용된다.

강열감량 L_i의 측정 예

시료 흙	강열감량[%]	시료 흙	강열 감량[%]
이탄	91.7	화산회	3.5
흑니	30.6	화강풍화토	3.6
흑묵토	23.9	토단	11.9
		이토	8.0
관동실트	6.2	충적점토	6.1

관●련●지●식

강열감량과 유기물 함유량

흙의 강열감량 L_i와 유기물 함유량 C_0 사이에는 높은 상관성이 있다. 예를 들면 어떤 화산회토와 비화산회토에 대해 나타나는 L_i와 C_0의 상관계수는

$R = 0.97$

이 된다. 그 회귀식은

$L_i = 4.7 + 1.3 C_0$

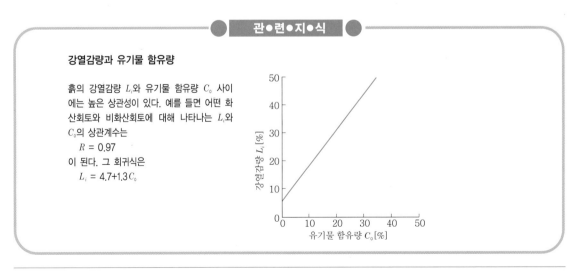

흙의 유기물 함유량 시험

• • • • •
흙 중의 유기물 함류량 $C_0[\%]$를 구해 성토 재료로서의 안정성을 판단한다.

시료 및 시험 기구
① 시료
② 체(2mm)
③ 유발과 유봉
④ 항온 건조로
⑤ 데시케이터

⑥ 사용 약품 : 중크롬산칼륨, 진한황산, 인산, 부틸(Buthyl)화나트륨, 디페닐아민산, 유산 제일철암모늄

---

1. 시료 준비

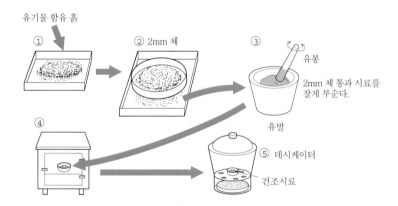

유기물 함유 흙

① → ② 2mm 체 → ③ 유봉 / 2mm 체 통과 시료를 잘게 부순다.

유발

④ → ⑤ 데시케이터 / 건조시료

2. 황산제일철 용액의 표정

① 삼각 플라스크에 중크롬산 칼륨과 진한황산액을 넣는다

② 인산, 증류수, 부틸화나트륨을 혼합하고 흔든다.

③ 디페닐아민산을 넣은 용액에 황산제일철암모늄액을 적정(滴定)한다. 회록색에서 종료하고 적정량 $T_1[ml]$를 측정한다.

 물(용액) 속에 다량의 진한황산을 한번에 넣지 않는다. 급격한 비등을 일으켜 위험하므로 서서히 넣으며 손이나 의류에 닿지 않게 한다.

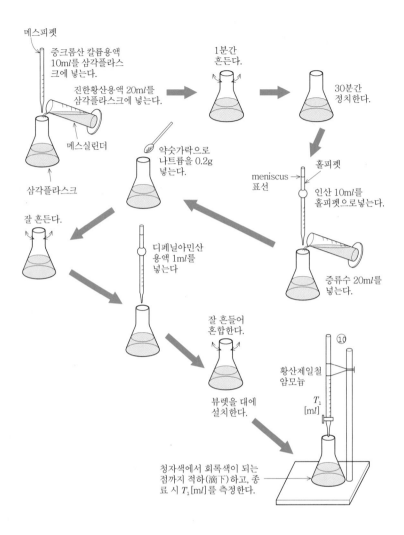

중크롬산 칼륨용액
10ml를 삼각플라스
크에 넣는다.

메스피펫

진한황산용액 20ml를
삼각플라스크에 넣는다.

메스실린더

삼각플라스크

1분간
흔든다.

30분간
정치한다.

약숫가락으로
나트륨을 0.2g
넣는다.

meniscus
표선

홀피펫

인산 10ml를
홀피펫으로넣는다.

잘 흔든다.

디페닐아민산
용액 1ml를
넣는다

증류수 20ml를
넣는다.

잘 흔들어
혼합한다.

뷰렛을 대에
설치한다.

⑩

황산제일철
암모늄

T_1
[ml]

청자색에서 회록색이 되는
점까지 적하(滴下)하고, 종
료 시 T_1[ml]를 측정한다.

3. 시험 방법

① m_s[g]을 측정한다.

② 중크롬산칼륨 10ml, 진한황산 20ml를 넣어 1분간 흔들고 30분 방치한다.

③ 인산 10ml, 부틸화나트륨 0.2g, 디페닐아민산 1ml를 넣고 혼합한다.

④ 황산제일철암모늄을 적정하고, 적하량 T_2[ml]를 측정한다.

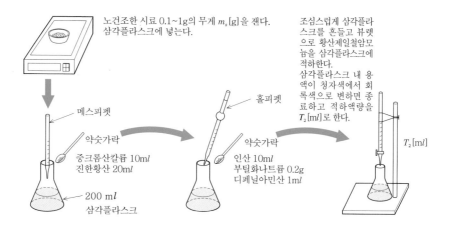

노건조한 시료 0.1~1g의 무게 m_s[g]을 잰다.
삼각플라스크에 넣는다.

조심스럽게 삼각플라스크를 흔들고 뷰렛으로 황산제일철암모늄을 삼각플라스크에 적하한다.
삼각플라스크 내 용액이 청자색에서 회록색으로 변하면 종료하고 적하액량을 T_2[ml]로 한다.

메스피펫

약숫가락

중크롬산칼륨 10ml
진한황산 20ml

200 ml
삼각플라스크

홀피펫

약숫가락

인산 10ml
부틸화나트륨 0.2g
디페닐아민산 1ml

T_2[ml]

4. 결과 정리

0.5N 황산제일철암모늄 용액 농도의 보정계수 f

$$f = \frac{20}{T_1}$$

유기물 함유량 C_0[%]

$$C_0 = \frac{f \times (T_1 - T_2)}{m_s} \times 0.335$$

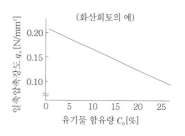

(화산회토의 예)

일축압축강도 q_u [N/mm²]

유기물 함유량 C_0[%]

	삼각플라스크 No.	10	11	
황산제일철암모늄 용액의 결정	적정값 T_1 [ml]	20.01	19.85	
	평균값 T_1 [ml]	19.96		
	농도보정계수 f	1.002		
시험번호 (깊이)		山村 0.3m		관동실트 0.1m
삼각플라스크 No.	18	15	25	16
시료의 노건조 무게 m_s[g]	0.203	0.213	0.505	0.532
적정값 T_2[ml]	6.97	7.36	9.81	9.45
유기물 함유량 C_0[%]	26.9	20.8	6.75	6.63
평균값 C_0[%]	20.9		6.69	

5. 결과 이용

유기물 함유량이 흙 입자의 밀도, 일축압축강도 등에 영향을 미친다.

흙의 부식 함유량 시험

• • • • •

흙 중의 부식 함유량 H_U를 구해 안정처리공법을 선정한다.

시료 및 시험 기구 ① 시료 : JSF T 101 공기건조법에 의한 흙을 이용한다.
② 체(2mm)
③ 유발, 유봉
④ 항온건조로
⑤ 데시케이터
⑥ 사용 약품 : 자당액, 중크롬산칼륨액, 진한황산, 수산화칼륨

---

1. 시료 준비

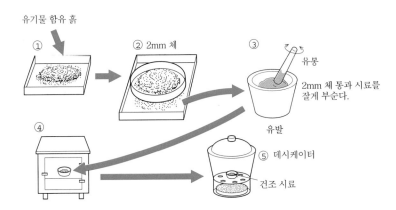

유기물 함유 흙

① → ② 2mm 체 → ③ 유봉 / 2mm 체 통과 시료를 잘게 부순다. / 유발

④ → ⑤ 데시케이터 / 건조 시료

2. 검량선 측정

① 5개의 삼각플라스크에 소요 자당(蔗糖, sucrose)을 떨어뜨린다.

② 중크롬산칼륨액과 진한황산을 넣고 흔든다.

③ 시료를 분광광도계에 설치하고, 검량선을 구한다.

④ 자당 1g/l에 대한 표준흡광도 E_S를 구한다.

> **주의!** 물(용액) 중에 다량의 진한황산을 한꺼번에 넣지 않는다. 급격한 비등을 일으켜 위험하므로 서서히 넣고 손이나 의류에 닿지 않게 한다.

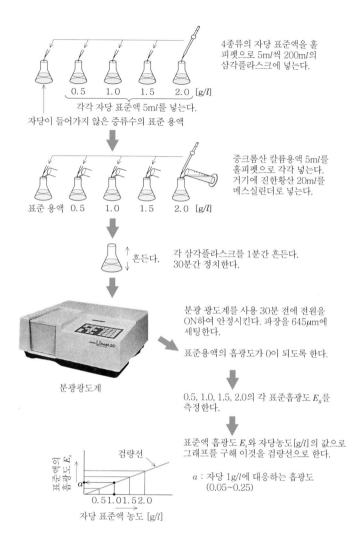

4종류의 자당 표준액을 홀
피펫으로 5ml씩 200ml의
삼각플라스크에 넣는다.

0.5 1.0 1.5 2.0 [g/l]

각각 자당 표준액 5ml를 넣는다.

자당이 들어가지 않은 증류수의 표준 용액

중크롬산 칼륨용액 5ml를
홀피펫으로 각각 넣는다.
거기에 진한황산 20ml를
메스실린더로 넣는다.

표준 용액 0.5 1.0 1.5 2.0 [g/l]

흔든다.

각 삼각플라스크를 1분간 흔든다.
30분간 정치한다.

분광 광도계를 사용 30분 전에 전원을
ON하여 안정시킨다. 파장을 645μm에
세팅한다.

표준용액의 흡광도가 0이 되도록 한다.

분광광도계

0.5, 1.0, 1.5, 2.0의 각 표준흡광도 E_s를
측정한다.

표준액 흡광도 E_s와 자당농도[g/l]의 값으로
그래프를 구해 이것을 검량선으로 한다.

a : 자당 1g/l에 대응하는 흡광도
    (0.05~0.25)

검량선

표준액 흡광도 E_s

0.5 1.0 1.5 2.0

자당 표준액 농도 [g/l]

3. 시험 방법

① 함수비를 측정한다.

② 소정의 부식액을 만든다.

③ 희석배율 D = 10의 액을 만든다.

④ 부식액의 흡광도 E를 측정한다.

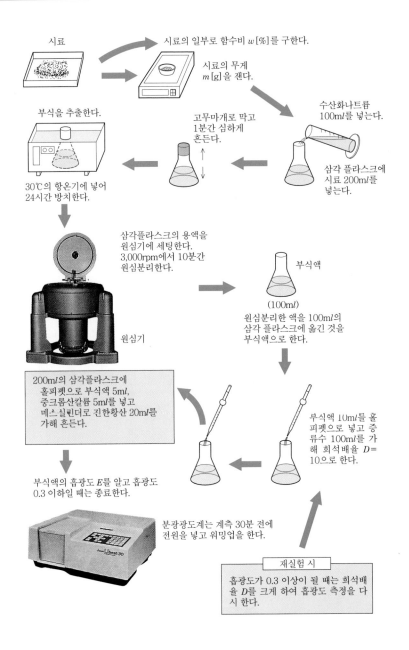

시료

시료의 일부로 함수비 w[%]를 구한다.

시료의 무게 m[g]을 잰다.

수산화나트륨 100ml를 넣는다.

삼각 플라스크에 시료 200ml를 넣는다.

고무마개로 막고 1분간 심하게 흔든다.

부식을 추출한다.

30℃의 항온기에 넣어 24시간 방치한다.

삼각플라스크의 용액을 원심기에 세팅한다. 3,000rpm에서 10분간 원심분리한다.

원심기

부식액

(100ml)

원심분리한 액을 100ml의 삼각 플라스크에 옮긴 것을 부식액으로 한다.

200ml의 삼각플라스크에 홀피펫으로 부식액 5ml, 중크롬산칼륨 5ml를 넣고 메스실린더로 긴한황산 20ml를 가해 흔든다.

부식액 10ml를 홀 피펫으로 넣고 증류수 100ml를 가 해 희석배율 $D=$ 10으로 한다.

부식액의 흡광도 E를 알고 흡광도 0.3 이하일 때는 종료한다.

분광광도계는 계측 30분 전에 전원을 넣고 워밍업을 한다.

재실험 시

흡광도가 0.3 이상이 될 때는 희석배율 D를 크게 하여 흡광도 측정을 다시 한다.

4. 결과 정리

흙의 부식 함유량 H_u

$$H_u = 7.2 \times \frac{E}{a} \times D \times \frac{1+(w/100)}{m}$$

E : 부식액의 흡광도

a : 자당농도 1g/l에 대한 흡광도

D : 희석 배율

m : 시료량의 무게 [g]

w : 시료의 함수비 [%]

기입 예

시료번호(깊이)	No.6 유기질토(1.5m)		
용기 No.	15	25	
공기건조시료무게 m [g]	1.95	2.00	
희석배율 D	10	10	
부식액의 흡광도 E	0.114	0.109	
부식함유량 H_u [%]	40.9	39.9	
평균값 H_u [%]	40.4		
함수비 용기 No.	5	6	7
m_a [g]	17.16	19.49	20.89
m_b [g]	16.03	18.28	19.75
m_c [g]	9.32	9.02	9.30
w [%]	14.7	14.6	15.3
평균값 w [%]	14.9		

표준액 흡광도 $a=0.13$

5. 결과 이용

흙의 화학적 안정처리에 유기물의 질이 영향을 준다. 부식 함유량이 증가함에 따라 시멘트 처리의 고화 강도가 저하하는 것이 인지되고 있다. 토질안정처리 공사에 있어서 고화재의 선정, 배합에 효과적으로 이용할 수 있다.

흙의 수용성 성분 시험

• • • • •

흙 중의 수용성 성분 함유량 S, 흙 중 구조물의 열화나 안정성을 조사한다.

시료 및 시험 기구 ① 시료 : JSF T 101 4.1 비건조법에 따르며, 입경 10mm 이상의 흙을 제외한 것을 이용한다.
② 진동병(용량 1l)
③ 분사장치
④ 여과장치 : 가압여과 장치와 흡인여과 장치

1. 시험 방법

① 시료 100g을 떠서 그 일부로 함수비 w[%]를 구한다.

② 시료 m[g]과 수량 V = 500ml를 진동병에 넣는다.

③ 여과하여 투명한 액이 된다.

④ 침출액의 환산계수 f_1을 다음 식에서 구한다.

$$f_1 = \frac{m_s}{V_1 + V_2}$$

단,

$$m_s = m(1 + \frac{w}{100})$$

$$V_1 = 500 \text{m}l$$

$$V_2 = \frac{m - m_s}{\rho_w}$$

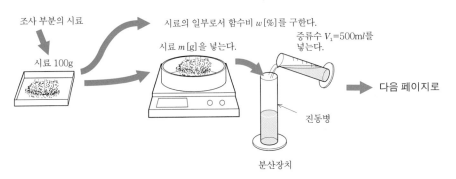

조사 부분의 시료

시료 100g

시료의 일부로서 함수비 w[%]를 구한다.

시료 m[g]을 넣는다.

증류수 V_1=500ml를 넣는다.

다음 페이지로

진동병

분산장치

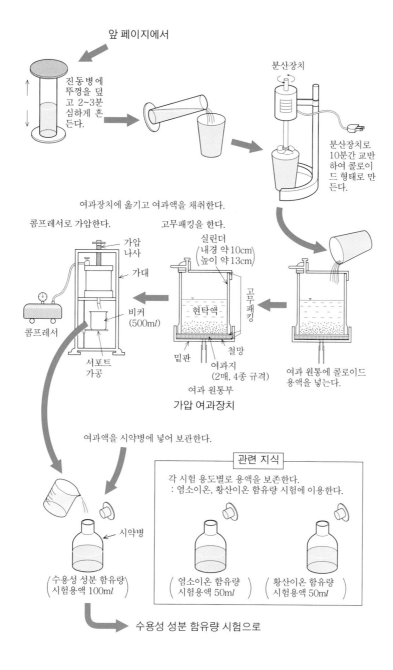

앞 페이지에서

진동병에 뚜껑을 덮고 2~3분 심하게 흔든다.

분산장치

분산장치로 10분간 교반하여 콜로이드 형태로 만든다.

여과장치에 옮기고 여과액을 채취한다.

콤프레서로 가압한다.

고무패킹을 한다.

가압 나사

가대

실린더 (내경 약 10cm) (높이 약 13cm)

고무 패킹

현탁액

비커 (500ml)

콤프레서

서포트 가공

밑판   철망
여과지 (2매, 4종 규격)
여과 원통부

가압 여과장치

여과 원통에 콜로이드 용액을 넣는다.

여과액을 시약병에 넣어 보관한다.

관련 지식

각 시험 용도별로 용액을 보존한다.
: 염소이온, 황산이온 함유량 시험에 이용한다.

시약병

(수용성 성분 함유량) 시험용액 100ml

(염소이온 함유량 시험용액 50ml)

(황산이온 함유량 시험용액 50ml)

수용성 성분 함유량 시험으로

2. 수용성 성분 함유량 시험

① 증발접시 무게 m_1[g]을 측정한다.

② 증발접시와 함유잔유물의 무게 m_2[g]을 측정한다.

③ 다음 식에 의해 수용성 성분 함유량 S[%]를 계산한다.

$$S = \frac{m_1 - m_2}{f_1}$$

3. 결과 정리

시료 번호 (깊이)			1.6 m		
함수비	용 기	No.	5	6	7
	m_a	[g]	103.87	99.36	98.41
	m_b	[g]	72.15	65.77	67.65
	m_c	[g]	50.22	52.46	46.33
	w	[%]	144	144	144
평 균 값	w	[%]	144		
침출액의 조제	여과 방법		(가압 여과법) 흡인 여과법		
	진동병 No.		5		
	시료의 습윤밀도	m [g]	250.1		
	시료 노건조 무게	m_s [g]	100.0		
	시료 중의 물의 양	V_2 [ml]	150.1		
	더해진 증류수의 양	V_1 [ml]	500		
	얻어진 침출액의 양	[ml]	455		
	환산 계수	f_1 [g/ml]	0.154		
수용성 성분 함유량	증발접시	No.	8	11	
	증발접시의 무게	m_1 [g]	43.787	40.297	
	(잔류물+증발접시) 무게	m_2 [g]	42.998	40.505	
	수용성 성분 함유량	S [%]	1.36	1.34	
	평균값	S [%]	1.35		

4. 결과 이용

수용성 성분에 의한 토중 구조물의 열화에 대한 용이성을 판정하는 데 이용된다.

제3편 재료시험

골재 시료의 채취

● ● ● ● ●
골재 품질의 대표적인 시료를 채취한다.

채취 장비 및 기구 • **사분법에 의한 방법**
① 삽
② 철판
• **시료분취기에 의한 방법**
① 시료분취기
② 시료 용기 2개
③ 각형 스코프 1개
④ 저울

1 골재 시료의 채취

(1) 야적장의 골재 무더기에서 시료를 채취하는 경우

야적장의 조립자와 세립자의 분포는 일반적으로 무더기의 가장자리 부분에 입자가 굵은 것이 많고, 중앙부에 가는 입자가 모여 있는 경우가 많다. 이때는 무더기의 가장자리, 정상, 중앙의 3개소로부터 전체에 걸쳐 채취한다. 이 시료를 분취시료라 한다. 잔골재는 마른 모래가 취급이 어렵기 때문에 표면이 마른 층을 배제하고 습한 층에서 채취한다.

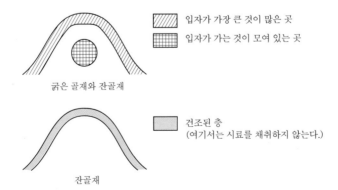

입자가 가장 큰 것이 많은 곳
입자가 가는 것이 모여 있는 곳

굵은 골재와 잔골재

건조된 층
(여기서는 시료를 채취하지 않는다.)

잔골재

(2) 벨트 컨베이어에서 채취하는 경우

움직이고 있는 벨트 컨베이어를 정지시키고 흐름 단면 전체에 있는 골재를 채취한다. 시간 간격을 바꾸어 여러 번으로 나누어 흐름에 직각인 부분을 채취한다.

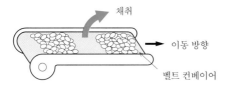

(3) 화차나 트럭 등에서 채취하는 경우

골재를 내릴 때에 장소, 높이, 시간 간격을 바꾸어 채취한다.

2. 시험 시료의 준비

(1) 4분법에 의한 방법

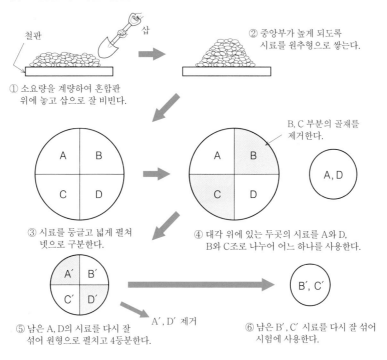

① 소요량을 계량하여 혼합판 위에 놓고 삽으로 잘 비빈다.

② 중앙부가 높게 되도록 시료를 원추형으로 쌓는다.

③ 시료를 둥글고 넓게 펼쳐 넷으로 구분한다.

④ 대각 위에 있는 두곳의 시료를 A와 D, B와 C조로 나누어 어느 하나를 사용한다.

B, C 부분의 골재를 제거한다.

⑤ 남은 A, D의 시료를 다시 잘 섞어 원형으로 펼치고 4등분한다.

A´, D´ 제거

⑥ 남은 B´, C´ 시료를 다시 잘 섞어 시험에 사용한다.

(2) 시료분취기에 의한 방법

시료분취기는 주로 잔골재 시료(20kg 정도)의 나누기에 사용하는 것으로, 분취기 위에 잔골재를 넣고 이것을 통과시키면 둘로 나누어진다.

이때 반을 버리고 나머지 반을 다시 분취기에 넣어 반으로 나눈다. 이 조작을 필요량이 될 때까지 반복한다.

시료분취기

관●련●지●식

골재의 종류

(1) 천연골재 ┬ ① 강모래, 강자갈
　　　　　　├ ② 육상모래, 육상자갈
　　　　　　├ ③ 산모래, 산자갈
　　　　　　└ ④ 바닷모래, 바닷자갈
(2) 인공골재 ┬ ⑤ 부순모래, 부순골재
　　　　　　└ ⑥ 인공경량 골재
(3) 부산골재 ── ⑦ 고로 슬래그 골재

시료를 채취할 때 유의할 점

① 시료 채취량은 공사의 규모, 종류, 골재의 종류, 입도의 변화 등에 따라 다르지만 대략 50t에 대해 하나의 시료를 채취한다.

② 잔골재, 굵은골재가 혼합된 경우는 약 300kg, 체가름한 경우 잔골재에서 약 100kg, 굵은 골재는 5~20mm에서 약 100kg, 20~40mm에서 약 50kg, 40~50mm에서 약 50kg이 적당하다.

③ 시료를 시험실로 수송하는 경우 용기는 깨끗하고 밀봉할 수 있는 것을 사용한다.

④ 용기는 내외 어디에서도 구별이 가능하도록 일자, 골재의 종류, 시료의 양, 채취 장소, 채취 이유, 작업 진행자, 시험 항목 등을 명기한다.

⑤ 벨트 컨베이어에서 채취하는 경우는 컨베이어를 멈추고 흐름의 방향에 직각인 임의 단면에 있는 골재를 전부 채취한다.

★ 골재의 체가름 시험

· · · · ·

각 체에 남은 골재의 무게를 측정하고 입도곡선을 그린다.

시험 기구	① 체가름기
	② 저울
	③ 표준체

0.15mm	5mm	30mm	100mm
0.3mm	10mm	40mm	
0.6mm	15mm	50mm	
1.2mm	20mm	60mm	
2.5mm	25mm	80mm	

1. 시료 준비

대표적인 시료를 4분법 등에 의해 채취하여 건조시킨 후 다음 양만큼 준비한다.

① 잔골재 1.2mm 체를 95%(무게비) 이상 통과하는 것 : 100g

② 잔골재 1.2mm 체를 5%(무게비) 이상 통과하는 것 : 500g

③ 굵은골재 최대치수 10mm 정도 : 1kg

④ 굵은골재 최대치수 15mm 정도 : 2.5kg

⑤ 굵은골재 최대치수 20mm 정도 : 5kg

⑥ 굵은골재 최대치수 25mm 정도 : 10kg

⑦ 굵은골재 최대치수 40mm 정도 : 15kg

⑧ 굵은골재 최대치수 50mm 정도 : 20kg

⑨ 굵은골재 최대치수 60mm 정도 : 25kg

⑩ 굵은골재 최대치수 80mm 정도 : 30kg

⑪ 굵은골재 최대치수 100mm 정도 : 35kg

2. 시험 방법

① 잔골재로서 1.2mm 체에 95% 이상 통과하는 것 500g을 채취하여 체가름기로 체가름한다.

② 각 체에 남는 잔골재의 무게를 측정한다.

③ 10kg 정도의 굵은골재를 채취하고 체가름기로 체가름한다.

④ 각 체에 남는 굵은골재의 무게를 측정한다.

잔골재의 경우

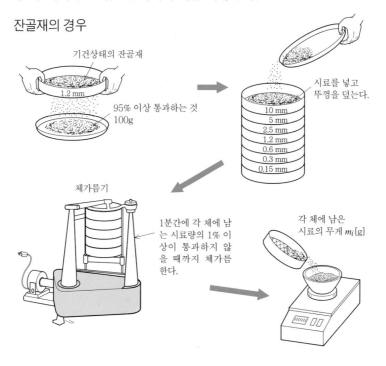

기건상태의 잔골재

1.2 mm

95% 이상 통과하는 것 100g

시료를 넣고 뚜껑을 덮는다.

10 mm
5 mm
2.5 mm
1.2 mm
0.6 mm
0.3 mm
0.15 mm

체가름기

1분간에 각 체에 남는 시료량의 1% 이상이 통과하지 않을 때까지 체가름한다.

각 체에 남은 시료의 무게 m_i[g]

굵은골재의 경우

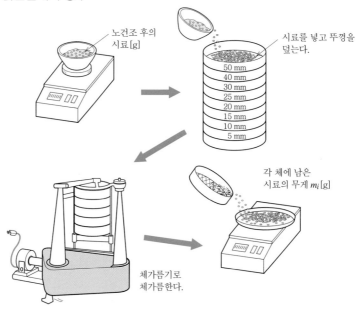

노건조 후의 시료[g]

시료를 넣고 뚜껑을 덮는다.

50 mm
40 mm
30 mm
25 mm
20 mm
15 mm
10 mm
5 mm

각 체에 남은 시료의 무게 m_i[g]

체가름기로 체가름한다.

3. 결과 정리

① 시험은 2회 이상 실시하여 평균값을 구하고, 결과표를 작성한다.

② 각 체에 남는 무게를 전체 무게에 대한 백분율로 나타낸다.

③ 결과표로부터 굵은골재의 최대치수(25mm), 조립률(F.M)을 구한다.

잔골재 :

$$F.M. = \frac{96+83+60+26+14+2}{100} = 2.81$$

굵은골재 :

$$F.M. = \frac{500+96+76+35+0}{100} = 7.07$$

체의 크기 [mm]	잔골재			굵은골재		
	각 체에 남는 양의 누계		통과량	각 체에 남는 양의 누계		통과량
	[g]	[%]	[%]	[g]	[%]	[%]
40				0	0	100
※30				210	2	98
※25				940	9	91
20				3,500	35	65
※15				5,080	50	50
10	0	0	100	7,630	76	24
5	9	2	98	9,585	96	4
2.5	73	14	86	10,000	100	0
1.2	128	26	74		100	
0.6	301	60	40		100	
0.3	413	83	17		100	
0.15	482	96	4		100	
팬(접시)	500	100	0			

(주) ※표를 한 체에 대한 측정결과는 F.M. 계산에는 넣지 않는다.

④ 체의 호칭치수와 각 체에 남은 시료 무게(%)의 관계를 그래프로 그린다.

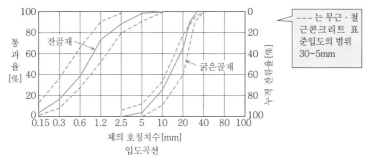

▲ 체의 호칭치수와 체에 남은 시료 무게의 관계

4. 결과 이용

콘크리트 골재로서 공사에 사용하기 적합한지 여부와 혼합골재의 적당한 비율의 결정 등에 사용한다.

(1) 배합설계에 필요한 입도를 조사한다.

(2) 입도조정공법에 의한 노반재료의 적합 여부를 조사한다.

관●련●지●식

굵은골재의 최대치수

적어도 전체 무게의 90%가 통과하는 체 가운데에서 최소치수의 체의 공칭치수로 나타내는 값을 말한다.

골재의 조립률

골재의 평균적인 입경을 골재의 조립률이라 하며, 80mm, 40mm, 20mm, 10mm, 5mm, 2.5mm, 1.2mm, 0.6mm, 0.3mm, 0.15mm 등 10개의 체를 1조로 하여 체가름 시험을 하였을 때, 각 체에 남는 누계량의 전체 시료에 대한 중량 백분율의 합을 100으로 나눈 값이다.

골재 입자가 큰 것이 많으면 조립률의 값도 크다.

잔골재의 표면수율 시험

● ● ● ● ●

잔골재의 부착수분량을 측정하여 표면수율을 구하고 배합설계에 이용한다.

시험 기구

① 저울
② 플라스크
③ 용기
④ 고무판
⑤ 차프만 플라스크(chapman flask)

---

1. 시험 준비

잔골재를 400g 이상 준비한다.

① 중량법, 용적법의 시험에 대하여 각각 200g 이상 준비한다.

② 표면수율은 시료의 채취 장소에 따라 다르기 때문에 대표적인 시료를 채취한다.

2. 시험 방법

사전에 표면건조 포화 상태 잔골재의 비중 $\rho_s[g/cm^3]$를 측정해 둔다.

(1) 중량법

① 200g 이상의 잔골재 시료를 측정하여 $m_1[g]$을 얻는다.

② 플라스크에 예정 위치까지 물을 채워 무게 $m_2[g]$을 측정한다.

③ 일부 물을 버리고 시료 $m_1[g]$을 투입한다.

④ 공기를 추출하고 표시선까지 물을 공급하여 무게 $m_3[g]$을 측정한다.

(2) 용적법

① 차프만 플라스크의 V_1 위치까지 물을 채운다.

② 시료 $m_1[g]$을 차프만 플라스크에 넣고 공기를 추출한다.

③ 수위가 상승한 눈금 V_2를 읽는다.

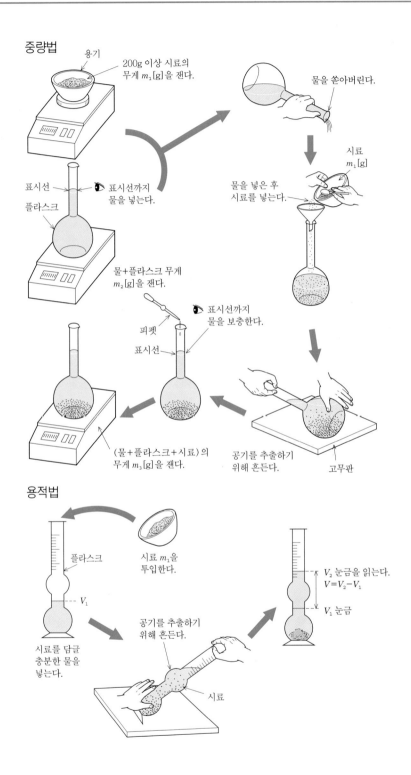

중량법

용기

200g 이상 시료의
무게 $m_1[g]$을 잰다.

물을 쏟아버린다.

표시선

표시선까지
물을 넣는다.

플라스크

시료
$m_1[g]$

물을 넣은 후
시료를 넣는다.

물+플라스크 무게
$m_2[g]$을 잰다.

피펫

표시선까지
물을 보충한다.

표시선

(물+플라스크+시료)의
무게 $m_3[g]$을 잰다.

공기를 추출하기
위해 흔든다.

고무판

용적법

플라스크

V_1

시료 m_1을
투입한다.

공기를 추출하기
위해 흔든다.

V_2 눈금을 읽는다.
$V = V_2 - V_1$

V_1 눈금

시료를 담글
충분한 물을
넣는다.

시료

3. 결과 정리

(1) 중량법

① $V_s = m_1 + m_2 - m_3$

② $V_d = \dfrac{m_1}{\rho_s}$

③ 표면수율

$$P = \frac{V_s - V_d}{m_1 - V_s} \times 100 [\%]$$

측 정 번 호		1	2
시료 무게 m_1 [g]		200.0	200.0
(플라스크)+(표시선까지의 물)의 무게 m_2 [g]		351.5	349.3
(플라스크)+(표시선까지의 물)+(시료)의 무게 m_3 [g]		470.6	467.8
시료의 부피와 같은 물의 무게 $V_S = m_1 + m_2 - m_3$ [g]		80.9	81.5
습윤시료의 부피와 같은 물의 무게 $V_d \dfrac{m_1}{\rho s}$ [g]		77.2	77.2
표면수율 $P = \dfrac{V_S - V_d}{m_1 - V} \times 100$ [%]		3.01	3.50
평균값 [%]		3.26	
평균값으로부터의 편차 [%]		0.25 < 0.3	

(시료의 밀도 ρ_s=2.59g/cm³)

(2) 용적법

① $V = V_2 - V_1$

② $V_d = \dfrac{m_1}{\rho_s}$

시료 무게 m_1 [g]		200.0	200.0
시료를 덮는 수량 V_1 [ml]		154.8	155.0
(시료)+(물)의 부피 V_2 [ml]		235.7	236.5
$V = V_2 - V_1$ [g]		80.9	81.5
$V_d = m_1/\rho_s$ [g]		76.9	76.9
표면수율 $P = \dfrac{V_S - V_d}{m_1 - V} \times 100$ [%]		3.36	3.88
평균값 [%]		3.6	
*평균값으로부터의 편차 [%]		0.24 < 0.3	

(시료의 밀도 ρ_s=2.59g/cm³)

③ 표면수율

$$P = \frac{V-V_d}{m_1-V} \times 100[\%]$$

(3) 판정 기준

표면수율의 평균값으로부터의 편차는 0.3% 이하이어야 한다.

4. 결과 이용

콘크리트용 골재로 사용하기에 적합한지 여부와 혼합골재의 적당한 비율 결정 등에 이용한다.

골재의 상태	표면수율(%)
습한 자갈 또는 부순 돌	1.5~2
수분이 매우 적은 모래(손에 쥐면 손바닥이 젖는다)	5~8
보통으로 젖은 모래(손에 쥐면 모양을 유지하며, 손바닥에 다소의 수분이 묻는다)	2~4
습한 모래(손에 쥐어도 그 모양이 곧바로 허물어지며, 손바닥이 습한 느낌이 든다)	0.5~2

(주) 같은 정도의 표면수율로 볼 수 있는 경우에도 입자가 거친 모래일수록 표면수율도 작다.

잔골재의 밀도 및 흡수율 시험

• • • • •

잔골재 밀도의 크기로부터 잔골재 강도, 내구성의 양호 여부를 판정한다.

시험 기구	
	① 저울 : 칭량 1g 이상, 감량 0.1g
	② 플라스크(용량 500mℓ)
	③ 표면건조 포화상태 측정용 플로콘 및 다짐봉
	④ 건조로
	⑤ 항온수조(20±2℃)
	⑥ 건조기(hair drier)
	⑦ 깔때기, 피펫, 데시케이터, 용기

1 시료 준비

4분법 등에 의해 대표적인 잔골재 약 2kg(2회분)을 채취하여 24시간 동안 물을 흡수시켜 둔다.

① 건조기로 시료를 건조시킨다.

② 플로 콘에 3층으로 다지고, 플로 콘의 표면을 고른다.

③ 플로 콘을 들어 올려 잔골재가 최초로 무너진 건조 상태를 표면건조 포화 상태로 보고 이것을 시료로 한다.

2. 시험 방법

(1) 밀도 시험

① 표면건조 포화상태의 무게 m_1[g]을 측정한다.

② 플라스크의 무게 m_0[g]을 측정한다.

③ 시료와 물을 플라스크에 넣고 공기를 추출하여 정확히 $500mℓ$까지 물을 공급한다.

④ 시료, 물, 플라스크의 전체 무게 m_2[g]을 측정한다.

(2) 흡수율 시험

① 플라스크에 들어 있는 시료를 시료 팬에 쏟고 노건조시킨다.

② 건조 후 시료의 무게 m_3[g]을 측정한다.

밀도 시험

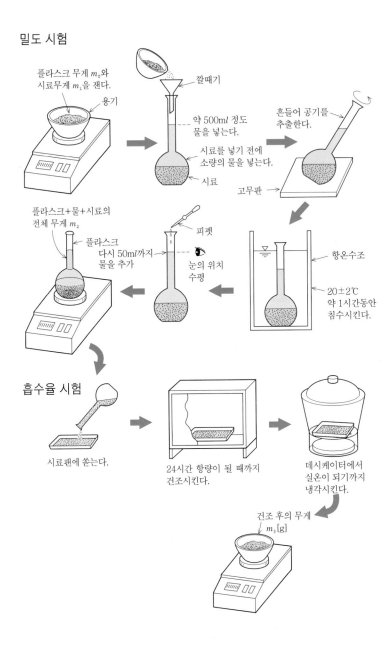

플라스크 무게 m_0와
시료무게 m_1을 잰다.

용기

깔때기

약 500ml 정도
물을 넣는다.

시료를 넣기 전에
소량의 물을 넣는다.

시료

흔들어 공기를
추출한다.

고무판

플라스크+물+시료의
전체 무게 m_2

플라스크
다시 50ml까지
물을 추가

피펫

눈의 위치
수평

항온수조

20±2℃
약 1시간동안
침수시킨다.

흡수율 시험

시료팬에 쏟는다.

24시간 항량이 될 때까지
건조시킨다.

데시케이터에서
실온이 되기까지
냉각시킨다.

건조 후의 무게
m_3[g]

3. 결과 정리

잔골재의 밀도 ρ_s[g/cm^3]

$$\rho_s = \frac{m_1}{500-(m_2-m_0-m_1)}$$

흡수율 P_s[%]

$$P_s = \frac{m_1-m_3}{m_3} \times 100[\%]$$

측 정 번 호		1	2
① 플라스크 번호		No. 1	No. 2
② 플라스크의 무게	m_0 [g]	163.3	164.5
③ 시료의 무게(표면건조 포화상태)	m_1 [g]	450	450
④ (플라스크)+(물)+(시료)의 무게	m_2 [g]	939.0	941.3
⑤ 물의 무게	$m=(m_2-m_0-m_1)$ [g]	325.7	326.8
⑥ 잔골재의 밀도	$\rho_s=\dfrac{450}{500-m}$ [g/cm^3]	2.582	2.598
⑦ 평균값으로부터의 편차	[g/m^3]	0.008<0.01	
⑧ 평균값	[g/m^3]	2.59	
⑨ 시료의 노건조 무게	m_3 [g]	439.0	438.8
⑩ 흡수율	$P_s=\dfrac{450-m_3}{m_3}\times100$ [%]	2.506	2.552
⑪ 평균값으로부터의 편차	[%]	0.023<0.03	
⑫ 평균값	[%]	2.53	

4. 결과 이용

잔골재의 흡수율과 밀도는 배합설계의 데이터로 이용한다.

(1) 일반적으로 잔골재의 밀도는 2.55~2.70 정도이고, 흡수율은 0.5~3.5% 정도이다.

(2) 정밀도는 평균값으로부터의 편차로 나타내며, 밀도시험의 경우는 1~5%, 흡수율 시험의 경우는 0.05% 이하이어야 한다.

━━● 관●련●지●식 ●━━

함수상태에 따른 골재의 상태

골재는 그의 함수상태에 따라 다음 4가지 상태가 된다.

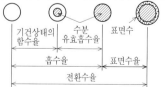

절대건조상태 기건상태 표면건조 포화상태 습윤상태

배합설계에서는 골재의 상태로서 표면건조 포화상태로 행한다. 이 때문에 현장에서는 습윤상태의 골재를 사용하는 경우 표면수량을 측정하여 혼합하는 단위수량에서 표면수량만큼 단위수량을 적게 사용할 필요가 있다.

잔골재의 유기불순물 시험

● ● ● ● ●
잔골재 중에 함유된 유기불순물의 양으로 잔골재 사용의 가부를 판단한다.

시험 기구	① 피펫 1ml ② 메스실린더 : 10ml, 20ml, 100ml, 500ml ③ 저울 ④ 입구가 큰 유리병 ⑤ 시약 : 무수에틸알코올, 탄닌산, 수산화나트륨

1. 시료 준비

4분법 또는 시료분취기에 의해 대표적인 잔골재 500g을 채취하여 기건상태로 둔다.

2. 표준색 액의 배합

① 물 9ml에 1ml의 에틸알코올을 가한다. 메스실린더에 10ml의 용액을 만든다.

② 탄닌산 200mg과 10ml의 용액을 가한다.

③ 500ml의 메스실린더에 291ml의 물과 9g의 수산화나트륨을 혼합한다. 이 용액을 100ml의 메스실린더에 97.5ml 분취한다.

④ 입구가 큰 병에 탄닌산 용액 10ml와 97.5ml의 수산화나트륨 용액을 넣어 잘 흔들고, 24시간 정치시켜 표준색 용액을 완성한다.

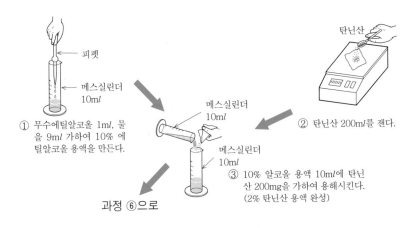

① 무수에틸알코올 1ml, 물을 9ml 가하여 10% 에틸알코올 용액을 만든다.

② 탄닌산 200ml를 잰다.

③ 10% 알코올 용액 10ml에 탄닌산 200mg을 가하여 용해시킨다. (2% 탄닌산 용액 완성)

과정 ⑥으로

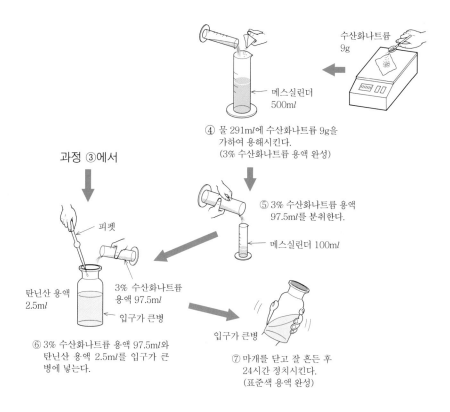

④ 물 291ml에 수산화나트륨 9g을
   가하여 용해시킨다.
   (3% 수산화나트륨 용액 완성)

메스실린더
500ml

수산화나트륨
9g

⑤ 3% 수산화나트륨 용액
   97.5ml를 분취한다.

메스실린더 100ml

과정 ③에서

피펫

탄닌산 용액
2.5ml

3% 수산화나트륨
용액 97.5ml

입구가 큰병

⑥ 3% 수산화나트륨 용액 97.5ml와
   탄닌산 용액 2.5ml를 입구가 큰
   병에 넣는다.

입구가 큰병

⑦ 마개를 닫고 잘 흔든 후
   24시간 정치시킨다.
   (표준색 용액 완성)

3. 시험 방법

① 기건상태의 잔골재를 입구가 큰 병 속에 눈금 125ml로 맞추어 넣는다.

② 이 병의 용액에 수산화나트륨 용액을 가하여 200ml 눈금에 일치시킨다.

③ 병에 뚜껑을 덮고 잘 흔들어 혼합한 후 24시간 정치시킨다.

입구가 큰병

표면건조상태의 시료를 입구가 큰
병속에 125ml 눈금까지 넣는다.

3% 수산화나트륨 용액

200 ml

3% 수산화나트륨 용액을 첨가하여
입구가 큰 병 안의 전량을 200ml로 한다.

마개를 닫고 잘 흔든 후
24시간 정치시킨다.

표준색 용액   시료 용액

잔골재 위에 있는 용액의 색과 표준색
용액의 농담을 눈으로 비교한다.

4. 결과 정리

(1) 잔골재 위의 시료용액의 색과 표준용액의 색을 비교하여 육안으로 판단한다.

   ① 표준색보다 시료용액 쪽의 색이 짙은 경우, 유기불순물이 함유되어 있을 우려가 있으므로 모르타르의 강도 시험 등에 의해 잔골재의 사용 여부를 판단한다.

   ② 표준색보다 시료용액의 색이 연한 경우, 잔골재로서 사용상의 문제가 없다.

(2) 시료액의 색에 따라 다음과 같이 잔골재의 사용 여부를 판단한다.

색	적합 여부		된반죽 모르타르의 압축강도 저하율(%)
무색 또는 담황색	좋은 콘크리트에 사용할 수 있다.	◎	0
농황색	사용할 수 있다.	○	10~20
적황색	콘크리트의 강도가 작을 때에 사용할 수 있다.	△	15~30
담적갈색	사용할 수 없다.	×	25~50
암적갈색	사용할 수 없다.	×	50~100

5. 결과 이용

시험 결과에 기준하여 콘크리트와 모르타르에 사용할 수 있는 잔골재인가 판정하는 데 이용한다.

관●련●지●식

시멘트의 수화 반응에 영향을 주어 콘크리트 경화를 방해함으로써 강도, 내구성, 안정성을 저해하는 유기물 가운데는 부식토, 이탄 등이 있다. 또 시멘트의 수화에 거의 영향을 미치지 않는 것 가운데 시험용액이 착색하는 목편, 아연탄 등이 있다.

바닷모래의 염분 함유량 시험

● ● ● ● ●

잔골재 속에 유해량의 염분이 함유되어 있는지를 알아내어 골재의 사용 여부를 판정한다.

시험 기구

① 저울 감량 0.1g   ② 시료 팬 : 모래 10g 채취할 수 있는 용량의 것
③ 비커 500m*l*   ④ 삼각플라스크 100m*l*
⑤ 피펫 2m*l*, 10m*l*, 25m*l*, 50m*l*   ⑥ 메스실린더 200m*l*
⑦ 뷰렛 25m*l*
⑨ 건조로   ⑧ 유리봉

---

1. 시험 용액의 준비

① 0.1(mol/*l*) 초산은 용액

② 0.01(mol/*l*) 초산은 용액

③ 0.2%의 플루오레세인 용액 : 0.2g의 플루오레세인을 75% 에틸알코올에 용해하여 100m*l*의 정제수에 용해시킨 것.

④ 2% 덱스트린 용액 : 덱스트린 2g을 정제수에 혼합하여 이것을 100m*l* 비등수에 넣고 1분간 끓여 상온으로 한 것.

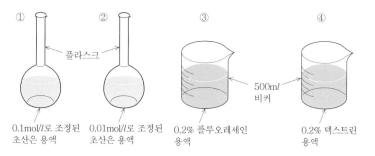

| ① | ② | ③ | ④ |

플라스크

0.1mol/*l*로 조정된   0.01mol/*l*로 조정된   0.2% 플루오레세인   0.2% 덱스트린
초산은 용액   초산은 용액   용액   용액

500m*l* 비커

2. 시험 방법

① 시료 200g을 건조시킨 무게 m_D[g]을 잰다.

② 시료 200g을 정제수 200m*l*와 혼합하여 50m*l*의 추출액을 100cm³의 플라스크에 넣는다.

---

③ 플루오레세인 2ml, 덱스트린 5ml를 다시 가하여 잘 흔든다.

④ 이 용액에 0.1mol/l 초산은 용액으로 적정(滴定)하여 그 양 C_1[ml]를 구한다.

⑤ 정제수를 0.01mol/l 초산은 용액으로 적정하여 적정량 C_2[ml]를 구한다.

적정량(滴定量) 시험

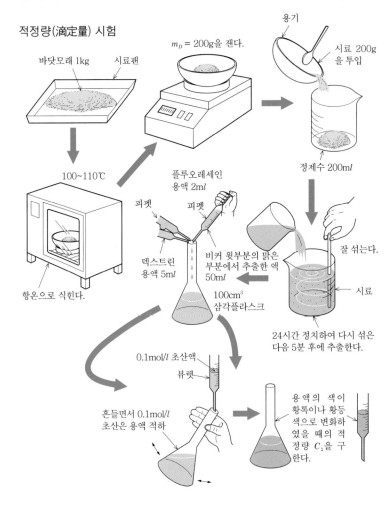

정제수에서의 공시험

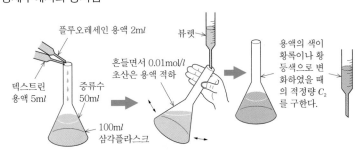

3. 결과 정리

측 정 번 호		1	2	3
① 절대건조상태의 시료 무게	m_D[g]	200	198	201
② 초산은 용액의 농도계수	f	1.000	1.000	1.000
③ 정제수의 양	[ml]	200	200	200
④ 시험용액의 적정에 소요된 초산은 용액의 양 C_1[ml]		12.94	12.85	12.70
⑤ 정제수의 적정에 소요된 초산은 용액의 양 C_2[ml]		0.03	0.04	0.05
⑥ 적정량 $C = C_1 - C_2/10$	C[ml]	12.91	12.81	12.65
⑦ 염화물 이온 함유율 $CL = 0.0117C$	CL[%]	0.151	0.150	0.148
평균값	CL[%]	0.150 *		

주 1) 농도계수 f : 약품 용기에 표시된 것을 사용한다.
　2) 정제수 : 증류수 또는 이온교환수지로 정제한 물을 말한다.
　3) *표 : 시험값 0.15%는 철근콘크리트에 대하여 0.1%를 한도로 하고 있기 때문에 물로 씻는 등의 조치가 필요하다.

시료의 염화물 이온 함유율 CL[%]의 계산은 다음 식으로 한다.

$$CL = 0.0117(C_1 - \frac{C_2}{10})$$

　C_1 : 적정에 소요된 0.1mol/l 초산은 용액량 [ml]

　C_2 : 공(空) 시험의 적정량 [ml]

4. 결과 이용

염화물 함유량에 의해 콘크리트용 잔골재로서의 적합 여부를 판정하는 데 이용한다.

시료에 포함된 염화물의 허용 한도는 콘크리트 표준 시방서에 아래와 같이 규정되어 있다.

a) 콘크리트 구조물의 종류

b) 중요도

c) 환경 조건

d) 기타 사항에 대해서는 책임기술자가 정한다.

바닷모래의 경우 염화물 0.02%(NaCl 환산으로는 0.03%) 이하로 하여 사용하여야 한다.

잔골재의 안정성 시험

• • • • •

기상작용에 대한 골재의 내구성을 조사하여 배합설계에 이용한다.

1. 시료의 준비

시료는 체가름을 하고 각 군의 잔류하는 체의 중량 백분율이 5% 이상인 골재를 각각 무게 100g에 대하여 시험한다.

입경의 범위 [mm]	시료의 최소 무게 [g]	입경의 범위 [mm]	시료의 최소 무게 [g]
5~10	300	25~40	1,500
10~15	500	40~60	3,000
15~20	750	60~80	3,500
20~25	1,000		

2. 시험 방법

① 시료 $m_1 = 100$g을 초산나트륨 용액에 담근 다음 노건조시킨다. 이것을 5회 실시한다.

② 시험 후 물로 씻어 노건조시키고 무게 m_2[g]을 잰다.

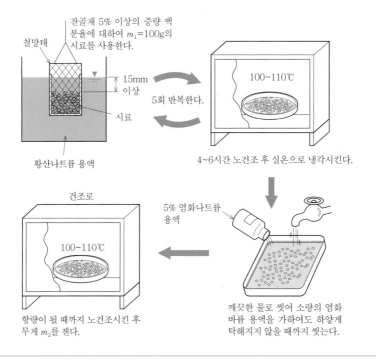

잔골재 5% 이상의 중량 백분율에 대하여 m_1=100g의 시료를 사용한다.

철망태

15mm 이상

5회 반복한다.

시료

황산나트륨 용액

100~110℃

4~6시간 노건조 후 실온으로 냉각시킨다.

건조로

100~110℃

항량이 될 때까지 노건조시킨 후 무게 m_2를 잰다.

5% 염화나트륨 용액

깨끗한 물로 씻어 소량의 염화 바륨 용액을 가하여도 하얗게 탁해지지 않을 때까지 씻는다.

3. 결과 정리

① 표의 '①잔골재의 중량 백분율'에서 입경이 10% 미만은 계산하지 않는다.

② 표의 '④손실중량 백분율'에서 5% 미만의 것은 가장 가까운 값으로 한다.

잔골재의 안정성 시험

잔류하는 체 [mm]	통과하는 체 [mm]	각 군의 무게 [g]	①각 군의 중량 백분율 [%]	②시험 전 각군의 무게 m_1[g]	③시험 후 각군의 무게 m_2[g]	④각 군의 손실중량 백분율 $(1-③/②)$ $\times 100$ [%]	④골재의 손실중량 백분율 $(①-④)$ $/100$ [%]
–	0.15	16	3	–	–	–	계산하지 않음
0.15	0.3	20	4	–	–	–	〃
0.3	0.6	287	58	100	93.7	6.3	3.7
0.6	1.18	156	32	100	93.4	6.6	2.1
1.18	2.36	10	2			6.6	0.1
2.36	4.75	5	1			6.6	0.1
4.75	9.5	2	0				
합계		496	100.0	200			6.0%

주) 콘크리트 표준시방서에서 골재의 손실중량 백분율은 잔골재 10% 이하, 굵은골재 12% 이하로 규정하고 있다.

4. 결과 이용

기상환경에 대한 골재의 내구성을 조사하여 배합설계에 이용한다.

골재 중의 밀도 1.95의 액체에 뜨는 입자 시험

● ● ● ● ●

밀도 1.95의 액체에 뜨는 골재 중의 유해한 가벼운 입자(석탄, 아연탄 등)의 양을 조사하여 골재로서 유해 여부를 판단한다.

시험 기구	• 잔골재의 경우	• 굵은골재의 경우
	① 저울	① 저울
	② 체	② 용기
	③ 소형 뜰채	③ 철망태
	④ 비커	④ 소형 뜰채
		⑤ 숫가락

1. 시료

(1) 잔골재의 경우

0.6mm 체에 남는 것, 100~200g 정도(0.1g까지 계량)

(2) 굵은골재의 경우

2,500g(0.5g까지 계량), 105~110℃에서 항량이 될 때까지 건조

2. 시험용 용액

21~27℃에서 비중 1.95 ± 0.02의 염화아연($ZnCl_2$) 용액

3. 시험 방법

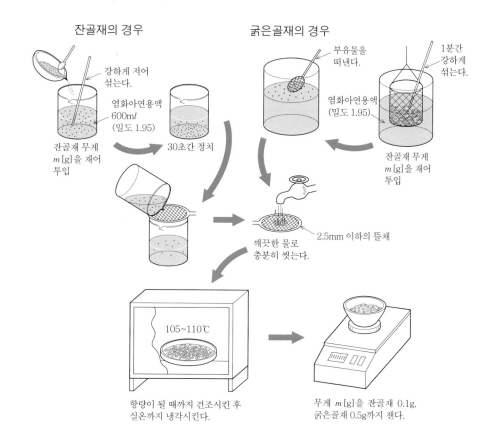

잔골재의 경우

강하게 저어
섞는다.

염화아연용액
600ml
(밀도 1.95)

잔골재 무게
m [g]을 재어
투입

30초간 정치

굵은골재의 경우

부유물을
떠낸다.

1분간
강하게
섞는다.

염화아연용액
(밀도 1.95)

잔골재 무게
m [g]을 재어
투입

깨끗한 물로
충분히 씻는다.

2.5mm 이하의 뜰채

105~110℃

항량이 될 때까지 건조시킨 후
실온까지 냉각시킨다.

무게 m [g]을 잔골재 0.1g,
굵은골재 0.5g까지 잰다.

4. 결과 정리

측 정 번 호		잔골재		굵은골재	
		1	2	1	2
① 건조 후 시료무게 m [g]		150	154	2 340	2 350
② 망에 걸린 잔골재를 건조시켜 잔골재 입자를 제거한 무게 m' [g]		0.72	0.73	–	–
③ 망으로 부유입자를 건져내 건조시킨 무게 (굵은골재의 경우) m' [g]		–	–	22.7	22.8
④ 가벼운 입자의 근사값 $\dfrac{m'}{m} \times 100$ [%]		0.48		0.97	

주) 외관이 중요한 곳은 0.5% 이하이어야 하고, 일반 구조물은 1% 이하이
어야 한다.

5. 결과 이용

골재의 품질을 판정하는 기준으로 한다.

골재의 미립분량 시험

• • • • •

골재에 함유된 점토, 실트, 롬(loam) 등의 미세한 입자의 양을 구하여 골재의 사용 여부를 판단한다.

시험 기구

① 건조로
② 시료분취기
③ 저울
④ 세척용기
⑤ 체

---

1. 시료 채취

① 잔골재 1,000g
② 굵은골재

   최대치수 10mm 정도 2kg

   최대치수 20mm 정도 5kg

   최대치수 40mm 정도 10kg

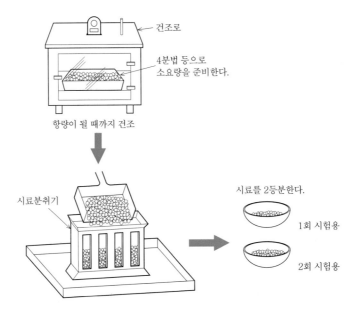

건조로

4분법 등으로
소요량을 준비한다.

항량이 될 때까지 건조

시료분취기

시료를 2등분한다.

1회 시험용

2회 시험용

2. 시험 방법

① 2회분의 시료를 준비한다.

② 시료의 무게 m_1[g]을 잰다.

③ 세척용기에 시료를 넣고 휘저은 다음 #1.2mm 체와 #0.074mm 체를 한 조로 하여 그 안에 시료와 물을 붓는다.

④ 다시 1.2mm 체에 남은 시료를 세척용기에 넣고 ③과 같이 현탁물질이 생기지 않을 때까지 반복한다.

⑤ 골재를 씻은 후 1.2mm 체에 남은 골재를 노건조시켜 무게 m_2[g]을 잰다.

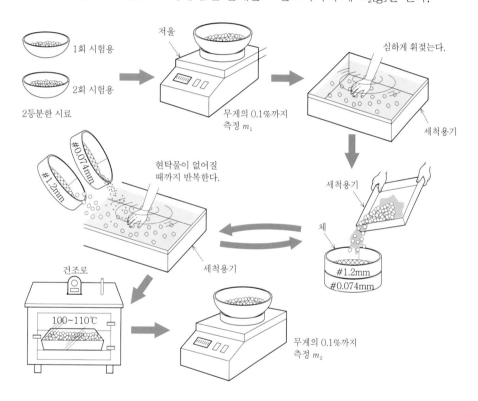

3. 결과 정리

① 세척 전의 건조무게 m_1[g]

② 세척 후의 건조무게 m_2[g]

③ 0.075mm(75μm) 체를 통과하는 양의 백분율 A[%]

$$A = \frac{m_1 - m_2}{m_1} \times 100[\%]$$

시 료	잔골재			
측 정 번 호		1	2	3
① 씻기 전의 건조무게 m_1[g]		113.4	134.5	
② 씻은 후의 건조무게 m_2[g]		109.9	129.7	
③ 0.074mm 체를 통과하는 백분율 $A = \dfrac{m_1 - m_2}{m_1} \times 100$ [%]		3.0	3.6	
시험 결과			3.3[%]	

주) 시험은 2회 실시하며 그 평균값을 시험값으로 한다.

4. 결과 이용

콘크리트의 강도, 내구성을 높이기 위해 배합을 할 때에 이용한다.

씻기 시험에서 손실되는 무게의 한도[%]는 다음과 같다.

i) 잔골재의 경우

종류	무근 콘크리트	철근 콘크리트	포장용 콘크리트	댐용 콘크리트
콘크리트 표면이 마모작용을 받는 경우	3.0 (5.0)	3.0 (5.0)	3.0 (5.0)	3.0 (5.0)
기타의 경우	5.0 (7.0)	5.0 (7.0)		5.0 (7.0)

( )는 부순모래의 경우로서 씻기시험에서 손실되는 것이 쇄석분이며, 점토, 실트 등을 포함하지 않을 때의 최대값을 나타낸다.

ii) 굵은골재의 경우

최대값은 1.0%로 하며, 부순 돌의 경우 씻기시험에서 손실되는 것이 쇄석분일 때는 1.5%로 해도 좋다.

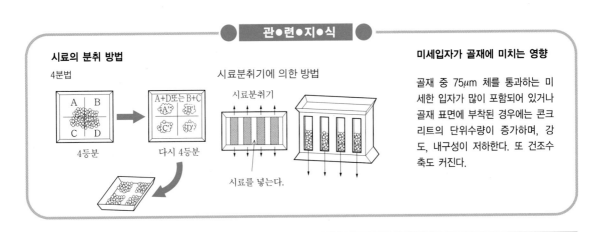

관●련●지●식

시료의 분취 방법

4분법

A B / C D

4등분

A+D또는 B+C

다시 4등분

시료분취기에 의한 방법

시료분취기

시료를 넣는다.

미세입자가 골재에 미치는 영향

골재 중 $75\mu m$ 체를 통과하는 미세한 입자가 많이 포함되어 있거나 골재 표면에 부착된 경우에는 콘크리트의 단위수량이 증가하며, 강도, 내구성이 저하한다. 또 건조수축도 커진다.

★골재의 단위용적질량 및 실적률 시험

• • • • •
단위용적질량 및 실적률을 구하여 배합설계나 시공성의 판단에 이용한다.

1. 봉다짐 시험

굵은골재 최대치수 40mm 이하일 때 사용한다.

① 골재 단위용적질량 측정 용기

　골재의 크기에 따른 측정 용기의 크기를 오른쪽 표와 같이 선정한다.

② 용기 무게 m_1'[g]을 잰다.

③ 굵은골재를 3층으로 나누어 다진다.

④ 시료와 용기의 무게 m_1''[g]을 잰다.

⑤ 시료를 쏟아내고 용기에 물을 채워 용기의 부피 V[cm³]를 잰다.

골재 단위용적질량 측정 용기

굵은골재 최대치수 [mm]	용기		부피 [l]
	안지름 [cm]	안높이 [cm]	
10 이하 및 잔골재	14	13	약 2
10 초과 40 이하	24	22	약 10
40 초과 80 이하	35	31	약 30

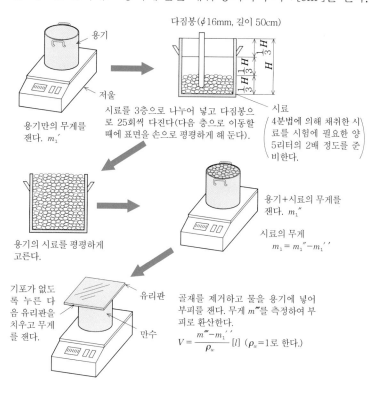

용기

저울

용기만의 무게를 잰다. m_1'

다짐봉(ϕ16mm, 길이 50cm)

시료를 3층으로 나누어 넣고 다짐봉으로 25회씩 다진다(다음 층으로 이동할 때에 표면을 손으로 평평하게 해 둔다).

시료
4분법에 의해 채취한 시료를 시험에 필요한 양 5리터의 2배 정도를 준비한다.

용기의 시료를 평평하게 고른다.

용기+시료의 무게를 잰다. m_1''

시료의 무게
$m_1 = m_1'' - m_1'$

기포가 없도록 누른 다음 유리판을 치우고 무게를 잰다.

유리판

만수

골재를 제거하고 물을 용기에 넣어 부피를 잰다. 무게 m'''를 측정하여 부피로 환산한다.

$$V = \frac{m''' - m_1'}{\rho_w} \ [l] \ (\rho_w = 1로 \ 한다.)$$

2. 지깅(Jigging) 시험

굵은골재 최대치수가 40mm 이상 또는 경량골재에 대하여 사용한다.

① 용기 무게 m_1[g]을 잰다.

② 용기를 기울여 3층으로 나누어 다진다.

③ 용기와 시료의 무게 m_1''[g]을 잰다.

④ 용기에 물을 채우고 용기의 부피 V[cm³]를 잰다.

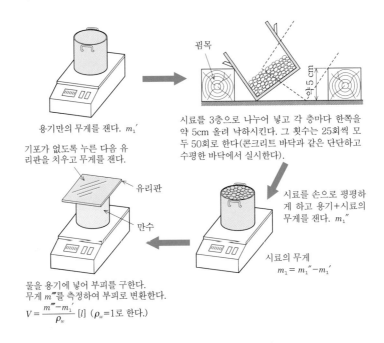

용기만의 무게를 잰다. m_1'

기포가 없도록 누른 다음 유리판을 치우고 무게를 잰다.

괭목

시료를 3층으로 나누어 넣고 각 층마다 한쪽을 약 5cm 올려 낙하시킨다. 그 횟수는 25회씩 모두 50회로 한다(콘크리트 바닥과 같은 단단하고 수평한 바닥에서 실시한다).

시료를 손으로 평평하게 하고 용기+시료의 무게를 잰다. m_1''

유리판

만수

시료의 무게
$m_1 = m_1'' - m_1'$

물을 용기에 넣어 부피를 구한다.
무게 m'''를 측정하여 부피로 변환한다.
$V = \dfrac{m''' - m_1'}{\rho_w}$ [l] (ρ_w=1로 한다.)

3. 함수율 측정

① 용기 무게 m_2'[g]을 잰다.

② 건조전의 시료와 용기의 무게 m_2''[g]을 잰다.

③ 노건조시켜 용기와 시료의 무게 m_2'''[g]을 잰다.

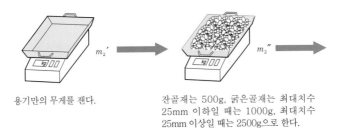

용기만의 무게를 잰다.

m_2'

m_2''

잔골재는 500g, 굵은골재는 최대치수 25mm 이하일 때는 1000g, 최대치수 25mm 이상일 때는 2500g으로 한다.

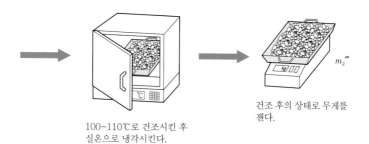

100~110℃로 건조시킨 후
실온으로 냉각시킨다.

건조 후의 상태로 무게를
잰다.

m_2'''

4. 결과 정리

① 건조 후 시료의 무게

$m_D = m_2''' - m_2'$ [g]

② 건조 전 시료의 무게

$m_2 = m_2'' - m_2'$ [g]

③ 시료의 단위용적질량

$\rho' = \dfrac{m_1}{V} \times \dfrac{m_D}{m_2}$ [g/cm^3]

④ 흡수율

$Q = \dfrac{m_2 - m_D}{m_D} \times 100$ [%}

⑤ 실적률

$G = \dfrac{\rho(100+Q)}{\rho_D}$ [%]

ρ_D : 골재 표면건조 포화상태의 밀도

골재의 표면건조 포화상태의 밀도 ρ_D (잔골재 2.60, 굵은골재 2.64)

골재의 단위용적질량 및 실적률 시험		잔골재		굵은골재	
		①	②	③	④
시료+용기의 무게	m_1'' [g]	4,115	4,090	20,920	20,940
용기무게	m_1' [g]	840	840	4 170	4,170
시료무게	$m_1 = (m_1'' - m_1')$ [g]	3,275	3,250	16,750	16,770
용기 용적	$V = (m''' - m_1')/\rho_w$ [cm^3]	2,000	2,000	10,000	10,000
함수율을 고려하지 않은 단위용적질량 m_1/V [g/cm^3]		1.638	1.625	1.675	1.677
건조무게	$m_2 = (m_2'' - m_2')$ [g]	500		2 500	
건조후 무게	$m_D = (m_2''' - m_2')$ [g]	490		2 485	
각 단위용적질량	$\rho' = m_1/V \times m_D/m_2$ [g/cm^3]	1.605	1.593	1.665	1.667
단위용적질량 (ρ'의 평균값)	ρ [g/cm^3]	1.60		1.67	
흡수율	$Q = (m_2 - m_D)/m_D \times 100$ [%]	0.02		0.006	
표면건조 포화상태의 밀도	ρ_D [g/cm^3]	2.60		2.64	
실적률	$G = \rho(100+Q)/\rho_D$ [%]	61.5		63.3	

5. 결과 이용

(1) 콘크리트 재료의 적합 여부를 판정한다.

(2) 재료분리나 타설의 용이 여부 등의 판단기준으로 이용한다.

굵은골재의 밀도 및 흡수율 시험

• • • • •

굵은골재의 밀도와 골재 내부의 공극 정도를 나타내는 흡수율을 구한다.

시험 기구	① 저울 : 칭량 5kg 이상, 감량 0.5g까지 수중무게도 잴 수 있는 것.
	② 철망태 : 지름 20cm, 높이 약 20cm, 망 간격 5mm 이하.
	③ 수조
	④ 건조로
	⑤ 데시케이터

1 시료 준비

10mm 체에 남는 골재에 대하여 대표적인 굵은골재를 최대치수가 25mm 이하인 경우는 약 2kg, 25mm 이상의 경우는 약 5kg을 시료로 하여 물로 잘 씻어 흡수시킨다.

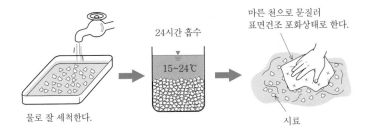

2. 시험 방법

① 공기 중의 철망태 무게 m_0[g]을 측정한다.

② 공기 중의 철망태와 시료의 무게 m_1'[g]을 측정한다.

③ 수중의 철망태 무게 m_0'[g]을 측정한다.

④ 수중의 철망태와 시료의 무게 m_2[g]을 측정한다.

⑤ 시료를 노건조시켜 시료 팬에 담아 시료 팬과 시료의 무게 m_3'[g]과 시료 팬의 무게 m_0''[g]을 측정한다.

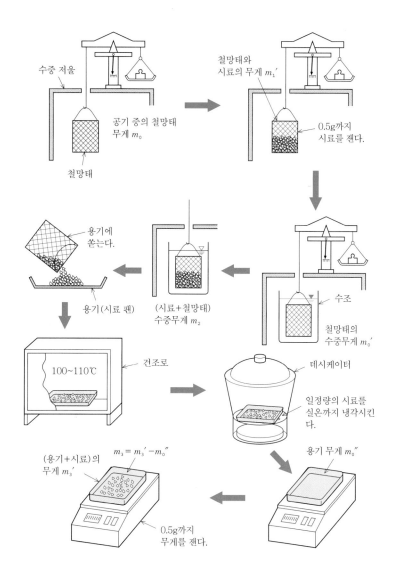

3. 결과 정리

① 굵은골재의 밀도

$$\rho_g = \frac{m_1}{m_1 - m_2} \ [\text{g/cm}^3]$$

② 굵은골재의 흡수율

$$P_g = \frac{m_1 - m_3}{m_3} \times 100 \ [\%]$$

측 정 번 호		1	2
① 공기 중의 철망태의 무게 m_0 [g]		450.6	450.6
② 공기 중의 철망태와 시료의 무게 m_1' [g]		5,450.6	5,455.3
③ 공기 중의 시료 무게 $m_1 = m_1' - m_0$ [g]		5,000.0	5,004.7
④ 수중의 철망태와 시료의 무게 m_2' [g]		3,557.6	3,556.4
⑤ 수중의 철망태 무게 m_0' [g]		440.5	440.5
⑥ 수중의 시료 무게 $m_2 = m_2' - m_0$ [g]		3,117.1	3,115.9
⑦ 밀도 $\rho_g = \dfrac{m_1}{m_1 - m_2}$ [g/cm³]		2.655	2.650
⑧ 평균값으로부터의 편차		0.0025 < 0.01	
⑨ 밀도의 평균값 ρ_g [g/cm³]		2.65	
⑩ 건조 후 시료 무게 m_3 [g]		4,926.1	4,925.5
⑪ 흡수율 $P_g = \dfrac{m_1 - m_3}{m_3} \times 100$ [%]		1.504	1.512
⑫ 평균값으로부터 편차 [%]		0.0055 < 0.03	
⑬ 흡수율의 평균값 [%]		1.51	

4. 결과 이용

배합설계를 할 때 단위굵은골재량과 사용수량의 계산에 사용한다.

(1) 굵은골재의 밀도는 일반적으로 2.55~2.70 정도, 흡수율은 0.5~3.5% 정도.

(2) 정밀도는 평균값으로부터의 편차로 표시하여 밀도시험의 경우는 0.01 이하,
흡수율 시험의 경우는 0.03% 이하이어야 한다.

관●련●지●식

암석의 종류에 따른 골재 밀도

암석의 종류에 따라 밀도는 약간 다르며, 흡수율
이 큰 골재는 일반적으로 밀도도 작고 내구성도
작은 경향이 있다.

★ 굵은골재의 마모감량 시험

•••••

흙의 물리적 성질을 기초로 흙을 공학적으로 분류한다.

토질 재료	① 로스앤젤레스 시험기
	② 저울 : 시료 전체 무게의 0.1% 이상의 정밀도를 가지는 것.
	③ 체
	④ 철구

1 시료의 준비

① 체가름에 의해 입도 분포를 구하여 입도 구분과 체 크기를 정한다.

② 아래 표에 나타낸 소요량을 취하여 소정의 체 크기의 시료를 물로 씻어 건조시킨다.

입도 구분, 시료 무게, 철구의 수와 무게

입도 구분	체의 호칭치수로 구분한 입경의 범위[mm]	시료 무게 [g]	철구 수	철구의 전체 무게 [g]
A	10~15 15~20 20~25 25~40	1,250±10 1,250±10 1,250±25 1,250±25	12	5,000±25
B	15~20 20~25	2,500±10 2,500±10	11	4,580±25
C	5~10 10~15	2,500±10 2,500±10	8	3,330±20
D	2.5~5	5,000±10	6	2,500±15
E	40~50 50~60 60~80	5,000±50 2,500±50 2,500±50	12	5,000±25
F	25~40 40~50	5,000±25 5,000±25	12	5,000±25
G	20~25 25~40	5,000±50 5,000±50	12	5,000±25

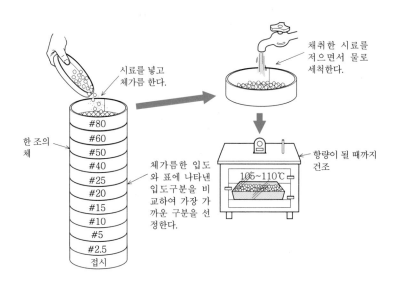

2. 시험 방법

① 입도 구분을 선정하고 시료를 소요량 채취하여 각 체의 무게 m_1[g]을 잰다.

② 시료와 철구를 드럼에 넣고 시료와 철구를 소요 횟수 회전시킨다.

③ 시료와 철구를 꺼내 철구를 제거한 시료를 1.7mm 체로 치고 잔류한 시료를 씻어 건조 후의 무게 m_2[g]을 잰다.

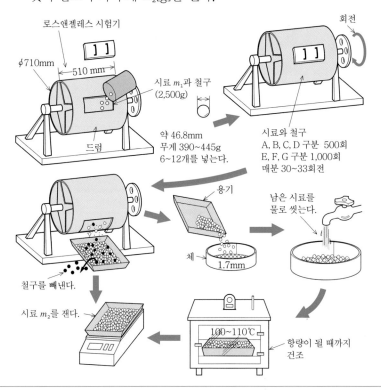

3. 결과 정리

마모감량을 구한다.

$$\text{마모감량} = \frac{\text{마모손실 무게 [g]}}{\text{시험 전 시료의 무게 [g]}} \times 100[\%]$$

$$= \frac{m_1 - m_2}{m_1} \times 100[\%]$$

m_1 : 시험 전 시료의 무게 [g]

m_2 : 시험 후 1.7mm 체에 남은 시료의 무게 [g]

잔류하는 체 [mm]	통과하는 체 [mm]	각 군의 무게 [g]	각 군의 무게 백분율[%]	입도구분	철구의 수	회전수	①시험 전 시료의 무게m_1[g]
	2.5						
2.5	5						
5	10						
10	15						
15	20						
20	25	1 250	50	A	12	500	2 500
25	40	1 250	50	A	12	500	
40	50						
50	60						
60	80						
		2 500	100.0	A	12	500	2 500

② 시험 후 1.7mm 체에 남은 시료의 무게 m_2[g]	1975
③ 마모손실 무게 $m_1 - m_2$[g]	2,500−1,975=525
④ 마모감량 $= \dfrac{m_1 - m_2}{m_1} \times 100[\%]$	21.0

4. 결과 이용

마모 저항치의 크기에 의해 콘크리트용 굵은골재가 도로 포장이나 댐에 적합한지를 판단한다.

관●련●지●식

마모감량 한도

• 마모감량 한도

포장	35%
댐	25%
적설 도로포장	25%

• 경량골재에는 적용하지 않는다.

골재의 파쇄 시험

• • • • •
골재에 일정 하중을 가하여 파쇄시키고 골재 자체의 강도를 구해 골재의 사용 여부
를 판단한다.

시험 기구	
① 강제 계량용기 : 안지름 115mm, 안 높이 178mm의 원통형 용기	
② 강제 시험용기 : 안지름 154mm, 안 높이 140mm의 원통형 용기	
③ 강제 플런저 : 지름 152mm, 분리시킬 수 있는 손잡이가 있는 것.	
④ 다짐봉	⑤ 망체
⑥ 고름대(straight edge)	⑦ 항온건조로
⑧ 압축시험기	⑨ 핸드스코프
⑩ 접시	⑪ 저울

1 시료의 준비

15mm 체를 통과하고 10mm 체에 남는 건조한 골재를 7~8kg(경량골재는
4~5kg) 준비한다. 강제 계량용기에 채우고 이 시료를 노건조시켜 무게 m[g]을
잰다.

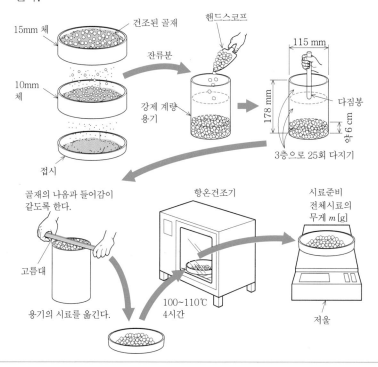

2. 시험 방법

① 준비시료를 3층으로 채우고 압축시험기로 가압하여 $P = 400$N에서 종료한다.

② 체 2.5mm를 사용하여 잔류한 골재의 무게 m'[g]을 잰다.

③ 파쇄치가 30%를 넘을 때에는 파쇄치가 10% 정도로 되는 하중을 구하기 위해 같은 시험을 3회 행한다.

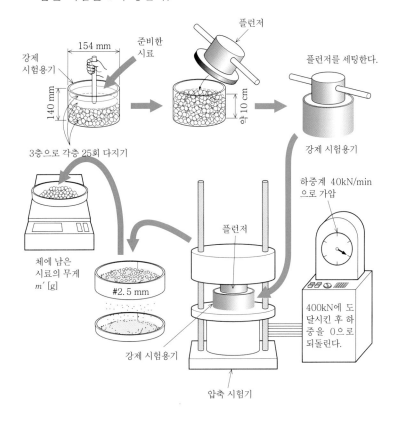

3. 결과 정리

(1) 체를 통과한 시료의 무게 m''[g]

$$m'' = m - m'$$

(2) 파쇄값 CV[%]

$$CV = \frac{m''}{m} \times 100$$

(3) 10% 파쇄하중 [kN] P_C

$$P_C = 14 \times P/(CV[\%]+4)$$

건조된 골재	파쇄치 시험		10% 파쇄하중 시험		
	제1회	제2회	제1회	제2회	제3회
① 시료의 크기 [mm]	15~10 (인공경량골재)		15~10 (인공경량골재)		
② 하중 P[kN]	392.3	392.3	117.7	98.1	147.1
③ 전체 시료의 무게 m[g]	1402	1415	1408	1398	1412
④ #2.5mm 체에 남은 시료의 무게 m'[g]	913	935	1250	1306	1220
⑤ 체를 통과한 시료의 무게 m''[g]	489	480	158	92	192
⑥ 체 치수 [mm]	2.5		2.5		
⑦ 파쇄값 CV[%]	34.9	33.9	11.2	6.6	13.6
⑧ 파쇄값 평균 CV_a[%]	34.4		–		
⑨ 10% 파쇄하중 P_c[kN]	–		108.4*		

* $14 \times 117.7/(11.2+4) = 108.4$

　CV가 7.5~12.5%인 경우에는 10% 파쇄값 하중을 구한다.

4. 결과 이용

골재 자체의 강도를 알고 포장용 골재로서의 적합 여부를 판단하는 데 이용한다. 파쇄값이 30%를 넘는 연약한 시료일 때는 시험 중에 파쇄된 세립이 골재 사이에 쌓여 정확한 시험 결과를 얻을 수 없기 때문에 파쇄값이 10%가 되는 하중으로 나타내는 경우가 있다. 시험 순서는 같으며 파쇄값이 7.5~12.5%로 되었을 때의 하중 P[kN]과 파쇄값으로부터 10% 파쇄하중을 계산한다.

관●련●지●식

골재 입자의 강도가 콘크리트의 강도에 미치는 영향

일반적으로 골재 입자의 강도가 콘크리트의 강도에 미치는 영향은 작지만, 경량골재를 사용한 경우나 약한 화산골재 등을 사용한 경우, 고강도 경량골재 콘크리트의 경우에는 영향을 무시할 수 없다.

경량골재

콘크리트를 경량화하기 위해 사용되는 밀도가 작은 골재. 경량골재에는 천연골재와 인공골재가 있다.

연석량 시험

• • • • •

굵은골재 중에 포함된 연석량을 구하여 콘크리트용으로 적합한지 여부를 판정한다.

1. 시료의 준비

다음과 같이 시험용 시료를 준비한다.

체의 호칭치수 [mm]	시료 무게
10~15	200g 이상
15~20	700g 이상
20~25	1.5kg 이상
25~40	3.0kg 이상
40~60	6.0kg 이상

2. 시험 방법

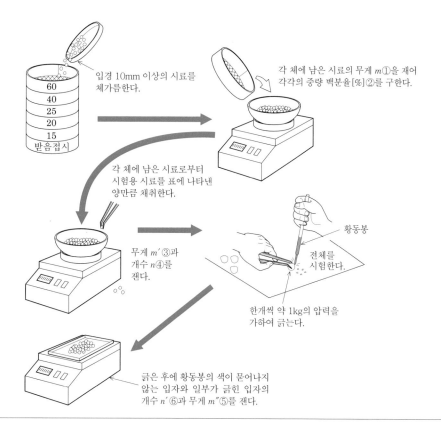

입경 10mm 이상의 시료를 체가름한다.

각 체에 남은 시료의 무게 m①을 재어 각각의 중량 백분율[%]②를 구한다.

각 체에 남은 시료로부터 시험용 시료를 표에 나타낸 양만큼 채취한다.

무게 m'③과 개수 n④를 잰다.

황동봉

전체를 시험한다.

한개씩 약 1kg의 압력을 가하여 긁는다.

긁은 후에 황동봉의 색이 묻어나지 않는 입자와 일부가 긁힌 입자의 개수 n'⑥과 무게 m''⑤를 잰다.

3. 결과 정리

각 군의 시료 크기		① 체가름 시험에 의한 각 군의 무게 m[g]	② 체가름 시험에 의한 각 군의 중량 백분율 [%]	③ 시험 전 각 군의 무게 m′[g]	④ 시험 전 각 군의 개수 n[개]	⑤ 각 군의 연석 무게 m″[g]	⑥ 각 군의 연석 개수 n′[개]	⑦ 각 군의 연석 중량 백분율 $\frac{⑤}{③}\times100$ [%]	⑧ 각 조의 연석 개수 백분율 $\frac{⑥}{④}\times100$ [%]	⑨ 굵은골재의 연석 중량 백분율 $\frac{②\times⑦}{100}$ [%]
잔류하는 체 [mm]	통과하는 체 [mm]									
10	15	1 575	11	200	50	7	1	4.0	2.0	0.4
15	20	2 000	13	700	64	79	6	11.3	9.4	1.5
20	25	2 497	17	1 503	77	187	12	12.4	15.6	2.1
25	40	7 924	53	3 000	52	289	7	9.7	13.5	5.1
40	60	829	6*					9.7		0.6
합 계		14 825	100							9.7
결과의 판정		9.7%는 5% 이상으로 강도가 요구되는 곳에 사용하지 않는다.								

＊②가 10% 미만은 조사하지 않아도 좋다.

4. 결과 이용

콘크리트의 상판이나 콘크리트 표면은 단단함이 요구되기 때문에 굵은골재의 연석량을 제한하고 있다. 시험에 의하여 콘크리트용 골재로 적당한지를 판단한다.

관●련●지●식

연석량 한도

콘크리트 표준시방서에서는 포장, 댐 콘크리트 등에 대하여 연석량 한도 5%로 규정하고 있다.

경량굵은골재의 부립률 시험

● ● ● ● ●

경량굵은골재의 부립률이 한도인 중량 백분율 10%보다 낮지 않은지 확인하여 골재의 적합 여부를 판단한다.

시험 기구	① 저울 : 칭량 2kg 이상, 감량 2g
	② 용기 : 단위용적질량 시험에 사용하는 용기

1. 시험용 시료

건조한 골재를 5mm 체로 쳐서 남는 것 약 2*l*를 1회에 사용한다.

2. 시험 방법

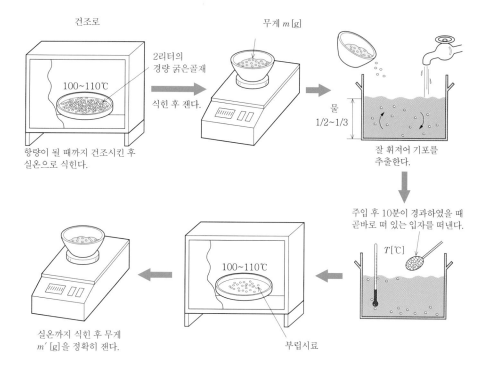

3. 결과 정리

시 험		제1회	제2회
① 전체 시료의 건조무게	m [g]	1,624	1,594
수온	T[℃]	23.4	23.5
② 부립의 건조무게	m' [g]	54	60
부립률	$\dfrac{m'}{m}\times100[\%]$	3.0	4.0
부립률 평균	[%]	3.5*	

* 부립률 3.5%의 골재는 부립률이 10% 이하이므로 사용해도 좋다.

4. 결과 이용과 주의

① 경량굵은골재의 밀도가 작으면 콘크리트 강도 등이 저하하는 경우가 있다.

② 콘크리트를 타설하여 다짐할 때 밀도가 작은 굵은골재가 표면으로 떠올라 표면의 콘크리트 강도 등이 약해진다.

★ 시멘트 분말도 시험(블레인법)

• • • • •
시멘트의 비표면적으로부터 분말도를 구하고 시멘트의 풍화상태를 조사한다.

시험 기구	① 저울 : 칭량 100g, 감량 1mg인 것
	② 용기
	③ 입구가 큰 병(50ml)
	④ 초시계
	⑤ 블레인(Blaine) 공기투과장치 1세트

1. 시료의 준비

① 시멘트 약 10g을 잰다.

저울
용기

입구가 큰 병   밀봉   초시계

② 입구가 큰 병에 시멘트를 넣고
마개를 닫은 후 1분간 심하게 흔든다.
이 시멘트를 시료로 한다.

2. 시험 방법(블레인법)

① 셀에 넣을 시멘트의 필요량 m[g]을 계산한다.

$$m = \rho_c v(1-e)$$

ρ_c : 시료의 밀도[g/cm³]

v : 셀 속의 시멘트 벳이 차지하는 부피[cm³]

e : 공극률

시멘트의 종류에 따른 밀도와 공극률

시료의 종류	밀도 ρ	공극률 e
보통 시멘트	3.15	0.500±0.005
조강	3.12	0.520±0.005
초조강	3.11	0.540±0.005
중용열,내황산열	3.20	0.500±0.005

② 시멘트 벳의 부피 v[cm³]를 구한다.

$$v = \frac{m_a - m_b}{\rho_H}$$

m_a : 시멘트를 넣지 않을 때 셀을 채운 수은의 무게[g]

m_b : 시멘트 벳에 의해 차지하지 않는 부분을 채운 수은의 무게[g]

ρ_H : 시험온도에서 수은의 밀도[g/m³](관련지식 참조)

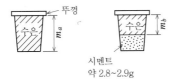

③ 시료 m을 셀에 채우고 플런저를 붙여 마노미터에 설치한다.

④ 고무구를 누르고 콕을 열어 마노미터 액면이 B에서 C로 강하한 시간 t[s]를 측정한다.

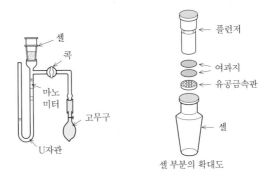

블레인 공기 투과장치

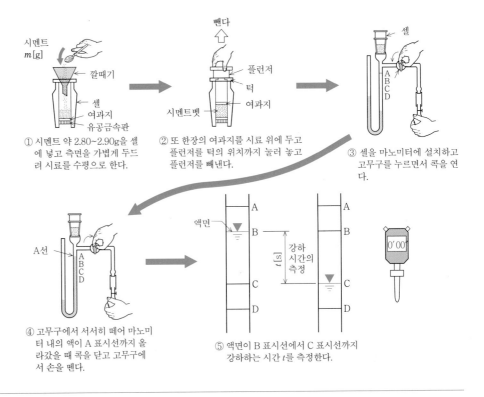

① 시멘트 약 2.80~2.90g을 셀에 넣고 측면을 가볍게 두드려 시료를 수평으로 한다.

② 또 한장의 여과지를 시료 위에 두고 플런저를 턱의 위치까지 눌러 놓고 플런저를 빼낸다.

③ 셀을 마노미터에 설치하고 고무구를 누르면서 콕을 연다.

④ 고무구에서 서서히 떼어 마노미터 내의 액이 A 표시선까지 올라갔을 때 콕을 닫고 고무구에서 손을 뗀다.

⑤ 액면이 B 표시선에서 C 표시선까지 강하하는 시간 t를 측정한다.

3. 결과 정리

시멘트 분말도는 비표면적 S로 나타내는 것이 산업규격에 규정되어 있다.

시멘트의 비표면적 S는 시멘트 1g의 표면적으로, 다음 식으로 구한다.

$$S = kS_0 \sqrt{\frac{t}{t_0}} \ [\text{cm}^2/\text{g}]$$

k, S_0 : 아래 표 참조

각종 시멘트의 k값

보통	조강	초조강	중용열, 내황산염	저열	고로슬래그, 플라이애시, 실리카시멘트
1.000	1.115	1.236	0.984	1.081	3.310/밀도

시멘트의 비표면적 S_0의 규격

시멘트의 종류	보통 [cm²/g]	조강 [cm²/g]	초조강 [cm²/g]	중용열, 내황산염 [cm²/g]
비표면적의 규격	2,500 이상	3,300 이상	4,000 이상	2,500 이상

t : 강하시간 [s]

t_0 : 표준 시멘트의 강하시간 [s]

시료명 보통 포틀랜드 시멘트			
ρ(밀도)=3.15g/cm³	v(벳의 체적)=1.828cm³		e (공극률) =0.500
시멘트양 $m=\rho v(1-e)=2.879$g			
k(상수)=1.000	S_o=2 500cm²/g		t_0=81.0초
시멘트의 비표면적 $S=kS_o\sqrt{\dfrac{t}{t_0}}$ (계산식)			
1 t=80.0 초 S=2,485cm²/g	2 t=81.0 초 S=2,500cm²/g	3 t=79.5 초 S=2,478cm²/g	평균 S=2,488cm²/g

4. 결과 이용

(1) 시멘트의 수화작용 속도를 안다.

(2) 시멘트의 풍화 정도를 안다.

(3) S의 값이 클수록 분말이 곱고 수화작용이 빠르며 초기강도가 높다.

 관●련●지●식

실온과 수은 밀도의 관계

실온 [℃]	16	18	20	22	24	26	28	30	32	34
수은의 밀도[g/cm³]	13.56	13.55	13.55	13.54	13.54	13.53	13.53	13.52	13.52	13.51

시멘트의 밀도 시험

● ● ● ● ●

시멘트의 밀도 ρ를 구하여 시멘트의 풍화상태를 조사하거나 배합설계에 이용한다.

밀도 시험 기구	① 르샤틀리에 비중병(유리 제품)	② 광유
	③ 마른 천을 두른 철사	④ 저울
	⑤ 항온수조	⑥ 온도계
	⑦ 용기	⑧ 깔때기
	⑨ 검은색 종이	⑩ 고무판

1. 시료 준비

① 시멘트 : 시멘트의 품질이 평균적이 되도록 적당량(5kg)의 시료를 채취한다.
  그것을 표준망 체 850μm로 쳐서 이물질을 제거하고 공기가 통하지 않는 용기
  에 넣는다.

② 표준망 체 850μm

③ 팬(접시)

④ 공기가 통하지 않는 용기(시멘트 저장용)

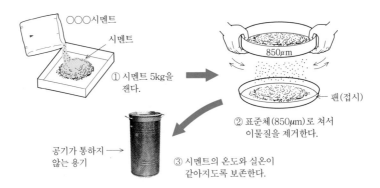

○○○시멘트
시멘트
① 시멘트 5kg을 잰다.
850μm
팬(접시)
② 표준체(850μm)로 쳐서 이물질을 제거한다.
공기가 통하지 않는 용기
③ 시멘트의 온도와 실온이 같아지도록 보존한다.

2. 시험 방법

① 광유를 르샤틀리에 비중병에 0~1ml 표시 위치까지 넣고 항온수조에 담근 후
  수온 T[℃]를 잰다.

② 시멘트 100g을 광유 위에 투입하고 공기를 추출한다.

③ 정치시킨 후 광유의 액면 v_2[ml]를 잰다.

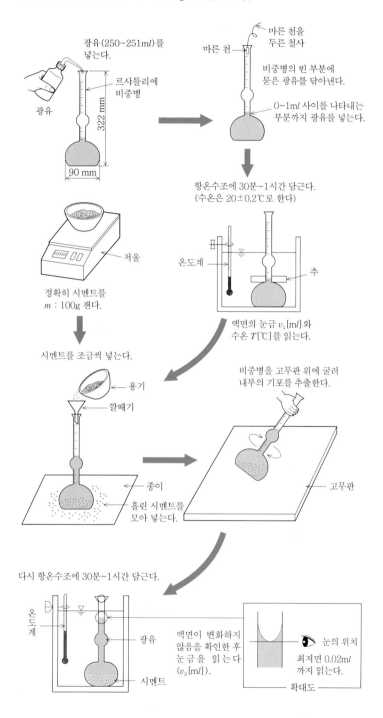

광유(250~251ml)를 넣는다.

르샤틀리에 비중병

322 mm

90 mm

광유

마른 천을 두른 철사

마른 천

비중병의 빈 부분에 묻은 광유를 닦아낸다.

0~1ml 사이를 나타내는 부분까지 광유를 넣는다.

항온수조에 30분~1시간 담근다. (수온은 20±0.2℃로 한다)

온도계

추

액면의 눈금 v_1[ml]와 수온 T[℃]를 읽는다.

저울

정확히 시멘트를 m : 100g 잰다.

시멘트를 조금씩 넣는다.

용기

깔때기

종이

흘린 시멘트를 모아 넣는다.

비중병을 고무판 위에 굴려 내부의 기포를 추출한다.

고무판

다시 항온수조에 30분~1시간 담근다.

온도계

광유

시멘트

액면이 변화하지 않음을 확인한 후 눈금을 읽는다 (v_2[ml]).

눈의 위치

최저면 0.02ml 까지 읽는다.

확대도

3. 결과 정리

시료명	보통포틀랜드 시멘트	수온	20℃	
시료번호			1	2
시멘트 무게 m [g]			100	100
최초의 광유 읽기 v_1 [ml]			250.60	250.38
시료와 광유의 읽기 v_2 [ml]			282.36	282.10
읽기 차 $v=v_2-v_1$ [ml]			31.76	31.72
밀도 $\rho = \dfrac{m}{v}$ [g/cm³]			3.149	3.153
평균 밀도 [g/cm³]			3.15	

4. 결과 이용

시멘트의 풍화상태를 조사하거나 배합설계에 이용한다.

(1) 콘크리트의 배합설계상에서 시멘트가 차지하는 용적을 계산하는 데 사용한다.

(2) 시멘트 풍화의 정도를 판정하거나, 시멘트의 종류를 측정한다.

(3) 시멘트의 분말도 시험에서는 밀도를 측정해 둘 필요가 있다.

시멘트의 종류		밀도 [g/cm³]	규격
1.	보통 포틀랜드 시멘트 조강 포틀랜드 시멘트 중용열 포틀랜드 시멘트 내황산염 포틀랜드 시멘트	3.15 3.12 3.22 3.21	JIS R 5210
2. 고로 슬래그 시멘트	A종 B종 C종	3.06 3.04 2.97	JIS R 5211
3. 실리카 시멘트	A종 B종 C종	3.11 – –	JIS R 5212
4. 플라이애시 시멘트	A종 B종 C종	– 2.95 –	JIS R 5213

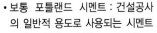
관●련●지●식

- 보통 포틀랜드 시멘트 : 건설공사의 일반적 용도로 사용되는 시멘트
- 조강 포틀랜드 시멘트 : 조기에 고강도가 얻어지도록 조정된 시멘트
- 중용열 포틀랜드 시멘트 : 시멘트가 물과 반응하였을 때의 발열을 적게 한 것.
- 내황산염 포틀랜드 시멘트 : 토양 속의 물, 바닷물 등에 대한 저항성을 높인 것.
- 고로 슬래그 시멘트 : 하천, 항만, 하수공사에 사용된다.
- 실리카 시멘트 : 염류, 약산 등에 대한 내화학성이 양호하다.
- 플라이애시 시멘트 : 수밀성이 요구되는 구조물과 매스콘크리트에 적합하다.

시멘트의 강도 시험

• • • • •

시멘트의 휨강도, 압축강도를 측정하여 시멘트의 품질을 확인하고 콘크리트 강도를 예측한다.

모르타르 시료 제작 기구

① 저울(칭량 2kg, 감량 1g)　　　② 모르타르 믹서
③ 메스실린더　　　　　　　　　④ 혼합용기
⑤ 숟가락　　　　　　　　　　　⑥ 초시계

공시체 제작 기구

① 3연형 몰드　　　　　　　　　② 3연형 몰드용 다짐봉
③ 고무망치　　　　　　　　　　④ 항온수조

강도 시험기

① 휨강도 시험기　　　　　　　　② 모르타르 압축강도 시험기
③ 압축강도 시험용 가압판

1 모르타르 시료의 준비

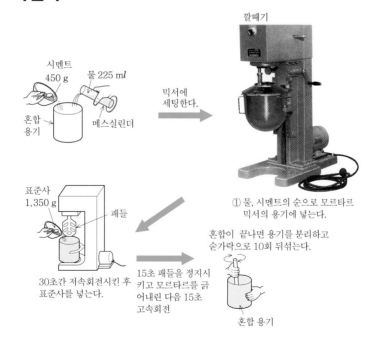

깔때기

시멘트
450 g

물 225 ml

혼합
용기

메스실린더

믹서에
세팅한다.

① 물, 시멘트의 순으로 모르타르
　믹서의 용기에 넣는다.

표준사
1,350 g

패들

30초간 저속회전시킨 후
표준사를 넣는다.

15초 패들을 정지시
키고 모르타르를 긁
어내린 다음 15초
고속회전

혼합이 끝나면 용기를 분리하고
숟가락으로 10회 뒤섞는다.

혼합 용기

2. 플로(flow) 시험

① 혼합용기로부터 꺼내 모르타르를 2층으로 채운다.

② 플로 콘을 들어 올리고 15회 상하로 진동시킨다.

③ 퍼진 지름을 측정한다. 이 시료는 모르타르 강도 시험에 사용하지 않는다.

④ 플로 값을 구하여 시멘트 공시체의 다짐횟수를 정한다.

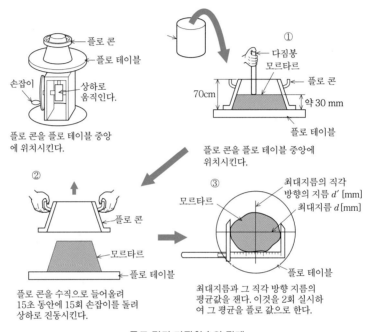

플로 값과 다짐횟수의 관계

플로 값 [mm]	169 이하	170~199	200~209	210 이상
다짐횟수 [회]	20	15	10	5

3. 공시체 제작

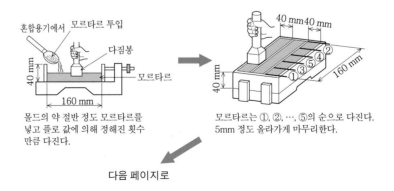

몰드의 약 절반 정도 모르타르를 넣고 플로 값에 의해 정해진 횟수만큼 다진다.

모르타르는 ①, ②, …, ⑤의 순으로 다진다. 5mm 정도 올라가게 마무리한다.

다음 페이지로

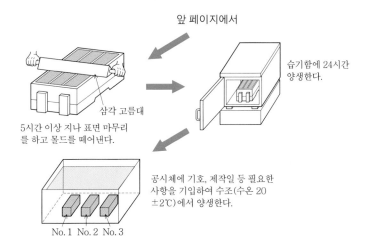

앞 페이지에서

삼각 고름대

5시간 이상 지나 표면 마무리를 하고 몰드를 떼어낸다.

습기함에 24시간 양생한다.

공시체에 기호, 제작일 등 필요한 사항을 기입하여 수조(수온 20 ±2℃)에서 양생한다.

No. 1 No. 2 No. 3

4. 휨강도 시험

3개의 공시체 모두에 대하여 모두 휨강도 시험을 실시한다.

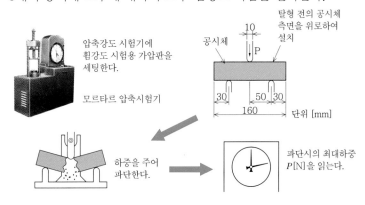

압축강도 시험기에 휨강도 시험용 가압판을 세팅한다.

모르타르 압축시험기

공시체

탈형 전의 공시체 측면을 위로하여 설치

30 50 30
160 단위 [mm]

하중을 주어 파단한다.

파단시의 최대하중 $P[N]$을 읽는다.

5. 압축강도 시험

휨강도 시험에 의해 파단시킨 6개의 공시체에 대해 시험을 실시한다.

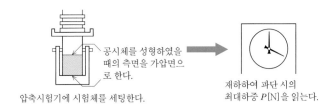

공시체를 성형하였을 때의 측면을 가압면으로 한다.

압축시험기에 시험체를 세팅한다.

재하하여 파단 시의 최대하중 $P[N]$을 읽는다.

6. 결과 정리

① 휨강도

$b = 0.00234 \times P \, [\mathrm{N/mm^2}]$

P : 최대하중 [N]

No.	$P\,[\mathrm{N}]$	$b\,[\mathrm{N/mm^2}]$
1	1,650	3.86
2	1,603	3.75
3	1,688	3.95
평균	−	3.85

② 압축강도

$f_c' = P/1{,}600 \, [\mathrm{N/mm^2}]$

P : 최대하중 [N]

No.	$P \times 10^4\,[\mathrm{N}]$	$f_c'\,[\mathrm{N/mm^2}]$
1	2.69	16.8
	2.67	16.7
2	2.62	16.4
	2.64	16.5
3	2.70	16.9
	2.70	16.9
평균		16.7

7. 결과 이용

(1) 시멘트의 결합력 발현 상태를 본다.

(2) 콘크리트 강도를 예측할 수 있다.

(3) 시멘트 품질을 확인한다.

JIS R 5201의 시멘트 강도 시험, 응결 시험, 안정성 시험은 KS 규격과 차이가 있으므로 주의해야 한다. 참조를 위해 JIS R 5201에 대응하는 KS 규격을 부록에 수록하였다.

시멘트의 응결 시험

• • • • •

압밀 후 비배수 상태로 삼축방향에서 압축력을 가하고 간극수압을 측정하여 깊은
토층에서의 흙 지지력에 대한 근사값을 구한다.

시멘트풀 제작 기구 ① 저울
③ 초시계
⑤ 숟가락
⑦ 비카침 장치(연도계)
⑨ 시멘트 칼

② 모르타르 믹서
④ 메스실린더
⑥ 유리판
⑧ 시멘트풀 용기

1. 시멘트풀 공시체 제작

① 시멘트 500g과 물 100~150ml를 넣고 저속 60초, 30초 정지, 90초 고속회전
한다. 이때 물을 넣은 시각 t_0[s]를 기록한다.

② 비카침을 표준봉으로 하여 세팅한다.

③ 시멘트풀을 원추형 몰드에 넣고 표면을 시멘트칼로 평평하게 고른다.

④ 표준봉을 낙하시켜 밑판에서 6±1mm가 되는 수량[ml]을 기록한다.

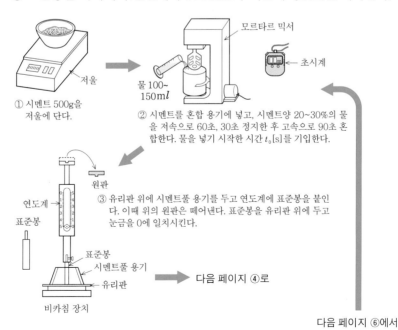

모르타르 믹서

초시계

① 시멘트 500g을
저울에 단다.

물 100~
150ml

② 시멘트를 혼합 용기에 넣고, 시멘트양 20~30%의 물
을 저속으로 60초, 30초 정지한 후 고속으로 90초 혼
합한다. 물을 넣기 시작한 시간 t_0[s]를 기입한다.

원판

연도계
표준봉

③ 유리판 위에 시멘트풀 용기를 두고 연도계에 표준봉을 붙인
다. 이때 위의 원판은 떼어낸다. 표준봉을 유리판 위에 두고
눈금을 0에 일치시킨다.

표준봉
시멘트풀 용기
유리판

비카침 장치

다음 페이지 ④로

다음 페이지 ⑥에서

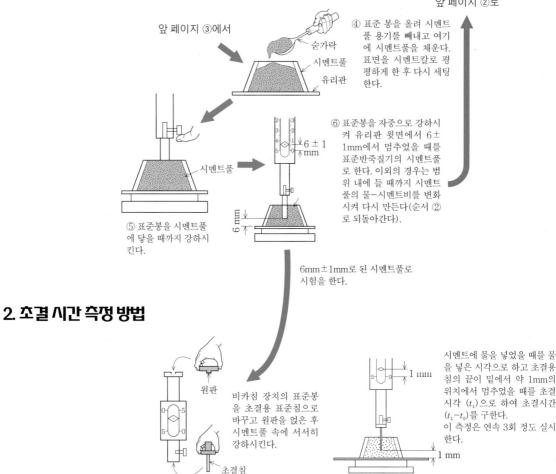

앞 페이지 ③에서

④ 표준 봉을 올려 시멘트 풀 용기를 빼내고 여기에 시멘트풀을 채운다. 표면을 시멘트칼로 평평하게 한 후 다시 세팅한다.

앞 페이지 ②로

숟가락
시멘트풀
유리판

시멘트풀

⑤ 표준봉을 시멘트풀에 닿을 때까지 강하시킨다.

6 ± 1 mm
6 mm

⑥ 표준봉을 자중으로 강하시켜 유리판 윗면에서 6 ± 1mm에서 멈추었을 때를 표준반죽질기의 시멘트풀로 한다. 이외의 경우는 범위 내에 들 때까지 시멘트풀의 물-시멘트비를 변화시켜 다시 만든다(순서 ②로 되돌아간다).

6mm±1mm로 된 시멘트풀로 시험을 한다.

2. 초결 시간 측정 방법

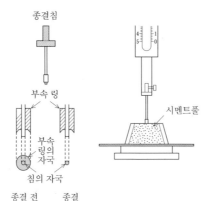

원판

비카침 장치의 표준봉을 초결용 표준침으로 바꾸고 원판을 얹은 후 시멘트풀 속에 서서히 강하시킨다.

초결침

1 mm
1 mm

시멘트에 물을 넣었을 때를 물을 넣은 시각으로 하고 초결용 침의 끝이 밑에서 약 1mm의 위치에서 멈추었을 때를 초결 시각 (t_1)으로 하여 초결시간 ($t_1 - t_0$)를 구한다.
이 측정은 연속 3회 정도 실시한다.

3. 종결 시간 측정 방법

종결침

부속 링

부속 링의 자국

침의 자국

종결 전   종결

시멘트풀

초결용 표준침을 종결용 표준침으로 바꾸고 침의 자국은 만들지만 부속 링의 자국이 남지 않을 때를 종결시각 t_2로 하고 종결시간 ($t_2 - t_0$)를 구한다.
이 측정도 연속 3회 정도 실시한다.

4. 결과 정리

① 초결시간 = 초결시각(t_1) − 물을 넣은 시각(t_0)

② 종결시간 = 종결시각(t_2) − 물을 넣은 시각(t_0)

시멘트 응결 시험			
측정번호	1	2	3
시료무게　　　　[g]	400	400	400
물의 양　　　　[ml]	110	112	110
물을 넣은 시각 [h-m]	9-40	10-00	10-20
초결시각　　　[h-m]	12-03	12-24	12-52
종결시각　　　[h-m]	13-15	13-32	13-48
초결시간　　　[h-m]	2-23	2-24	2-32
종결시간　　　[h-m]	3-35	3-32	3-28

h : 시간, m : 분

5. 결과 이용

(1) 시멘트의 조점성(弔粘性) 판단(위응결)에 이용한다.

(2) 콘크리트의 경화속도(시멘트의 유동성이 상실되는 시간) 등 시공성의 판정에 이용한다.

(3) 시멘트 풍화의 정도를 조사한다.

관●련●지●식

보통 포틀랜드 시멘트의 응결시간과 온도

온도 [C]	습도 [%]	초결시간 [h-m]	종결시간 [h-m]
0	86	6-10	11-39
5	80	4-08	6-25
10	86	3-23	5-17
18	90	2-07	3-21
38	80	1-42	2-05

시멘트의 안정성 시험

• • • • •

시멘트풀의 건조균열로부터 시멘트의 안정성을 조사한다.

시험 기구

① 저울 : 칭량 1kg, 감량 1g 이상의 정밀도를 가지는 것.
② 혼합용기
③ 혼합용 숟가락
④ 메스실린더
⑤ 유리판 : 130×130×2mm
⑥ 시멘트칼
⑦ 습기함(항온항습조)

1 시료 준비

패드를 만드는 방법

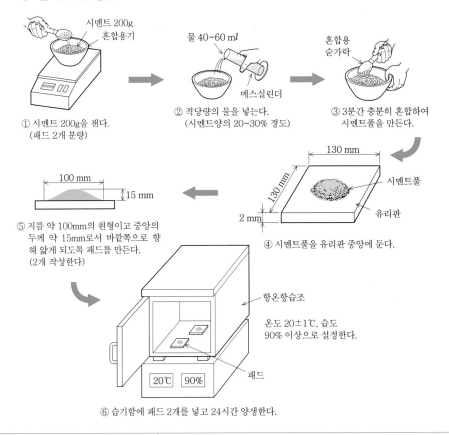

① 시멘트 200g을 잰다.
 (패드 2개 분량)

② 적당량의 물을 넣는다.
 (시멘트양의 20~30% 정도)

③ 3분간 충분히 혼합하여
 시멘트풀을 만든다.

④ 시멘트풀을 유리판 중앙에 둔다.

⑤ 지름 약 100mm의 원형이고 중앙의
 두께 약 15mm로서 바깥쪽으로 향
 해 얇게 되도록 패드를 만든다.
 (2개 작성한다)

항온항습조

온도 20±1℃, 습도
90% 이상으로 설정한다.

패드

⑥ 습기함에 패드 2개를 넣고 24시간 양생한다.

2. 시험 방법

① 패드 2개를 유리판에 붙인 그대로 습기함에서 꺼내어 균열이 없는지 관찰하고 두 개 모두 양호할 때는 90분간 끓인다.

② 패드 중 한 개라도 불량한 균열이 있을 때는 패드 두 개를 다시 만든다.

③ 끓인 후에 자연냉각시킨다.

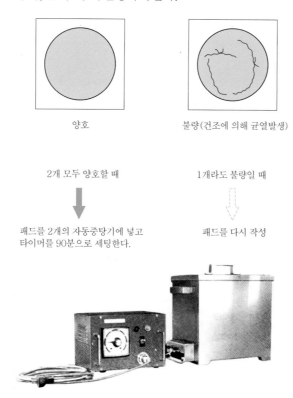

양호

불량(건조에 의해 균열발생)

2개 모두 양호할 때

1개라도 불량일 때

패드를 2개의 자동중탕기에 넣고 타이머를 90분으로 세팅한다.

패드를 다시 작성

3. 결과 판정

이 시험은 모두 육안으로 검사한다.

① 정상적인 패드(양호하다고 판단되는 것)는 서로 가볍게 부딪치거나 패드의 모서리를 콘크리트 바닥 등에 두드렸을 때 맑은 금속음을 낸다.

② 패드가 유리판에서 떨어졌을 때 반드시 변형의 원인이 되었다고 말할 수 없기 때문에 떨어진 패드를 유리판에 대어보거나 2개의 판을 서로 맞대어 보는 등으로 변형의 유무를 확인할 필요가 있다.

③ 팽창성의 균열, 변형의 원인으로 생각되는 것은 시멘트 클링커 속의 유리석회, 산화마그네슘, 산화황 등의 함유량이 많은 것을 예상할 수 있다.

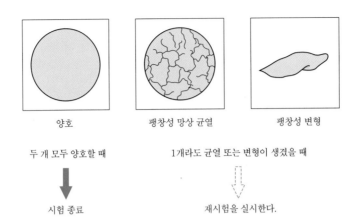

| 양호 | 팽창성 망상 균열 | 팽창성 변형 |

두 개 모두 양호할 때   1개라도 균열 또는 변형이 생겼을 때

시험 종료   재시험을 실시한다.

4. 결과 이용

안정된 패드가 얻어지지 않을 때는 시멘트가 풍화 등을 일으키고 있어 사용하지 않는다.

불안정한 시멘트를 사용하면 구조물의 내구성을 저해하는 원인이 되기 때문에 안정한 시멘트를 사용할 필요가 있다.

모르타르 중의 경량잔골재의 실적률 시험

● ● ● ● ●

경량잔골재를 사용하여 모르타르를 비비고 모르타르 속에서 잔골재가 차지하는 절대용적의 비율(실적률)을 측정한다.

시험 기구

① 용기
② 숟가락
③ 금속성 용기 : 부피 A_0=500ml, 안지름 82mm, 안높이 95mm의 수밀하고 단단한 원통형 용기
④ 다짐봉 : 지름 9mm, 길이 25cm의 둥근 강재로서 끝부분이 반구상인 것.
⑤ 고무망치
⑥ 시멘트 칼

---

1. 시료 준비

시료는 부피로 잰다.

① 포틀랜드시멘트 부피

$A_1 = 20$ml

② 24시간 흡수시킨 표면건조 포화상태의 잔골재 부피

$A_2 = 600$ml

2. 시험 방법

① 시멘트, 잔골재에 물을 가하여 모르타르를 만든다.
② 모르타르 플로가 평균 180±5mm가 되는 배합을 정하고 사용 수량을 기록한다. 플로 시험한 모르타르는 폐기한다.
③ 실적률을 구하는 용기의 부피 A_0 = 500[ml]를 정한다.
④ 용기의 무게 m_0[g]과 소정의 모르타르를 채웠을 때의 용기 무게와 모르타르의 무게 m_1[g]을 잰다.

플로 값 180±5mm를 얻기 위한 수량 시험

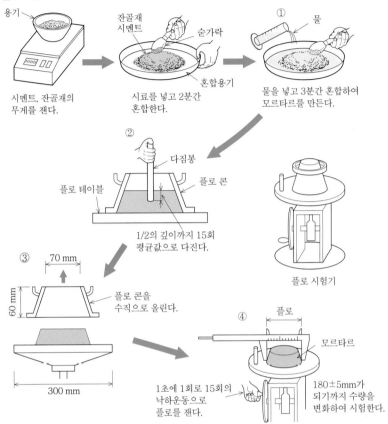

용기

시멘트, 잔골재의
무게를 잰다.

잔골재
시멘트
숟가락
혼합용기

시료를 넣고 2분간
혼합한다.

① 물

물을 넣고 3분간 혼합하여
모르타르를 만든다.

② 다짐봉
플로 테이블
플로 콘

1/2의 깊이까지 15회
평균값으로 다진다.

플로 시험기

③ 70 mm
60 mm

플로 콘을
수직으로 올린다.

300 mm

④ 플로
모르타르

1초에 1회로 15회의
낙하운동으로
플로를 잰다.

180±5mm가
되기까지 수량을
변화하여 시험한다.

모르타르 속 잔골재의 실적률 시험

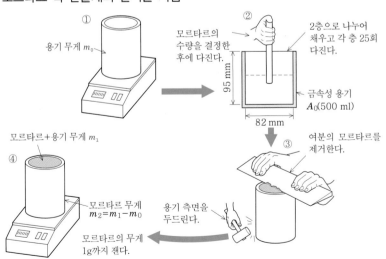

① 용기 무게 m_0

② 모르타르의
수량을 결정한
후에 다진다.

2층으로 나누어
채우고 각 층 25회
다진다.

95 mm

82 mm

금속성 용기
A_0(500 ml)

③ 여분의 모르타르를
제거한다.

④ 모르타르+용기 무게 m_1

모르타르 무게
$m_2 = m_1 - m_0$

용기 측면을
두드린다.

모르타르의 무게
1g까지 잰다.

3. 결과 정리

(1) 플로 값 180 ± 5mm를 얻기 위한 수량을 계산한다.

플로를 180 ± 4mm로 하기 위한 소요 수량의 결정

시 료	무게[g/cm³]×절대용적[ml] = 계산무게[g]			
시멘트	보통포틀랜드	3.16×200 m$l=632$ g		
잔골재	인공경량모래	1.85×600 m$l=1,110$ g		
시험	제1회	제2회	제3회	제4회
물	300 g	320 g	330 g	340 g
플로 최대	167	178	182	189
플로 최소	163	173	180	185
플로 평균	165	176	181	187

(2) 각 배치마다 모르타르 단위용적질량 ρ, 1배치의 모르타르 혼합량 v, 모르타르 속의 잔골재 실적률 V, 모르타르 속의 공기량 A를 계산한다.

모르타르 중 잔골재의 실적률 계산(용기 용적 : $A_0=500$ml)

시 료	시멘트	잔골재	물	합계
무 게	632 g	1 110 g	330 g	$m=2\,072$ g
절대용적	$A_1=200$ ml	$A_2=600$ ml	330 ml	$A_s=1,130$ ml
시험	제1회		제2회	제3회
최대	182		185	170
최소	180		178	179
평균	181		182	175
용기+모르타르 m_1[g]	2 057		2 057	2 060
용기 m_0[g]	1 180		1 180	1 180
모르타르 $m_2=m_1-m_0$[g]	877		877	880
모르타르의 단위용적질량 $\rho=m_2/A_0$	1.750 g/ml		1.750 g/ml	1.756 g/ml
	평균$\rho=1.752$ g/ml			
혼합량, v (m/ρ)	1 184 ml		1 184 ml	1 180 ml
	평균=1 184 ml			
실적률 V $(A_2/v)\times100$	50.7 %		50.7 %	50.8 %
	평균=50.7 %			
정밀도	$V_{max}-V_{min}=50.8-50.7=0.1\leq0.5$			
공기량 $\{(v-A_s)/v\}\times100$	4.56 %		4.56 %	4.23%
	평균=4.45 %			

① 모르타르 단위용적질량

$$\rho = \frac{m_1 - m_0}{A_0} \, [\text{g/m}l]$$

② 1배치의 모르타르 혼합량

$$v = \frac{m}{\rho} \, [\text{m}l]$$

③ 모르타르 속의 잔골재 실적률

$$V = \frac{A_2}{v} \times 100 \, [\%]$$

④ 모르타르 속의 공기량

$$A = \frac{(v - A_s)}{v} \times 100 \, [\%]$$

(3) 3배치의 모르타르에 의해 구한 실적률[%]의 최대값과 최소값의 차가 0.5 이상일 경우 시험을 다시 한다.

3. 결과 이용

경량골재 사용의 적합과 부적합을 판단하여 사용한다.
(1) 경량콘크리트의 시공성을 판단한다.
(2) 경량골재의 입형을 판단한다.

관●련●지●식

모르타르의 단위수량

$$W = \frac{\text{계량한 수량[g]}}{v \, [\text{m}l]} \times 1,000 [\text{kg/m}^3]$$

모르타르 압축강도에 의한 잔골재 시험

• • • • •

잔골재에 포함된 유기물이 시멘트의 수화에 미치는 영향을 조사하여 그 잔골재의
사용 여부를 판정하기 위한 자료를 얻기 위해 모르타르 압축강도의 비를 구한다.

시험 기구	① 저울 : 칭량 5kg, 감량 0.5g
	② 모르타르 믹서 : 혼합용기 4.7ℓ 이상
	③ 원주공시체용 몰드 및 다짐봉 : 지름 9mm
	④ 양생설비 : 수조 20±2℃
	⑤ 압축시험기

1. 시료 준비

① 보통 포틀랜드 시멘트 550g

② 공사에 사용할 물 280g : 증류수, 수돗물도 좋다.

③ 잔골재 1,300g

    a) 현장의 잔골재는 티끌, 유기불순물, 염분 등의 유해물을 함유하지 않은, 입
       도가 콘크리트 표준시방서에 규정한 입도표준에 적합한 것.

    b) 시험용 잔골재는 4분법 등으로 약 25kg을 준비하고 그의 1/3을 수산화나트
       륨 3% 용액으로 씻어 표면건조 포화상태로 만든 것을 사용한다.

2. 시험 방법

① 수산화나트륨으로 씻은 잔골재를 사용하여 모르타르를 만든다.

② 몰드에 다져 넣고 양생을 한 후 압축강도를 시험한다.

③ 현장에 있는 잔골재를 그대로 사용한 모르타르를 만든다.

④ 몰드에 다져 넣고 양생을 한 후 압축강도를 시험한다.

(1) 수산화나트륨으로 씻은 잔골재 시험

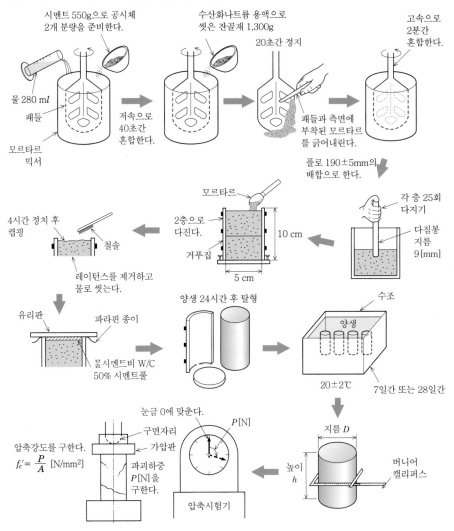

(2) 현장의 잔골재를 사용한 시험

수산화나트륨으로 씻은 시험과 같은 방법으로, 수산화나트륨 용액으로 씻지 않은
잔골재로 시험한다.

3. 결과 정리

(1) 압축강도비

$$압축강도비 = \frac{시험잔골재를 사용한 모르타르 압축강도}{수산화나트륨 용액으로 씻은 시험 잔골재 사용 모르타르 압축강도} \times 100[\%]$$

(2) 통상은 시험 잔골재를 사용한 모르타르와, 시험 잔골재를 수산화나트륨 3% 용액으로 세척한 것을 사용한 모르타르의 압축강도로부터 위의 식으로 각 재령의 압축강도비를 산출하고 소수점 첫째 자리에서 반올림한다.

		현장에서 채취한 잔골재 사용 모르타르		수산화나트륨 용액으로 씻은 잔골재 사용 모르타르	
		7일	28일	7일	28일
시멘트 무게 [g]		550	550	550	550
물 무게 [g]		280	280	280	280
잔골재 무게 [g]		1,300	1,300	1,300	1,300
플로 값 (190±5)		185	187	191	191
단위용적질량 [kg/l]					
공시체 크기	평균지름 D[cm]	5.00	5.00	5.03	5.00
	평균단면적 A[cm^2]	20.00	19.73	19.73	20.00
	평균높이 h[cm]	10.00	10.02	10.01	10.00
파괴하중	1. P_1	4,440	8,360	4,590	8,680
	2. P_2	4,440	8,380	4,600	8,690
	평균	4,420	8,370	4,595	8,670
압축강도 $f_c' = P/A$ [N/mm^2]	1. f'_{1c}	222	424	233	434
	2. f'_{2c}	220	425	233	435
	평균	A_7=221	A_{28}=425	B_7=233	B_{28}=435
압축강도 비교					
재령(일)		7일 강도비		28일 강도비	
압축강도비 $\dfrac{f_c'\ (A)}{f_c'\ (B)}$		$\dfrac{221}{233}$=0.95		$\dfrac{425}{435}$=0.98	

결과는 책임기술자의 승인을 얻어 사용할 수 있다.

4. 결과 이용

배합설계를 실시할 때 적절한 잔골재 사용의 가부 판정에 이용한다.

(1) 압축강도비는 95% 이상이면 그 잔골재를 사용해도 좋다.

(2) 공기량의 측정은 시험에 사용할 물이 세제, 유지, 후민산 등으로 오염되었는지의 여부를 판단하는 지표가 된다.

관●련●지●식

시험 시 모르타르의 재령
- 보통 포틀랜드 시멘트 : 7일 및 28일
- 중용열 포틀랜드 시멘트 : 7일 및 28일
- 혼합 시멘트 : 7일 및 28일

- 조강 포틀랜드 시멘트 : 3일 및 7일
- 초조강 포틀랜드 시멘트 : 1일 및 3일

여기에 기술된 시험 방법과 유사한 국내의 규정으로 KS F 2514(모르타르 압축강도에 의한 유기불순물을 함유한 잔골재 시험방법)이 있다.

★ 슬럼프 시험

• • • • •

굳지 않은 콘크리트의 슬럼프를 구하여 콘크리트 타설 관리에 사용한다.

시험 기구

① 핸드스코프
② 슬럼프 콘 : 상단 안지름 10cm, 하단 안지름 20cm, 높이 30cm의 철제로 된 원추형 용기.
③ 수밀한 철판
④ 다짐봉 : 지름 16mm, 길이 50cm, 끝이 반원형으로 된 것.
⑤ 흙손
⑥ 슬럼프 측정기
⑦ 온도계

---

1. 시료 채취

레디믹스트 콘크리트 또는 혼합한 콘크리트를 준비한다.

굵은골재 최대치수가 40mm를 넘는 콘크리트의 경우는 최대치수 40mm를 넘는 골재를 제거한다.

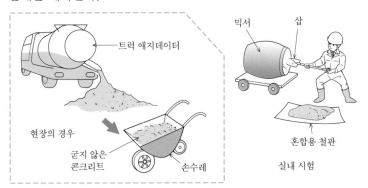

2. 시험 방법

① 채취한 콘크리트 시료를 슬럼프 콘에 3층으로 채운다.
② 표면을 흙손으로 평평하게 하고 콘을 들어 올린다.
③ 콘크리트 최상부의 침하량 S[cm]를 슬럼프로서 측정한다.
④ 콘크리트의 측면을 다짐봉으로 가볍게 쳐서 무너지는 상태를 관찰한다.

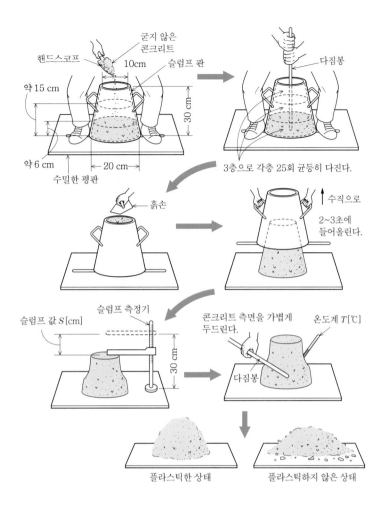

3. 결과 정리

① 슬럼프값을 측정한다.

② 다짐봉으로 콘크리트의 측면을 두드렸을 때의 상태(콘크리트의 퍼짐과 재료 분리의 상태)를 관찰한다.

③ 콘크리트의 온도 $T[℃]$를 측정한다.

측정번호	1	2	3
① 슬럼프 $S[cm]$	10.0	10.5	10.5
② 다짐봉으로 콘크리트 측면을 두드렸을 때의 상태	플라스틱한 상태	플라스틱한 상태	플라스틱한 상태
③ 콘크리트 온도 $T[℃]$	19.5	19.0	20.0

4. 결과 이용

콘크리트의 컨시스턴시의 판정과 물시멘트비의 관리에 사용한다.

콘크리트 타설 시의 표준 슬럼프

구조물의 종류		슬럼프 [cm]
철근 콘크리트	일반적인 경우	5~12
	단면이 큰 경우	3~10
무근 콘크리트	일반적인 경우	5~12
	단면이 큰 경우	3~8
경량 콘크리트		5~12
포장 콘크리트		2.5 (침하도 30초)
댐 콘크리트		2~5

슬럼프의 특성

슬럼프	성질	특징
大	묽은 반죽 콘크리트	유동성이 높다
		점성이 낮다
小	된 반죽 콘크리트	유동성이 낮다
		점성이 높다

타설 시의 콘크리트 온도 $T[℃]$

서중 콘크리트	35℃ 이하
한중 콘크리트	5~20℃

사용 재료의 온도변화에 따른 콘크리트의 효과

재료	온도변화[℃]	콘크리트의 온도변화
시멘트	±8	각각 콘크리트의 온도를 ±1℃ 변화시킬 수 있다.
물	±4	
골재	±2	

관●련●지●식

컨시스턴시(consistency)

변형 또는 유동에 대한 저항성의 정도로 표시되는 굳지 않은 콘크리트의 성질.

워커빌리티(workability)

컨시스턴시 및 재료 분리에 대한 저항성의 정도에 의해 정해지는 굳지 않은 콘크리트의 성질.

플라스티시티(plasticity)

용이하게 거푸집에 채워 넣을 수 있고 거푸집을 제거하면 천천히 모양이 변하지만 무너지거나 재료 분리가 일어나지 않는 콘크리트의 성질.

★ 진동식 컨시스턴시미터 시험

● ● ● ● ● ●

된반죽 콘크리트의 침하도를 측정하여 콘크리트의 시공관리에 사용한다.

시험 기구	① 진동대식 컨시스턴시 시험기 : 테이블 진동기(진동수 1,500 rpm, 진폭 약 0.8mm), 용기 (안지름 24cm, 높이 20cm), 콘(상단 안지름 15cm, 하단 안지름 20cm, 높이 22.7cm) 및 투명한 원판으로 구성된 장치. ② 다짐봉 : 지름 16mm, 길이 50 cm, 끝이 반구형인 환강 ③ 핸드스코프 ④ 흙손 ⑤ 초시계 ⑥ 온도계

1. 시료 채취

레디믹스트 콘크리트 또는 혼합한 콘크리트를 준비한다.

콘크리트의 슬럼프가 2.5~5cm의 된반죽 콘크리트에 대하여 실시한다.

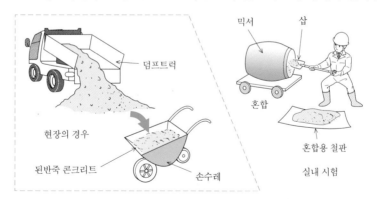

2. 시험 방법

① 채취한 콘크리트를 2층으로 채우고 흙손으로 표면을 고른다.

② 콘을 들어올리고 원판을 위에 두고 진동시켜 소정량 침하하기까지의 시간경과 (침하도) t_2[s]를 측정한다.

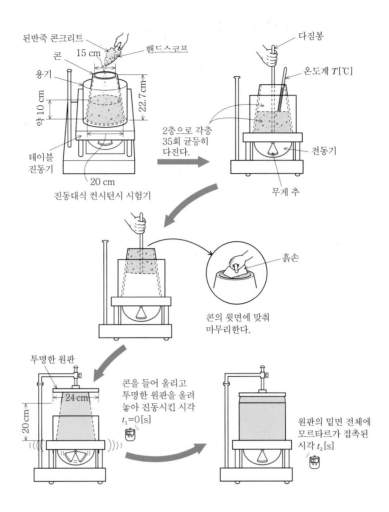

3. 결과 정리

① 침하도 t[s]

진동 개시로부터 원판 밑면 모르타르가 접촉하기까지 소요된 시간(t_2-t_1)을 나타낸다.

② 슬럼프 S[cm]

슬럼프 시험(KS F 2402)에 의해 구한다. 슬럼프 시험은 콘크리트의 워커빌리티를 판단하는 수단으로 널리 사용된다.

측정번호			1	2	3
침하도	t	[s]	30	28	33
슬럼프	S	[cm]	2.5	3.0	3.5
콘크리트 온도	T	[℃]	19.0	20.0	19.0

4. 결과 이용

된반죽 콘크리트의 컨시스턴시 판정과 배합설계의 단위굵은골재용적의 선정에 사용한다.

콘크리트 타설 시의 표준 슬럼프

구조물의 종류		슬럼프 [cm]
철근 콘크리트	일반적인 경우	5~12
	단면이 큰 경우	3~10
무근 콘크리트	일반적인 경우	5~12
	단면이 큰 경우	3~8
경량 콘크리트		5~12
포장 콘크리트		2.5 (침하도 30s)
댐 콘크리트		2~5

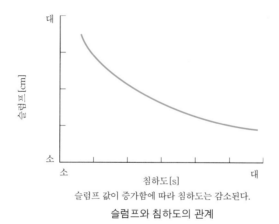

슬럼프 값이 증가함에 따라 침하도는 감소된다.

슬럼프와 침하도의 관계

━━━● 관●련●지●식 ●━━━

여기에 기술된 시험 방법과 유사한 국내의 규정으로 KS F 2427(굳지 않은 콘크리트의 반죽질기 시험 방법 (비비기 방법))이 있다.
KS에서는 이 시험에 사용하는 콘의 규격을 슬럼프 시험에서 사용하는 콘의 크기와 같게 하고, 진동대의 진동수 표준치를 3,000rpm으로 규정하고 있다.

공기량 시험장치의 검정

• • • • •
공기량 시험에 사용하는 장치의 눈금 수정 방법을 규정한다.

시험 기구

① 워싱턴형 공기량 측정기 : 콘크리트와 뚜껑 사이의 공기에 물을 주입하여 시험하도록 만들어진 기구·용기의 용량은 5ℓ 이상의 것을 사용한다.
② 저울
③ 온도계
④ 공기주입펌프
⑤ 주수용(注水用) 스포이드
⑥ 메스실린더

---

1 용기 용적의 측정

① 용기의 무게 m'[kg]
② 물을 채운 용기의 무게 m''[kg]
③ 채운 물의 온도 T[℃] 및 물의 밀도 ρ_w[g/cm³]
④ 용기의 부피 V[cm³]

수온과 물의 밀도의 관계

온도 [℃]	4	10	20	30
밀도 [g/cm³]	1.0000	0.9997	0.9982	0.9957

$V = (m - m')/\rho_w$

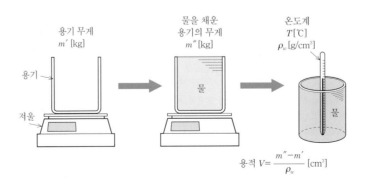

용기 무게
m' [kg]

물을 채운
용기의 무게
m'' [kg]

온도계
T[℃]
ρ_w[g/cm³]

용기

저울

물

물

용적 $V = \dfrac{m'' - m'}{\rho_w}$ [cm³]

부피 측정 결과

측정 번호		1
용기 무게 m' [kg]		9.490
물을 채운 용기 무게 m'' [kg]		16.530
채운 물의 온도 및 밀도 T [℃] ρ_w[g/cm³]		20℃ 0.9982
용기의 부피 $V=(m''-m')/\rho_w$[m³]		7.053×10^{-3}

2. 초기 압력의 검정

콘크리트 용기에 물을 채우고 air meter를 설치한다.

① 주수(注水), 배기구의 밸브를 열고 주수용 스포이드로 물을 가득 채우고 모든 밸브를 잠근다.

② 공기주입 펌프로 가압하여 초기압력(0)보다 높게 한다.

③ 5초 후에 조절밸브로 공기량 0%의 눈금에 맞춘다.

④ 작동밸브를 열어 공기량 0%를 확인한다.

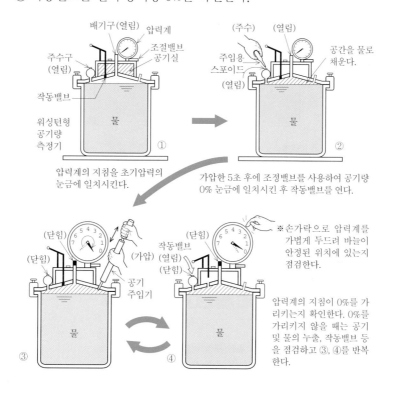

3. 공기량 눈금의 검정

① 용기에 물을 가득 채운 다음 용기에서 2% 물을 빼내어 공기로 치환한다.

② 공기량 시험을 하여 공기량이 2%를 나타내는지 확인한다.

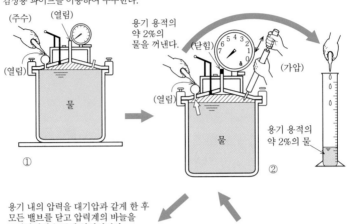

검정용 파이프를 이용하여 주수한다.

(주수) (열림)

(열림)

물

①

용기 용적의 약 2%의 물을 꺼낸다.

(닫힘)

(열림)

물

②

(가압)

용기 용적의 약 2%의 물

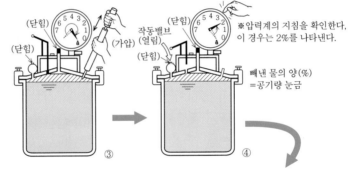

용기 내의 압력을 대기압과 같게 한 후 모든 밸브를 닫고 압력계의 바늘을 초기압력의 눈금에 일치시킨다.

(닫힘)

(닫힘)

(가압)

③

작동밸브 (열림)

(닫힘)

(닫힘)

④

※압력계의 지침을 확인한다, 이 경우는 2%를 나타낸다.

빼낸 물의 양(%) =공기량 눈금

※빼낸 물량 백분율(%)과 공기량 눈금의 값이 일치하지 않을 때는 양자의 관계를 도시하여, 공기량을 측정할 때 눈금을 읽은 값에서 공기량을 구하기 위해 사용한다.

②③④를 4~5회 정도 반복한다.

4. 결과 이용

공기량 시험 개시 준비를 한다.

관●련●지●식

검정(calibration)

기준치를 정하여 이것에 합치시키기 위한 조정 방법을 정한 것. 또는 단순히 기기를 초기 상태로 조정하는 것을 말한다.

★ 공기량 시험(공기실 압력법)

• • • • •

굳지 않은 콘크리트 속에 포함되어 있는 공기량을 측정하여 내구성, 시공성을 판단한다.

제조 기구

① 워싱턴형 공기량 측정기
② 다짐봉
③ 핸드스코프
④ 고무망치
⑤ 고름대(straight edge) : 길이 30cm, 3각형 단면의 강제 직선자
⑥ 공기주입펌프
⑦ 주수용(注水用) 스포이드
⑧ 시료팬

---

1. 시험 방법

① 콘크리트를 3층 다짐한다.

② 물을 주입하고 가압한다.

③ 초기압력의 눈금과 일치한다.

④ 초기압력을 설정한다.

⑤ 작동밸브를 열고 공기량 A_1[%]를 측정한다.

(1) 공기량 A_1[%]의 측정

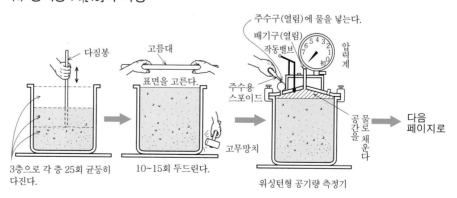

주수구(열림)에 물을 넣는다.

다짐봉

고름대

표면을 고른다.

배기구(열림)

작동밸브

압력계

주수용 스포이드

공 물 로 간 을 채 운 다

다음 페이지로

3층으로 각 층 25회 균등히 다진다.

10~15회 두드린다.

고무망치

워싱턴형 공기량 측정기

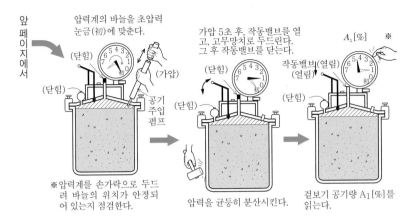

앞 페이지에서

압력계의 바늘을 초압력 눈금(初)에 맞춘다.

(닫힘)

(가압)

(닫힘)

공기 주입 펌프

※압력계를 손가락으로 두드려 바늘의 위치가 안정되어 있는지 점검한다.

가압 5초 후, 작동밸브를 열고, 고무망치로 두드린다. 그 후 작동밸브를 닫는다.

(닫힘)

압력을 균등히 분산시킨다.

A_1 [%] ※

작동밸브(열림) (열림)

(닫힘)

겉보기 공기량 A_1 [%]를 읽는다.

(2) 골재수정계수 G [%] 시험

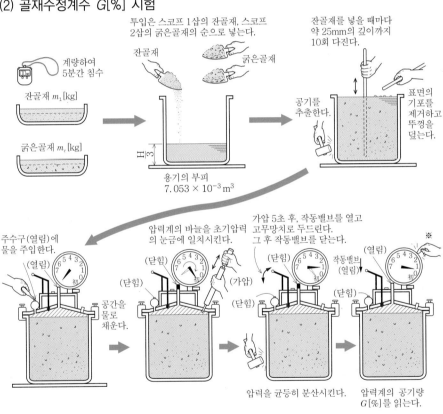

투입은 스코프 1삽의 잔골재, 스코프 2삽의 굵은골재의 순으로 넣는다.

계량하여 5분간 침수

잔골재 m_1 [kg]

굵은골재 m_c [kg]

잔골재

굵은골재

$\frac{H}{3}$

용기의 부피 $7.053 \times 10^{-3}\,\mathrm{m}^3$

잔골재를 넣을 때마다 약 25mm의 깊이까지 10회 다진다.

공기를 추출한다.

표면의 기포를 제거하고 뚜껑을 덮는다.

주수구(열림)에 물을 주입한다.

(열림)

공간을 물로 채운다.

압력계의 바늘을 초기압력의 눈금에 일치시킨다.

(닫힘)

(가압)

가압 5초 후, 작동밸브를 열고 고무망치로 두드린다. 그 후 작동밸브를 닫는다.

(닫힘)

(닫힘)

작동밸브 (열림)

압력을 균등히 분산시킨다.

(열림)

※

(닫힘)

압력계의 공기량 G [%]를 읽는다.

※ 압력계를 손가락으로 가볍게 두드려 바늘위치가 안정되었는지 점검한다.

공기량 A [%]
$A = A_1 - G$

2. 결과 정리

① 겉보기 공기량 A_1[%]

② 골재수정계수 G[%]

골재의 내부에 포함된 공기량으로 골재에 따라 변화한다. 골재수정계수는 골
재의 흡수량과는 관계없이 거의 일정하며 시험에 의해 정한다.

③ 공기량

$$A = A_1 - G[\%]$$

통상의 관리시험에서는 골재수정계수를 빼고 보고하는 예가 많은데 이때는 겉
보기 공기량이라는 점에 주의해야 한다.

측정 번호		1	2	3
겉보기 공기량	A_1 [%]	4.6	4.5	4.6
골재 수정계수	G [%]	0.2	0.2	0.3
공기량	$A=A_1-G$ [%]	4.4	4.3	4.3

3. 결과 이용

배합설계와 품질관리시험에 있어서 콘크리트의 품질평가의 판정에 사용된다.

(1) AE 콘크리트의 공기량

굵은골재 최대치수, 기타에 따라 콘크리트 용적의 4~7%를 표준으로 한다.

(2) 공기량에 영향을 미치는 요소

a) AE 제 : 사용량이 증가하면 공기량은 증가한다.

b) 시멘트 : 분말도가 높을수록 또 단위시멘트양이 클수록 공기량은 감소한다.

c) 잔골재 : 잔골재 중의 0.3~0.6mm의 입자가 많으면 공기량은 증가한다.

d) 비비기 : 기계혼합의 경우 최초 1~2분에 공기량이 급격히 증가하며 3~5분
에 최대가 된다.

e) 콘크리트의 온도 : 온도가 높을수록 공기량은 감소한다.

f) 배합 : 부배합(시멘트양이 많은 배합)이 될수록 공기량도 감소한다.

관●련●지●식

연행공기

AE제, AE감수제 등에 의해 연행된 공기

갇힌 공기

혼화제를 사용하지 않아도 콘크리트 속에
자연적으로 포함되는 공기

재료시험 *27* JIS A 1116(KS F 2409)
콘크리트의 단위용적질량 시험

• • • • •

굳지 않은 콘크리트 단위용적질량을 측정하고, 경화 후의 단위용적질량을 추정한다.

시험 기구

① 용기 : 금속재의 원통형의 것으로 굵은골재의 최대치수에 따라 크기가 다르다. 최대치수가 10mm를 넘고 50mm 이하인 경우는 안지름 24cm, 안높이 22cm의 용기를 사용한다.
② 저울
③ 온도계
④ 다짐봉 : 지름 16mm, 길이 50mm, 끝이 둥근 반원형의 강봉
⑤ 핸드스코프
⑥ 흙손
⑦ 고무망치
⑧ 고름대(straight edge) : 길이 30cm, 3각형 단면의 강제 직선자

1. 시료의 채취

레디믹스트 콘크리트 또는 혼합한 콘크리트를 준비한다.

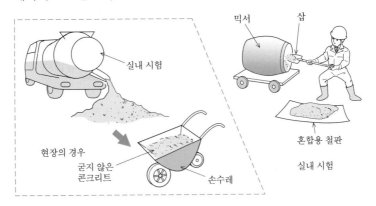

2. 시험 방법

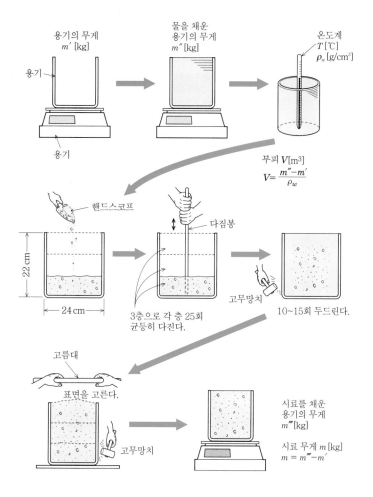

용기의 무게
m' [kg]

용기

용기

물을 채운
용기의 무게
m'' [kg]

온도계
T [℃]
ρ_w [g/cm³]

부피 V[m³]

$$V= \frac{m''-m'}{\rho_w}$$

핸드스코프

다짐봉

22 cm

24 cm

3층으로 각 층 25회
균등히 다진다.

고무망치

10~15회 두드린다.

고름대

표면을 고른다.

고무망치

시료를 채운
용기의 무게
m'''[kg]

시료 무게 m [kg]
$m = m'''-m'$

2. 결과 정리

측정번호		1	2
① 용기 무게	m [kg]	8.380	8.330
② 물을 채운 용기의 무게	m''[kg]	18.420	18.400
③ 시료를 채운 용기의 무게	m'''[kg]	32.005	31.935
④ 채운 물의 온도 및 물의 밀도	T [℃] ρ_w[g/cm³]	20 0.9982	19 0.9984
⑤ 용기 용적(=$(m''-m')/\rho_w$)	V [m³]	0.010058	0.010086
⑥ 시료 무게(=$m'''-m'$)	m [kg]	23.625	23.605
⑦ 단위용적질량(m/V)	ρ_c [kg/m³]	2,349	2,340
⑧ 단위용적질량의 평균	ρ_c [kg/m³]	2,345	

4. 결과 이용

경화한 콘크리트의 단위용적질량을 알아 콘크리트 구조물의 설계 등에 이용한다.

각 콘크리트의 단위용적질량

구조물의 종류	단위용적질량 [kg/m³]
무근 콘크리트	2,300~2,350
철근 콘크리트	2,450~2,500
경량골재 콘크리트	1,500~2,000
중량골재 콘크리트	3,000~5,000
댐 콘크리트	2,300 이상

위 표의 철근 콘크리트의 단위용적질량은 무근 콘크리트의 단위용적질량에 철근의 평균적인 사용량 150kg/m³를 더한 값이다.

온도 T[℃]와 물의 밀도 ρ_w[g/cm³]의 관계

온도 [℃]	4	10	15	20	30
밀도 [g/cm³]	1.0000	0.9997	0.9991	0.9982	0.9957

관●련●지●식

굵은골재에 따른 각 층의 다짐횟수

굵은골재 최대치수[mm]	다짐횟수
10 이하일 때	10
50 이하일 때	25
50을 초과할 때	50

콘크리트의 단위용적질량

콘크리트의 단위용적질량은 골재의 종류, 공기량, 콘크리트의 배합, 함수율 등에 따라 크게 변화한다.

경량골재 콘크리트와 중량골재 콘크리트

경량골재 콘크리트는 자중을 경감시키기 위해 경량골재를 사용하여 만든 콘크리트이고, 중량 골재 콘크리트는 밀도가 특히 큰 골재를 사용하여 만든 콘크리트로서 원자력 시설의 벽 등에 사용된다.

블리딩 시험

● ● ● ● ●
굳지 않은 콘크리트 및 모르타르의 윗면에서 떠오르는 물의 양을 측정한다.

시험 기구	① 용기 : 안지름 25cm, 안 높이 28.5cm의 금속제 원통	
	② 뚜껑 : 유리, 철판 등	③ 저울
	④ 다짐봉	⑤ 핸드스코프
	⑥ 온도계	⑦ 시계
	⑧ 흙손	⑨ 피펫
	⑩ 메스실린더	⑪ 굄목 : 두께 5cm 정도의 것
	⑫ 자	

1. 시험 준비

① 굵은골재의 최대치수가 50mm를 넘는 콘크리트의 경우는 50mm를 넘는 굵은 골재를 제거한다.

② 실험실의 온도를 20±3℃, 콘크리트 시료의 온도를 20±2℃로 한다.

2. 시험 방법

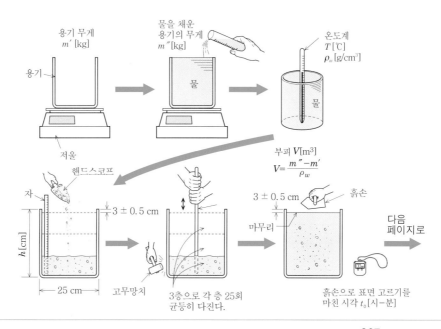

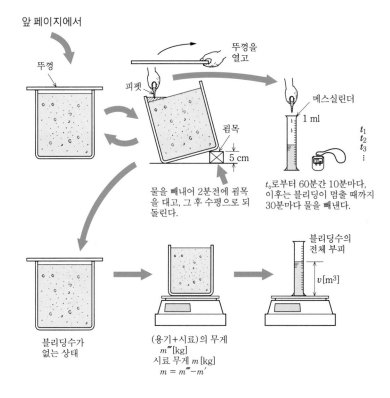

3. 결과 정리

1m³당의 시료 총무게 M[kg]과 1m³당 콘크리트의 수량 W[kg]은 시방배합표를 이용하여 구하고, 용기의 용적 V[cm³]와 블리딩율 η[%]는 다음 식으로 구한다.

① 용기의 용적 V[cm³]

$$V = (m'' - m')/\rho_w$$

② 블리딩율 η[%]

$$\eta = \frac{\rho_w v \times M}{W \times m} \times 100[\%]$$

시방 배합표

단위량 [kg/cm³]							
물 W	시멘트 C	혼화재 F	잔골재 S	굵은골재 G 5~25 mm	혼화재료		콘크리트 전체 무게 M
					혼화제	혼화제	
182	312	–	781	1,116	–	–	M=2,391

측정항목	측정값	시험결과			
		경과시간 [분]	시각 [시-분]	블리딩 수량의 누계 [cm³]	실온 [℃]
① 용기 무게 m' [kg]	11.450				
② 물을 채운 용기 무게 m'' [kg]	25.530	0	14-10	-	20.5
③ 채운 물의 온도 T[℃] 및 밀도 ρ [g/cm³]	20℃ 0.9982	10	14-20	6.0	20.5
④ 용기 용적 V[cm³]	14 105	20	14-30	11.0	20.5
⑤ 용기의 높이 h[cm]	28.70	30	14-40	19.5	20.0
⑥ 용기 윗면의 면적 A[cm²] $A=V/h$	491.5	40	14-50	30.0	20.0
⑦ 블리딩수의 전체량 v[cm³] 블리딩수의 무게 $\rho_w v$[g]	82.0 81.852	50	15-00	42.0	20.0
⑧ (시료+용기)의 무게 m''' [kg]	43.850	60	15-10	49.5	20.0
⑨ 시료 무게 m[kg] $m=m'''-m'$	32.400	60	15-40	73.0	20.0
⑩ 1m³ 재료의 전체 무게 M[kg]	2 391	90	16-10	79.0	19.5
⑪ 1m³당 콘크리트의 수량 W[kg]	182	120	16-40	81.0	19.5
⑫ 블리딩양 [cm³/cm²] $v \div A$	0.167	150	17-10	82.0	19.5
⑬ 블리딩율 [%]	3.32	180			
⑭ 콘크리트 온도 [%]	19.5	210			
⑮ 용기에 시료 채우기를 완료한 시각 [시-분]	14-10	240			

4. 결과 이용

재료 분리의 경향을 알고 AE제 및 감수제 등의 품질을 평가하는 데 이용한다.

●관●련●지●식●

블리딩(bleeding)

콘크리트 속의 고체입자가 침하하여 윗면에 물이 떠오르는 현상

블리딩에 영향을 미치는 요인

영향을 미치는 요인	블리딩값
시멘트 분말도가 높을 때	작다
잔골재 입도가 가늘 때	작다
물시멘트비가 클 때	크다
치기 속도가 빠를 때	크다

레이턴스(laitance)

블리딩과 함께 떠오른 미립자가 콘크리트 표면에 달라붙은 것. 콘크리트를 이어 치는 경우 쇠솔 등으로 반드시 제거한다.

강도에 따라 정하는 물시멘트비

●●●●●

배합강도 f'_{cr}을 만족하는 물시멘트비 W/C를 정한다.

1 배합설계의 기초

① 콘크리트의 종류

② 기상 조건

③ 혼화제의 종류와 사용량 : 혼화제는 연행공기의 과부족에 따라 비례적으로 조정하여 양을 결정한다.

④ 설계기준강도(f'_{ck}) : 설계에서 기준으로 하는 강도로서 일반적으로 재령 28일의 압축강도를 기준으로 한다.

⑤ 재료의 물리적 특성값 : 재료의 밀도, 흡수율 등

⑥ 굵은골재 최대치수

⑦ 슬럼프값

⑧ 공기량

⑨ 배합강도(f'_{cr})

⑩ 증가계수(α) : 배합강도를 정할 때에 품질의 변동을 고려하여 설계기준강도를 증가시키는 계수. 콘크리트의 품질변동이 클 때는 α가 크게 되며 신뢰성이 저하한다.

⑪ 물시멘트비(W/C) : 물(W)과 시멘트(C)의 무게비

⑫ 시멘트물비(C/W) : 물시멘트비의 역수를 말한다.

2. 설계 조건의 예

① 구조물의 종류	철근콘크리트(일반적인 경우)
② 기상 조건	기상작용이 심한 경우
③ 혼화제의 종류와 사용량	AE제, 표준사용량은 시멘트 무게의 0.03%로 한다.
④ 설계기준강도	24N/mm²
⑤ 재료의 물리적 특성값 시멘트 : 밀도 3.15g/cm³ (보통 포틀랜드 시멘트) 잔골재 : 표건상태의 밀도 2.58g/cm³, 조립률 3.03 굵은골재 : 표건상태의 밀도 2.63g/cm³, 조립률 7.32, 최대치수 25mm	

3. 굵은골재 최대치수, 슬럼프 및 공기량의 선정

⑥ 굵은골재 최대치수	25mm (아래 표에서)
⑦ 슬럼프값	10cm (아래 표에서)
⑧ 공기량	5.0% (현장의 관리 상태를 고려하여 설정한다.)

굵은골재 최대치수의 표준

구조물의 종류	굵은골재 최대치수 [mm]
철근콘크리트	부재 최소치수의 1/5 또는 철근의 최소 수평 순간격 및 피복두께의 3/4를 넘지 않을 것.
	일반적인 경우 20 또는 25
	단면이 큰 경우
무근콘크리트	부재 최소치수의 1/4을 넘지 않을 것.
	40
포장콘크리트	40 이하
댐콘크리트	150 정도 이하

슬럼프의 표준값

종 류		슬럼프[cm]	
		통상의 콘크리트	고성능 AE 감수제를 사용한 콘크리트
철근 콘크리트	일반적인 경우	5~12	12~18
	단면이 큰 경우	3~10	8~15
무근 콘크리트	일반적인 경우	5~12	–
	단면이 큰 경우	3~8	–
포장콘크리트		2.5(침하도 30초)	
댐콘크리트		2~5	

4. 배합강도의 설정

구조물 설계는 콘크리트의 품질이 변동한 경우에도 압축강도의 조건을 만족하는 것이어야 한다. 그 때문에 배합강도 f_{cr}은 설계기준강도를 보증하기 위해 증가시킨다.

$$f_{cr} = f_{ck}(설계기준강도) \times \alpha(증가계수)$$

예상되는 변동계수를 15%로 하면 증가계수 $\alpha=1.32$가 된다. 예를들면 아래 그림에서 설계기준강도 f_{ck}를 24N/mm²라 하면 배합강도 f_{cr}은

$$f_{cr} = \alpha \times f_{ck} = 1.32 \times 24 = 31.7\text{N/mm}^2$$

가 된다.

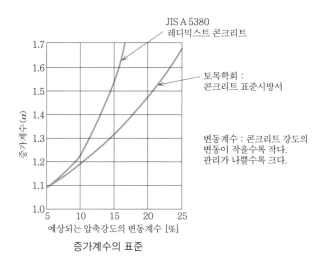

증가계수의 표준

5. 물시멘트비의 추정

지금까지의 실험으로부터 재령 28일의 시멘트물비 C/W와 압축강도 f'_c[N/mm²]에는 다음의 관계가 성립한다고 하자. 이것을 참고로 하여 물시멘트비 W/C의 값을 정한다.

$$f'_c = -20.58 + 21.07C/W$$

$$31.7 = -20.58 + 21.07C/W$$

위의 식으로부터 C/W=2.48, 따라서 W/C=0.40이 된다. 콘크리트의 내동해성을 기준으로 하는 최대 물시멘트비 W/C는 기상작용이 심하고 단면의 크기가 일반적인 경우 또 종종 물로 포화되는 조건하에서 W/C=60%로 되어 있다. 따라서 물시멘트비 W/C=40%로 정한다.

6. 결과 이용

콘크리트의 시험비비기에 사용하는 각 재료의 배합량으로 사용한다.

◀ 관●련●지●식 ▶

단위량

1m³의 콘크리트에 대한 양. 단위수량은 1m³당 필요한 수량[kg]을 나타낸다. 단위시멘트양은 1m³당 필요한 시멘트양[kg]을 나타낸다.

혼화재료

시멘트, 물, 골재 이외의 재료로서 타설하기 전에 필요에 따라 콘크리트에 첨가하여 사용하는 재료.

혼화재

혼화재료 중 슬래그, 플라이애시 등 사용량이 시멘트양의 5% 이상으로 비교적 많아서 그 자체의 부피가 콘크리트의 배합계산에 고려되는 것.

혼화제

혼화재료 중 AE제, 감수제 등의 사용량이 시멘트양의 1% 미만으로 비교적 적어서 그 자체의 부피가 콘크리트의 배합계산에서 무시되는 것.

콘크리트 배합

1m³(단위량)의 콘크리트를 만들 때의 물, 시멘트, 잔골재, 굵은골재, 혼화재료의 사용량을 정한 것.

배합비의 결정

●●●●●
콘크리트의 시험비비기에 앞서 1배치당의 물, 시멘트, 골재 및 혼화재료의 배합량을
계산하는 것.

1. 배합 요소

① 잔골재의 조립률 FM[%]

② 슬럼프 S[cm]

③ 물시멘트비 W/C[%]

④ 공기량 A[%]

⑤ 잔골재율 s/a[%]

⑥ 단위수량 W[%]

2. 잔골재율 및 단위수량의 가정

배합강도 f_a = 31.7N/mm²를 확보하기 위한 배합설계를 실시한다. 굵은골재 최
대치수 25mm에 대하여 배합설계 참고표 및 보정표를 기준으로 잔골재율 s/a 및
단위수량 W를 구한다. 잔골재율 s/a, 단위수량 W의 보정계산은 다음 항의 보정
표에 의해 실시한다.

	보정 항목	참고 조건	배합 조건	⑤ s/a=42% s/a의 보정량	⑥ W=170 kg W의 보정량
①	잔골재 조립률	2.8	3.03	(3.03−2.8)÷0.1 ×0.5=1.2%	−
②	슬럼프	8	10	−	(10−8)×1.2 =2.4%
③	물시멘트비	0.55	0.45	(0.45−0.55)÷ 0.05×1=−2.0%	−
④	공기량	5.0	5.0	−	−
	조정값			s/a=42+1.2 −2.0=41.2%	W=170×1.024 =174 kg

3. 단위량의 계산

위 표의 값을 참고로 하여 다음과 같이 계산한다.

(1) 단위시멘트양 C=174÷0.45=387kg

(2) 시멘트 절대용적 $c=387\div3.15=123l$

　　(3.15 : 보통 포틀랜드 시멘트의 밀도 [g/cm³])

(3) 공기량 용적환산 $e=1,000\times0.050=50l$

(4) 골재 절대용적 $a=1,000-(123+50+174)=653l$

(5) 잔골재 절대용적 $s=653\times0.412=269l$(0.412 : 조정값)

(6) 굵은골재 절대용적 $g=653-269=384l$

(7) 단위잔골재량 $S=269\times2.58=694\text{kg}$(2.58 : 잔골재의 밀도 [g/cm³])

(8) 단위굵은골재량 $G=3842.63=1,010\text{kg}$

　　(2.63 : 잔골재의 밀도 [g/cm³])

(9) 단위AE제량 $A=387\times0.0003=0.1161\text{kg}$

　　(시멘트양의 0.3%의 AE제 혼합)

4. 결과 정리

1m³당의 배합설계표

단위량 [kg/m³]					
① 물 W	② 시멘트 C	③ 혼화재 F	④ 잔골재 S	⑤ 굵은골재 G 5~25mm	⑥ 혼화제 [g/m³]
174	387	–	694	1,010	116.1

1배치(1회의 혼합량) 30l로 하였을 때의 각 재료량은 1m³당의 배합설계표의 각 값에 30/1,000을 곱하여 구한다.

1배치량 [kg/30l]					
① 물 W[kg]	② 시멘트 C[kg]	③ 혼화재 F[kg]	④ 잔골재 S[kg]	⑤ 굵은골재 G 5~25mm	⑥ 혼화제 [g/m³]
5.22	11.61	–	20.28	30.30	3.483

① 단위 시멘트양 C[kg] = 단위수량÷물시멘트비

② 시멘트 절대용적 c[l] = 단위 시멘트양÷시멘트 밀도

③ 공기량 용적계산 e[l] = 1,000×공기량[%]÷100

④ 골재 절대용적 a[l] = 1,000-($c+e+W$)

⑤ 잔골재의 절대용적 s[l] = $a\times(s/a)$[%]÷100

⑥ 굵은골재의 절대용적 g[l] = $a-s$

⑦ 단위잔골재량 [kg] = s×잔골재의 표건상태의 밀도 (=2.58)

⑧ 단위굵은골재량 [kg] = g×굵은골재의 표건상태의 밀도 (=2.63)

⑨ 단위AE제량 [kg] = C×AE제 사용량 [%]÷100

5. 배합설계에 필요한 데이터

굵은골재의 최대 치수 [mm]	단위굵은 골재 용적 [%]	AE 콘크리트				
		공기량 [%]	AE제를 사용하는 경우		AE감수제를 사용하는 경우	
			잔골재율 s/a[%]	단위수량 W[kg]	잔골재율 s/a[%]	단위수량 W[kg]
15	58	7.0	47	180	48	170
20	62	6.0	44	175	45	165
25	67	5.0	42	170	43	160
40	72	4.5	39	165	40	155

(1) 이 표의 값은 골재로 보통 입도의 모래(조립률 2.80 정도) 및 쇄석을 사용한 물시멘트비 0.55, 슬럼프 약 8cm의 콘크리트에 대한 것이다.

(2) 사용재료 또는 콘크리트의 품질이 (1)의 조건과 다른 경우에는 위 표의 값을 아래 표에 따라 보정한다.

구분	s/a의 보정[%]	W의 보정
모래의 조립률이 0.1만큼 클(작을) 때마다	0.5만큼 크게(작게)	보정하지 않는다.
슬럼프가 1cm만큼 클(작을) 때마다	보정하지 않는다.	1.2%만큼 크게(작게) 한다.
공기량이 1%만큼 클(작을) 때마다	0.5~1만큼 작게(크게) 한다.	3%만큼 작게(크게) 한다.
물시멘트비가 0.05만큼 클(작을) 때마다	1만큼 크게(작게) 한다.	보정하지 않는다.
s/a가 1%만큼 클(작을) 때마다	–	1.5kg만큼 크게(작게) 한다.
강자갈을 이용하는 경우	3~5만큼 작게 한다.	9~15만큼 작게 한다.

단위굵은골재용적에 의한 경우는 모래의 조립률이 0.1%만큼 큰(작은) 것은 단위 굵은골재 용적을 1%만큼 작게(크게) 한다.

6. 결과 이용

1m³당의 배합량[kg]을 구하고 이것을 시험비비기용의 1배치당의 배합량[kg]으로 환산하여 시험비비기를 한다.

◀●●●● 관●련●지●식 ●●●▶

잔골재율(s/a)

골재 가운데 5mm 체를 통과하는 부분을 잔골재, 5mm 체에 남는 부분을 굵은골재라 하며, 잔골재 용적 s[m³]와 골재 전체용적 a[m³]의 용적비 s/a를 백분율로 나타낸 것.

단위굵은골재 용적

콘크리트 1m³를 만들 때에 사용하는 굵은골재의 용적[m³]으로, 단위굵은골재량 G를 그 굵은골재의 밀도 ρ로 나눈 G/ρ[m³] 값.

시험비비기와 압축 강도 시험

● ● ● ● ●

소정의 슬럼프와 공기량이 얻어지기까지 시험비비기를 하여 콘크리트의 시방배합에
사용할 물시멘트비를 구한다.

시험 기구	• **시험비비기**	
	① 믹서	② 혼합용 철판
	③ 삽	④ 저울
	⑤ 슬럼프 측정기	⑥ 워싱턴형 공기량 측정기
	• **압축강도 시험**	
	① 공시체 제작용 몰드	② 다짐봉
	③ 고무망치	④ 캡핑용 누름판
	⑤ 핸드스코프	⑥ 흙손
	⑦ 그리스	⑧ 철솔
	⑨ 버니어캘리퍼스	⑩ 양생수조(온도조절장치 부착)
	⑪ 압축 시험기	

1. 시험비비기

(1) 제1회 시험비비기

물시멘트비 W/C=45%

잔골재율 s/a=41.2%

물 W=5.22kg

시멘트 C=11.60kg

잔골재 S=20.82kg

굵은골재 G=30.30kg

혼화제 3.483g

• 실측값

슬럼프 S=8cm

공기량 A=6.0%

• 설계값

슬럼프 S=10cm

공기량 A=5.0%

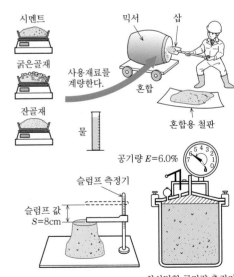

잔골재율 s/a=42.2%

- 실측값이 설계값이 되도록 [재료시험 30]의 보정표로 보정한다.

잔골재율 및 단위수량 등의 보정

구분	s/a의 보정	W의 보정	AE제량
슬럼프[cm] 8→10	보정하지 않는다	(10−8)÷1×12 =2.4%(증가)	−
공기량[%] 6.0→5.0	(6.0−5.0)÷1×1 =1%(증가)	(6.0−5.0)÷1×3 =3%(증가)	0.03×5.0/6.0 =0.025%
잔골재율 s/a[%] 41.2→42.2	−	1×1.5kg 1.5kg(증가)	−
조정값	s/a=41.2+1 =42.2%	W=174×1.054 +1.5=185kg	0.025%

보정결과 단위량과 1배치량

	물 W[kg]	시멘트 C[kg]	잔골재 S[kg]	굵은골재 G[kg]	혼화제 [g/m³]
단위량	185	411	691	965	102.8
2배치	5.55	12.33	20.73	28.95	3.084

(2) 제2회 시험비비기

- 실측값

슬럼프 S=10cm

공기량 A=5.0%

- 설계값

슬럼프 S=10cm

공기량 A=5.0%

슬럼프 측정기

슬럼프값
S=10cm

공기량
A=5.0%

워싱턴형 공기량 측정기

2. 공시체 제작

물시멘트비 45%의 시험비비기에 이어 40%와 50%의 물시멘트비에 대하여 시험비비기를 하고 압축강도 시험용의 공시체를 각 3개씩 만든다.

3. 약액 주입 시험

JIS A 1108(KS F 2402)에 의한 콘크리트 압축시험에 기준하여 물시멘트비 40, 45, 50%의 각 공시체의 압축강도 f_c[N/mm²]를 구한다.

4. 결과 정리

①	②	③
물시멘트비 W/C [%]	시멘트물비 C/W [%]	압축강도 f'_c [N/mm²]
40	2.50	39.67
45	2.22	33.75
50	2.00	28.94

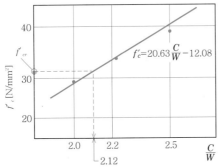

④ 압축강도와 시멘트물비의 관계

최소자승법에 의해 배합강도 f'_{cr} = 31.7N/mm²가 되는 물시멘트비를 정한다.

시멘트물비 C/W와 압축강도 f'_c는 다음 표와 같이 된다.

n	$\dfrac{C}{W}$	$\left(\dfrac{C}{W}\right)^2$	f'_c	$\dfrac{C}{W} \cdot f'_c$
1	2.50	6.25	39.67	99.18
2	2.22	4.93	33.75	74.93
3	2.00	4.00	28.94	57.88
① 3	② 6.72	③ 15.18	④ 10.24	⑤←합계 232.0

최소자승법에 의해 f'_c와 C/W의 관계식을 구한다.

$f'_c = a\dfrac{C}{W} + b$라 하면

$$a = \frac{①\times⑤-②\times④}{①\times③-②\times②} = 20.63$$

$$b = \frac{③\times④-②\times⑤}{①\times③-②\times②} = -12.08$$

따라서

$$f'_c = 20.63\frac{C}{W} - 12.08$$

여기서 f'_c = 31.7N/mm²로 하면

$$31.7 = 20.63\frac{C}{W} - 12.08$$

따라서

$$\frac{C}{W} = 2.12, \ \frac{W}{C} = 0.47이 \ 된다.$$

따라서 물시멘트비를 47%로 한다.

5. 결과 이용

콘크리트 시방배합의 단위량을 산출하기 위해 이용한다.

★ 시방배합과 현장배합

• • • • •
시방배합 및 현장배합의 각 재료의 단위량을 구한다.

1. 계산에 사용하는 데이터

① 잔골재 조립률 FM
② 슬럼프 S[cm]
③ 물시멘트비 W/C
④ 공기량 A[%]
⑤ 잔골재율 s/a
⑥ 단위수량 W[kg]

2. 시방배합

시방서 또는 책임기술자에 의해 지시된 배합으로, 정해진 조건에 맞는 골재(골재의 사용 상태는 표면건조 포화 상태이고, 잔골재는 5 mm 이하인 것, 굵은골재는 5mm 이상인 것)를 사용하여 배합된 것.

재료시험 29, 30에 나타낸 배합조건에 대하여 W/C=47%에 대한 보정계산으로 시방 배합을 구한다.

• 보정

압축강도와 시멘트물비의 관계로부터 얻은 W/C=47%에 대하여, 잔골재율 및 단위수량의 보정은 재료시험 30에 나타낸 보정표를 사용한다.

잔골재율 및 단위수량의 보정

구분	s/a의 보정	W의 보정
물시멘트비	$(0.47-0.45^*) \div 0.05 \times 1$ =0.4% (증가)	보정하지 않음
조정값	s/a=42.2+0.4=42.6%	W=185kg

＊ [재료시험 30]의 보정조건에서 설정한 물시멘트비의 수치이다.

• 시방 배합의 단위량 계산

① 단위시멘트양 C[kg] = 단위수량÷물시멘트비 = 185÷0.47 = 394kg

② 시멘트 절대용적 c[l] = 단위시멘트양÷시멘트 밀도 = 394÷3.15 =125l

③ 공기량 용적 계산 $e[l]$ = 1,000×공기량[%]÷100 = 1,000×0.050 = $50l$

④ 골재 절대용적 $a[l]$ = 1,000−($c+e$+단위수량) = 1,000−(125+50+185) = $640l$

⑤ 잔골재 절대용적 $s[l]$ = a×잔골재율[%]÷100 = 640×0.426 = $273l$

⑥ 굵은골재 절대용적 $g[l]$ = $a-s$ = 640−273 = $367l$

⑦ 단위잔골재량 S[kg] = s×잔골재의 표건상태의 밀도 = 273×2.58 = 704kg

⑧ 단위굵은골재량 G[kg] = g×굵은골재의 표건상태의 밀도 = 367×2.63
= 965kg

⑨ 단위 AE제량 A[kg] = C×AE제 사용량 [%]÷100 = 394×<u>0.00025</u>
= 0.09850kg

↑
시험 No.31의 보정표에서
AE제 0.025%

• 시방배합표

시방배합표 (1)

굵은골재 최대치수 [mm]	슬럼프 [cm]	물시멘트비 W/C [%]	공기량 [%]	잔골재율 s/a [%]
40	10±1.5	47	4.5±0.5	42.6

시방배합표 (2)

물 W	시멘트 C	혼화재 F	잔골재 S	굵은골재 G 5~25mm	혼화제 [g/m³]
185	394	−	704	965	98.50

3. 현장배합

현장의 재료를 사용하여 시방배합의 콘크리트가 되도록 조정한 배합으로 조정은 다음에 대하여 행한다.

① 표면수량의 조정

② 잔골재와 굵은골재의 입도 비율조정

• 현장 조건

현장에서의 골재 상태

골재의 종류	5mm 체를 통과하는 무게 [%]	5mm 체에 남는 무게 [%]	표면수율 [%]
잔골재	93	7	2.2
굵은골재	5	95	0.5

- 입도에 따른 조정

현장 상태에서의 단위잔골재량 $x[\text{kg}]$, 단위굵은골재량 $y[\text{kg}]$이라 하면, 시방배합 (2)의 표에서

$$x+y = 704+965 \qquad \cdots\cdots ①$$
$$0.93x+0.05y = 704 \qquad \cdots\cdots ② \Big\} \text{ 연립방정식}$$
$$0.07x+0.95y = 965 \qquad \cdots\cdots ③$$

이 되고 세 식 중 어느 두 식을 풀면

$$x = 705\text{kg},\ y = 964\text{kg}$$

단위잔골재 7.5kg, 단위 굵은골재 965kg이 된다.

- 표면수에 따른 조정

잔골재의 표면수량 = $705 \times 0.022 = 15.5\text{kg}$

굵은골재의 표면수량 = $964 \times 0.005 = 4.8\text{kg}$

- 현장배합표

현장배합은 단위수량, 단위잔골재량, 단위굵은골재량이 시방배합과 다르다.

① 단위수량 $W = 185-(15.5+4.8) = 165\text{kg}$

② 단위잔골재량 $S = 705+15.5 = 721\text{kg}$

③ 단위굵은골재량 $G = 964+4.8 = 969\text{kg}$

현장에서 계량할 단위량

단위량 [kg/m³]					
물 W	시멘트 C	혼화재 F	잔골재 S	굵은골재 G	혼화제 [g/m³]
165	394	–	721	969	98.50

4. 결과 이용

공사현장의 재료를 사용한 콘크리트를 제조할 때의 단위량으로 사용한다.

콘크리트 강도 시험용 공시체 제작

●●●●●
콘크리트 강도 시험(압축 및 휨)을 하는 데 사용할 공시체의 제작 방법을 규정한다.

시험 기구

① 공시체 제작용 몰드(압축강도 시험용) : 각 3개, 금속제 원통으로 높이가 지름의 2배일 것. 지름 15cm, 높이 30cm를 원칙으로 한다.
② 공시체 제작용 몰드(휨강도 시험용) : 각 3개, 안쪽 치수 15cm×15cm×53cm
③ 다짐봉
④ 캡핑용 누름판 : 각 3매, 두께 6mm 이상의 유리판
⑤ 핸드스코프 ⑥ 고무망치
⑦ 흙손 ⑧ 저울
⑨ 그리스 ⑩ 철솔
⑪ 유리판 ⑫ 양생용 젖은 천
⑬ 시멘트풀 ⑭ 시료팬
⑮ 얇은 종이 ⑯ 양생수조(온도조절장치 부착)

---

1 압축강도 시험용 공시체 제작

공시체는 각각 3조를 제작하며, ① 몰드 조립, ② 시료의 투입 및 다짐, ③ 표면 마무리, ④ 레이턴스 제거, ⑤ 시멘트풀로 캡핑, ⑥ 유리판을 누르기, ⑦ 탈형, ⑧ 수중양생의 순서로 제작한다.

(1) 콘크리트 치기

형틀에 그리스를 바르고 조립한다.

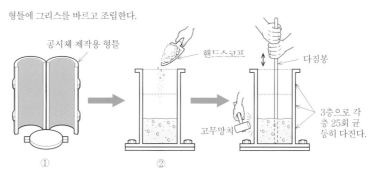

공시체 제작용 형틀 / 핸드스코프 / 다짐봉 / 고무망치 / 3층으로 각 층 25회 균등히 다진다. / ① ②

(2) 표면 마무리 방법

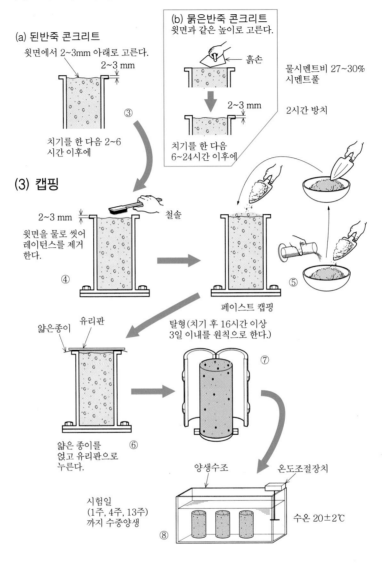

(a) 된반죽 콘크리트
윗면에서 2~3mm 아래로 고른다.

2~3 mm

③

치기를 한 다음 2~6 시간 이후에

(b) 묽은반죽 콘크리트
윗면과 같은 높이로 고른다.

흙손

2~3 mm

치기를 한 다음 6~24시간 이후에

물시멘트비 27~30% 시멘트풀

2시간 방치

(3) 캡핑

2~3 mm

철솔

윗면을 물로 씻어 레이턴스를 제거한다.

④

⑤

페이스트 캡핑

탈형(치기 후 16시간 이상 3일 이내를 원칙으로 한다.)

⑦

얇은종이   유리판

얇은 종이를 얹고 유리판으로 누른다.   ⑥

시험일
(1주, 4주, 13주)
까지 수중양생
⑧

양생수조   온도조절장치

수온 20±2℃

2. 휨강도 시험용 공시체 제작

각 3조의 공시체를 제작하며, ① 몰드 조립, ② 시료의 투입 및 다짐, ③ 표면 마무리, ④ 증발 방지 조치, ⑤ 탈형, ⑥ 수중양생의 순서로 제작한다.

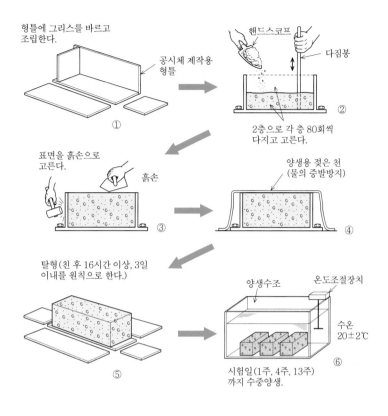

형틀에 그리스를 바르고
조립한다.

공시체 제작용
형틀

①

핸드스코프

다짐봉

②

2층으로 각 층 80회씩
다지고 고른다.

표면을 흙손으로
고른다.

흙손

③

양생용 젖은 천
(물의 증발방지)

④

탈형(친 후 16시간 이상, 3일
이내를 원칙으로 한다.)

⑤

양생수조

온도조절장치

수온
20±2℃

⑥

시험일(1주, 4주, 13주)
까지 수중양생.

관●련●지●식

레이턴스(laitance)

블리딩수와 함께 떠오른 모
든 미립자. 콘크리트를 이어
칠 경우는 쇠솔 등으로 반드
시 제거한다.

탈형

공시체를 몰드에서 떼어내는 것.

시멘트풀

시멘트와 물을 비벼 만든 것.

캡핑(capping)

압축 시험 공시체를 몰드 내에서 표
면을 평활하게 하는 작업.

★ 콘크리트의 압축강도 시험

• • • • •
콘크리트 공시체에 압축하중을 가하여 파괴시킴으로써 압축강도를 구한다.

시험 기구	① 압축시험기(하중계, 가압판, 변속 스위치) ② 버니어캘리퍼스

1. 공시체

지름 15cm, 높이 30cm의 것을 3개 준비한다.

① 재령 : 1주, 4주 및 13주

② 평균지름 d[mm]

$$d = \frac{(d_1+d_2)}{2}$$

③ 단면적 A[mm^2]

$$A = \frac{\pi \times d^2}{4}$$

2. 치수 측정

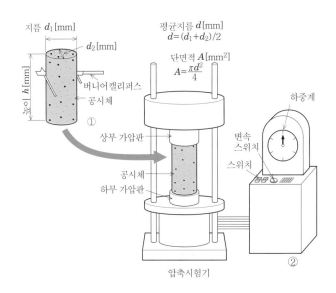

압축시험기

3. 시험 방법

① 공시체의 치수 측정(d)

② 공시체 세팅

③ 하중계의 0점 조정

④ 가압

⑤ 최대하중 측정(P)

(1) 초기 상태

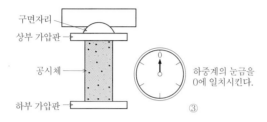

구면자리
상부 가압판
공시체
하부 가압판
0
하중계의 눈금을
0에 일치시킨다.
③

(2) 공시체 파괴 시의 최대하중 측정

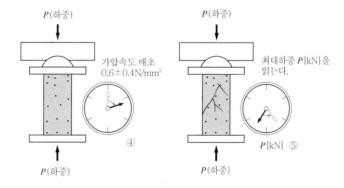

P(하중)
P(하중)
가압속도 매초
$0.6 \pm 0.4 \text{N/mm}^2$
최대하중 P[kN]을
읽는다.
④
P[kN] ⑤
P(하중)
P(하중)

4. 결과 정리

① 재령 [일]

② 평균 직경 d[mm] : $d = (d_1 + d_2)/2$

③ 단면적 A[mm^2]

④ 최대하중 P[kN] : 공시체가 파괴되기까지 시험기가 가리키는 최대하중

⑤ 압축강도 f'_{cn}[N/mm^2] : $f'_{cn} = P/A$

⑥ 평균압축강도 f'_c[N/mm^2] : $f'_c = (f'_{c1} + f'_{c2} + f'_{c3})/3$

⑦ 양생 방법 및 온도 T[℃]

⑧ 공시체의 파괴 상황 : 파괴 상황의 스케치 등으로 나타낸다.

공시체 번호		C-1	C-2	C-3
① 재령	[일]	28	28	28
② 평균지름	d[mm]	150.2	150.1	150.3
③ 단면적	A[mm²]	17,712	17,695	17,742
④ 최대하중	P[kN]	386.0	388.0	391.0
⑤ 압축강도	f'_{cn}[N/mm²]	21.8	21.9	22.0
⑥ 평균압축강도	f'_c[N/mm²]	21.9		
⑦ 양생 방법 및 온도	T[℃]	수중양생 20℃		
⑧ 공시체의 파괴상태		모두 상하부가 원추형으로 남고 파괴되었다.		

5. 결과 이용

압축강도를 알고, 소요강도를 얻을 수 있는 콘크리트의 배합 선정과 인장강도 등의 추정에 이용한다.

콘크리트의 압축강도에 영향을 미치는 요인

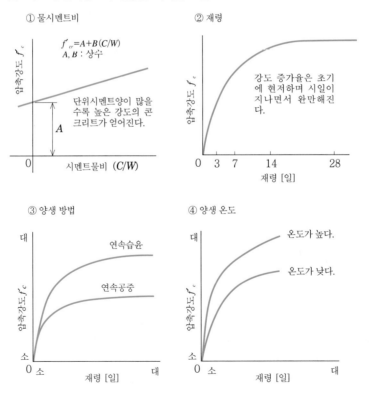

① 물시멘트비

$f'_{cr}=A+B(C/W)$
A, B : 상수

단위시멘트양이 많을수록 높은 강도의 콘크리트가 얻어진다.

② 재령

강도 증가율은 초기에 현저하며 시일이 지나면서 완만해진다.

③ 양생 방법

연속습윤
연속공중

④ 양생 온도

온도가 높다.
온도가 낮다.

콘크리트의 인장강도 시험

• • • • •

콘크리트 공시체를 횡으로 누이고 그 지름의 양단에 집중하중을 가하여 파괴시켜 인장강도를 구한다.

시험 기구	① 압축시험기(하중계, 압열가압판, 변속 스위치) ② 버니어캘리퍼스

1. 공시체

지름 15cm, 높이 30cm의 것을 3개 준비한다.

① 재령 : 1주, 4주 및 13주

② 평균지름 d[mm]

$$d = \frac{(d_1+d_2)}{2}$$

③ 단면적 A[mm^2]

$$A = \frac{\pi \times d^2}{4}$$

2. 치수 측정

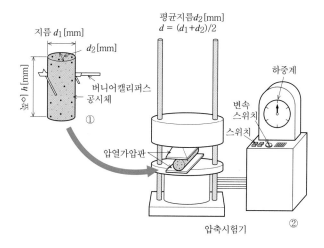

지름 d_1[mm]

d_2[mm]

높이 h[mm]

버니어캘리퍼스
공시체

①

평균지름 d_2[mm]
$d = (d_1+d_2)/2$

하중계

변속
스위치

스위치

압열가압판

압축시험기

②

3. 시험 방법

① 공시체의 치수 측정(d)

② 공시체 세팅

③ 하중계의 0점 조정

④ 가압

⑤ 최대하중 측정(P)

⑥ 쪼갠 후 공시체의 길이 측정(l)

(1) 최초의 상태

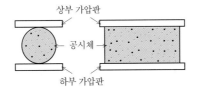

하중계의 눈금을
0에 일치시킨다.
③

(2) 공시체 파괴 시의 최대하중 측정

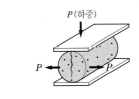

가압속도 매초
$0.06\sim0.04\,\mathrm{N/mm^2}$
④

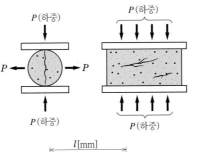

최대하중 $P\,[\mathrm{N}]$을
읽는다.
⑤

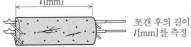

쪼갠 후의 길이
$l\,[\mathrm{mm}]$를 측정

4. 결과 정리

① 재령 [일]

② 평균 직경 $d\,[\mathrm{mm}]$: $d = (d_1+d_2)/2$

③ 쪼갠 후의 평균 공시체 길이 $l\,[\mathrm{mm}]$: $l = (l_1+l_2)/2$

④ 최대하중 P[N] : 공시체가 파괴될 때까지 시험기가 나타내는 최대하중

⑤ 인장강도 f_t[N/mm²] : 공시체의 원통 표면적으로 받을 때의 응력

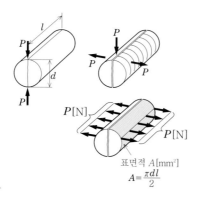

$$f_t = \frac{P}{(\pi dl/2)} = \frac{2P}{\pi dl}$$

⑥ 평균인장강도 f_t[N/mm²] : $f_t = (f_{t1}+f_{t2}+f_{t3})/3$

⑦ 양생 방법 및 온도 T[℃]

⑧ 공시체의 파괴 상황 : 파괴 상황을 스케치 등으로 나타내도 좋다.

	공시체 번호		T-1	T-2	T-3
①	재령	[일]	28	28	28
②	평균 직경	d[mm]	150.1	150.0	150.2
③	쪼갬 후의 평균공시체 길이	l[mm]	201.0	200.8	201.2
④	최대하중	P[kN]	166 000	165 000	167 000
⑤	인장강도	f_t[N/mm²]	3.50	3.49	3.52
⑥	평균인장강도	f_t[N/mm²]	3.50		
⑦	양생방법 및 온도	T[℃]	수중양생 20℃		
⑧	공시체의 파괴상태		모두 정상적으로 파괴되었다.		

5. 결과 이용

(1) 콘크리트의 인장강도

압축강도의 약 1/10~1/13 정도로 작은 값이다. 현재 콘크리트 단독으로 인장강도를 높이는 것은 거의 불가능하다.

(2) 철근콘크리트 부재의 설계

부재에 생기는 휨 압축응력은 압축측 콘크리트가 받고, 휨 인장응력은 콘크리트에 생기는 인장응력을 무시하고 인장철근만으로 받는 것으로 보고 계산한다.

콘크리트의 휨강도 시험

● ● ● ● ●

콘크리트 공시체에 휨 모멘트를 주어 파괴시키고 그 인장측에 발생하는 휨강도를 구한다.

시험 기구	① 압축시험기(하중계, 하중을 3등분한 곳에 연직으로 편심 없이 가압할 수 있는 휨시험 장치, 변속 스위치) ② 버니어캘리퍼스

1. 공시체

① 15cm×15cm×53cm의 것 3개를 준비한다.

② 재령 1주, 4주 및 13주

2. 시험 방법

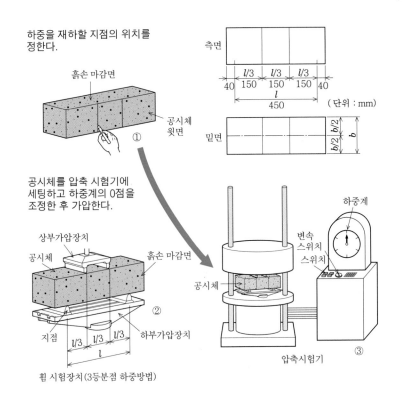

하중을 재하할 지점의 위치를 정한다.

흙손 마감면

공시체 윗면

①

공시체를 압축 시험기에 세팅하고 하중계의 0점을 조정한 후 가압한다.

상부가압장치

공시체

흙손 마감면

지점

하부가압장치

②

휨 시험장치(3등분점 하중방법)

측면

40 / 150 / 150 / 150 / 40
l/3 / l/3 / l/3
l
450

(단위 : mm)

밑면

b/2 b/2
b

하중계

변속 스위치 스위치

공시체

압축시험기

③

공시체가 파괴될 때까지의
최대하중을 측정한다.

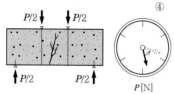

$P/2$ $P/2$

$P/2$ $P/2$

④

$P[\text{N}]$

가압속도 매초 $0.06 \pm 0.04\text{N/mm}^2$
최대하중 $P[\text{N}]$을 읽는다.

파괴 단면의 측정 ⑤

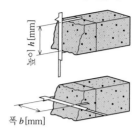

높이 $h[\text{mm}]$

폭 $b[\text{mm}]$

파괴의 종류 결정   ⑥

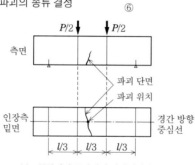

측면

인장측
밑면

$P/2$ $P/2$

파괴 단면
파괴 위치

경간 방향
중심선

$P/2$ $P/2$

파괴 위치

$l/3$ $l/3$ $l/3$

$l/3$ $l/3$ $l/3$

(a) 3등분점의 중앙에서 파괴되었을 때   (b) 3등분점의 바깥쪽에서 파괴되었을 때

3. 결과 정리

① 재령 [일]

② 파괴 단면의 평균폭 $b[\text{mm}]$: $b = (b_1 + b_2)/2$

③ 파괴 단면의 평균높이 $h[\text{mm}]$: $h = (h_1 + h_2)/2$

④ 경간 [mm]

⑤ 최대하중 $P[\text{N}]$: 공시체가 파괴되기까지 시험기가 나타내는 최대하중

⑥ 파괴 단면의 위치

⑦ 휨강도 $f_b[\text{N/mm}^2]$

     a) 3등분점의 중앙에서 파괴되었을 때

$$f_b = \frac{Pl}{bh^2} \ [\text{N/mm}^2]$$

     b) 3등분점의 바깥쪽에서 파괴되었을 때
     는 그 시험 결과를 무효로 한다.

⑧ 평균휨강도 $f_b[\text{N/mm}^2]$

⑨ 양생온도 $T[℃]$

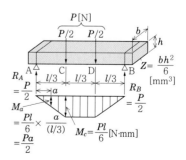

⑩ 공시체 스케치

공시체 번호		B-1	B-2	B-3
①	재령 [일]	28	28	28
②	파괴 단면의 평균폭 b[mm]	150.4	150.2	150.3
③	파괴 단면의 평균높이 h[mm]	150.5	150.4	150.7
④	경간 l[mm]	450.0	450.0	450.0
⑤	최대하중 P[N]	45,000	43,000	46,000
⑥	파괴 단면의 위치	중앙 (정상)	중앙 (정상)	중앙 (정상)
⑦	휨강도 f_{bn}[N/mm²]	5.94	5.70	5.88
⑧	평균 휨강도 f_b[N/mm²]	5.84		
⑨	양생 방법 및 온도 T[℃]	수중양생 20℃		
⑩	공시체의 파괴 상황	중앙부 파괴	중앙부 파괴	근소하게 바깥쪽

4. 결과 이용

콘크리트 포장의 설계기준강도, 콘크리트의 배합설계와 품질관리에 이용한다.

(1) 포장 콘크리트의 강도 : 재령 28일에서의 휨강도를 표준으로 하며, 일반적으로 설계기준 휨강도는 4.5N/mm²를 표준으로 한다.

(2) 휨강도와 압축강도의 관계 : 압축강도와 휨강도의 비는 물시멘트비의 증가에 따라 감소한다. 또 압축강도를 1로 하였을 때 휨강도는 재령 28일에서 약 1/6, 91일에서 1/7이다.

(3) 휨강도와 인장강도의 관계 : 휨강도는 인장강도의 1.6~2배이다.

경량골재 콘크리트의 성질 시험

•••••
경량골재 콘크리트의 압축강도, 단위용적질량을 구한다.

시험 기구

• **콘크리트 압축 시험**
① 공시체 제작용 몰드　　　　② 다짐봉
③ 고무망치　　　　　　　　④ 캡핑용 누름판
⑤ 핸드스코프　　　　　　　⑥ 흙손
⑦ 그리스　　　　　　　　　⑧ 철솔
⑨ 버니어캘리퍼스　　　　　⑩ 양생수조(온도조절장치 부착)
⑪ 압축시험기

• **단위용적질량 시험**
① 용기　　　　　　　　　　② 저울
③ 온도계　　　　　　　　　④ 다짐봉
⑤ 핸드스코프　　　　　　　⑥ 흙손
⑦ 고무망치　　　　　　　　⑧ 고름대

---

1 시료 제작

보통포틀랜드시멘트를 사용하고 골재는 반드시 아래의 조합으로 된 것을 사용하
여야 한다.

　a) 인공경량굵은골재+인공경량잔골재 또는 강모래
　b) 천연 또는 부산물 경량굵은골재+강모래
　c) 천연 또는 부산물 경량굵은골재+인공경량굵은골재

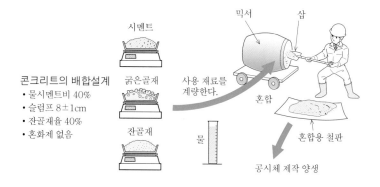

콘크리트의 배합설계
• 물시멘트비 40%
• 슬럼프 8±1cm
• 잔골재율 40%
• 혼화제 없음

시멘트
굵은골재
잔골재
물
사용 재료를 계량한다.
믹서
삽
혼합
혼합용 철판
공시체 제작 양생

2. 시험 방법

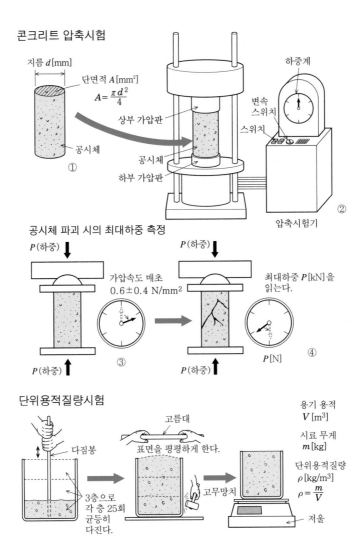

콘크리트 압축시험

지름 d[mm]

단면적 A[mm²]

$$A = \frac{\pi d^2}{4}$$

상부 가압판

공시체

공시체

하부 가압판

①

하중계

변속 스위치

스위치

압축시험기

②

공시체 파괴 시의 최대하중 측정

P(하중)

P(하중)

P(하중)

P(하중)

가압속도 매초 0.6±0.4 N/mm²

최대하중 P[kN]을 읽는다.

P[N]

③

④

단위용적질량시험

다짐봉

3층으로 각 층 25회 균등히 다진다.

고름대

표면을 평평하게 한다.

고무망치

저울

용기 용적 V[m³]

시료 무게 m[kg]

단위용적질량 ρ[kg/m³]

$$\rho = \frac{m}{V}$$

3. 결과 정리

(1) 콘크리트 압축시험

① 재령 [일] : 1주 또는 28일로 한다.

② 평균직경 d[mm]

③ 단면적 A[mm³] : $A = \pi \times d^2 / 4$

④ 최대하중 P[N]

⑤ 압축강도 f'_{cn}

$\quad f'_{cn}$ = 최대하중/단면적 = P/A[N/mm²]

⑥ 평균압축강도 f'_c [N/mm²]

⑦ 양생방법 및 온도 T[℃]

⑧ 공시체의 파괴 상태 : 파괴 상황을 스케치 등으로 나타내도 좋다.

	공시체 번호		C-1	C-2	C-3
①	재령		28	28	28
②	평균직경	d [mm]	150.0	150.3	149.8
③	단면적	A [mm²]	17 671.5	17 742.2	17 624.4
④	최대하중	P [kN]	320.0	324.0	318.0
⑤	압축강도	f'_{cn} [N/mm²]	18.1	18.3	18.0
⑥	평균압축강도	f'_c [N/mm²]		18.1	
⑦	양생 방법 및 온도 T [℃]			수중양생 20℃	
⑧	공시체의 파괴 상황			모두 상하부가 원추상으로 파괴되었다.	

(2) 단위용적질량시험

① 용기의 무게 m' [kg]

② 물을 채운 용기의 무게 m''[kg]

③ 시료를 채운 용기의 무게 m'''[kg]

④ 채운 물의 온도 T[℃] 및 밀도 ρ_w[g/cm³] : JIS A 1116 「콘크리트의 단위용적 질량 시험」참조.

⑤ 용기의 부피 V[m³]

$V = (m''-m')/\rho_w$

⑥ 시료의 무게 m[kg]

$m = m'''-m'$

⑦ 단위용적질량 ρ[kg/m³]

$\rho = m/V$

	공시체 번호		1	2
①	용기 무게	m' [kg]	8.380	8.330
②	물을 채운 용기의 무게	m'' [kg]	18.420	18.400
③	시료를 채운 용기의 무게	m''' [kg]	32.005	31.935
④	채운 물의 온도 및 밀도	T [℃] ρ_w [g/cm³]	20 0.9982	19 0.9984
⑤	용기 용적	V [m³]	0.010058	0.010086
⑥	용기 무게	m [kg]	18.595	18.560
⑦	단위용적질량	ρ [kg/m³]	1,849	1,840
⑧	평균 단위용적질량	ρ [kg/m³]		1,845

4. 결과 이용

경량골재의 종류를 콘크리트의 압축강도, 단위용적질량 시험으로부터 구분하기 위해 사용한다.

압축강도에 의한 구분

종류	압축강도 [N/mm²]
40	40 이상
30	30 이상 40 미만
20	20 이상 30미만
10	10 이상 20미만

단위용적질량에 의한 구분

종류	단위용적질량 [kg/m³]
15	1.6 이상
17	1.6 이상 1.8미만
19	1.8 이상 2.0미만
21	2.0 이상

★ 철근의 인장 시험

● ● ● ● ●

철근의 인장강도 σ_B[N/mm²], 항복강도 σ_s[N/mm²], 신율 δ[%]를 조사하여 기계적 성질을 확인한다.

1. 시험편 준비

① 시험편 : 철근을 길이 약 50cm로 절단한다. 이때 압연 마스크가 들어 있는 부분이 포함되지 않도록 한다.

② V 블록 : V형의 홈을 둔 것으로 표식 및 펀치작업을 용이하게 할 수 있다.

③ 표식을 위한 침

④ 펀치

⑤ 해머

⑥ 버니어캘리퍼스

⑦ 마이크로미터

⑧ 공칭단면치수(D_0) : 철근의 호칭지름(mm)

⑨ 표점간 거리(l_0) : 공칭단면치수(D_0)로부터 결정하는 펀치 구멍의 간격으로 통상 8D이다. 시험 전과 파단 후에 측정하여 계산에 이용한다.

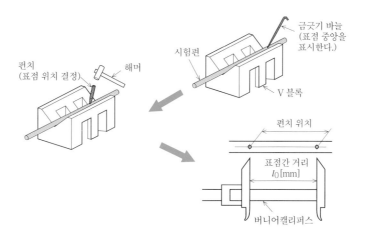

2. 인장 시험 장치

① 부하장치 : 시험편을 고정하고 철근을 인장하는 장치

② 상부, 하부 척 장치 : 시험편을 고정하는 것으로 레버를 회전시켜 고정한다.

③ 계측제어장치 : 하중을 가하는 속도를 제어하고 표시하는 장치

④ 자동기록장치

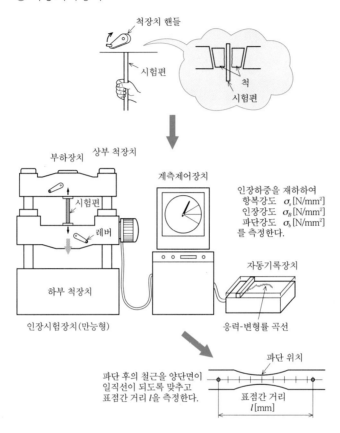

3. 결과 정리

① 시험편의 제작은 JIS(KS)에 따른다.

② 시험편의 공칭단면치수 D_0[mm], 공칭단면적 A_0[mm^2] : 원형 철근은 실측하고 이형철근은 공칭단면적을 사용한다.

③ 표점간의 거리 l_0[mm]

④ 파단 후의 표점간 거리 l [mm] : 파단된 시험편을 나란히 하고 그 표점간 거리를 측정한다.

⑤ 신율 δ [%] 또는 변형률 ε [%]

$$\delta = \varepsilon = \frac{l - l_0}{l_0} \times 100$$

⑥ 항복하중 P_s[N]

⑦ 항복강도 σ_S [N/mm^2]

$$\sigma_S = \frac{P_S}{A_0}$$

⑧ 인장하중 P_{max} [N]

⑨ 인장강도 σ_B [N/mm^2]

$$\sigma_B = \frac{P_{max}}{A_0}$$

⑩ 파단하중 P_b [N]

⑪ 파단강도 σ_b [N/mm^2]

$$\sigma_b = \frac{P_b}{A_0}$$

강재의 종류 및 기호		
① 시험편의 종류	SD 295 A	TK−1
② 시험편의 공칭단면치수	D_0 [mm]	13
③ 표점간 거리	l_0 [mm]	104
④ 파단 후의 표점 간 거리	l [mm]	118
⑤ 신율	δ [%]	13.5
⑥ 항복하중	P_S [N]	39,700
⑦ 항복강도	σ_S [N/mm^2]	299
⑧ 인장하중	P_{max} [N]	53,700
⑨ 인장강도	σ_B [N/mm^2]	405
⑩ 파단하중	P_b [N]	51,700
⑪ 파단강도	σ_b [N/mm^2]	390

4. 결과 이용

철근의 기계적 성질을 알고 JIS(KS)에 적합한가를 확인한다.

연강의 응력−변형률 곡선은 일반적으로 그림 (a)와 같다. 그러나 연강 이외의 강재에 대해서는 항복점이 명료하지 않다. 이 때문에 내력(σ_s)을 강재의 0.2% 영구변형률로부터 산출하여 탄성항복의 판단에 사용한다.

철근의 형상 변화

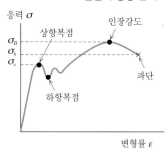

(a) 연강의 응력−변형률 관계

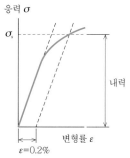

(b) 고장력강의 내력 산정

철근의 휨 시험

• • • • •

철근의 휨 가공성을 조사하기 위해, 외관을 관찰하여 균열과 기타 결함의 유무를 조사한다.

이 시험 방법은 철근의 휨 저항력을 시험하는 것이 아니라 철근의 절곡 가공성을 조사하는 것이다.

1. 시험편의 설치

① 시험편 : 철근을 길이 약 50cm로 절단한다. 압연 마크가 포함되지 않도록 한다.

② 누름쇠 : 시험하중을 주기 위한 것으로 철근의 지름에 따라 정해진 누름쇠를 사용한다.

③ 받침부 : 시험편을 지지하면서 회전한다. 철근 지름에 따라 그 간격이 다르다.

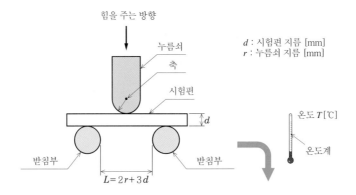

2. 휨 시험

① 눌러 구부리는 방법($\theta \leq 170°$) : 지점에서 받쳐 주면서 서서히 구부린다. $170° < \theta \leq 180°$로 하기 위해서는 형을 이용하여 구부린다.

② V 블록법 : 지점 대신에 V 블록을 사용하여 소정의 각도로 구부리는 시험 방법이다.

③ 감아 구부리는 방법 : 시험편이 규정의 모양으로 되도록 서서히 하중을 가하여 축이나 형에 감아 붙인다.

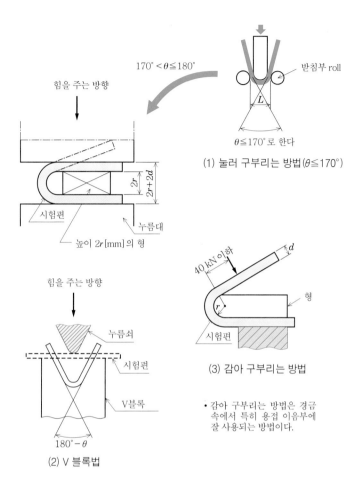

$170° < \theta \leq 180°$

힘을 주는 방향

받침부 roll

L

$\theta \leq 170°$로 한다

(1) 눌러 구부리는 방법($\theta \leq 170°$)

$2r$

$2r+2d$

시험편

누름대

높이 $2r$[mm]의 형

힘을 주는 방향

누름쇠

시험편

V블록

$180° - \theta$

(2) V 블록법

40 kN 이하

d

형

r

시험편

(3) 감아 구부리는 방법

• 감아 구부리는 방법은 경금속에서 특히 용접 이음부에 잘 사용되는 방법이다.

3. 결과 정리

시험편의 직경 d[mm]는 원형철근에 대해서는 실측하고 이형철근에 대해서는 공칭지름으로 한다. 또, 시험온도 T[℃]는 10~35℃로 한다.

휨시험 완료 후 시험편을 관찰하여 손상 등의 이상이 확인된 경우에는 불합격으로 한다.

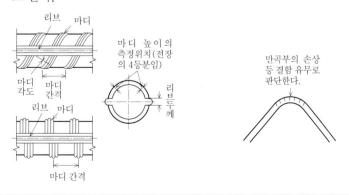

리브   마디

마디 높이의 측정위치(전장의 4등분임)

리브두께

마디 각도   마디 간격

리브   마디

만곡부의 손상 등 결함 유무로 판단한다.

마디 간격

① 휨시험 방법	눌러 구부리는 방법
② 시험편의 길이 l [mm]	260
③ 시험편의 직경 d [mm]	16
④ 경간 L [mm]	112
⑤ 구부림 각도 θ [도]	170
⑥ 내측 반경 r [mm]	32
⑦ 온도 T [℃]	19
⑧ 판정	합격

4. 결과 이용

철근의 휨가공성을 확인하여 재료의 결함 유무를 조사한다.

철근의 휨 반경은 사용 개소에 따라 다음과 같이 정해져 있다.

시험에 의한 판정 결과, 철근의 휨 가공이 가능한가를 판단한다.

종류		휨반경 r[mm]	
		갈고리	스터럽 및 띠철근
보통 원형철근 SR 235		2.0ϕ	1.0ϕ
SR 295		2.5ϕ	2.0ϕ
이형철근 SD 295 A, B		2.5ϕ	2.0ϕ
SD 345		2.5ϕ	2.0ϕ
SD 390		3.0ϕ	2.5ϕ
SD 490		3.5ϕ	3.0ϕ

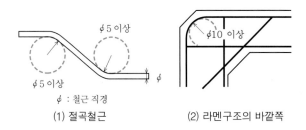

ϕ 5 이상 ϕ 5 이상 ϕ 10 이상 ϕ

ϕ : 철근 직경

(1) 절곡철근   (2) 라멘구조의 바깥쪽

침입도 시험

●●●●●
아스팔트의 경도를 판정한다.

1. 시험 방법

① 시료의 준비로서 석유아스팔트를 간접적으로 가열하고 뒤섞어 유동성을 유지
  시키고 1~1.5시간 방치하고 25±0.1℃의 항온수조 속에 1~1.5시간 넣어 둔
  다.

② 침입도계를 수평으로 거치하고 항온수조 속에서 삼각대 위에 시료를 두고 항
  온수조를 시험대 위에 놓는다.

③ 침을 유지기구에 붙이고 랙(rack)을 올려 다이얼 게이지의 눈금을 0에 일치시
  킨다.

④ 스토퍼를 눌러 자중으로 5초간 진입시킨다. 0.5까지 다이얼 게이지를 읽는다.

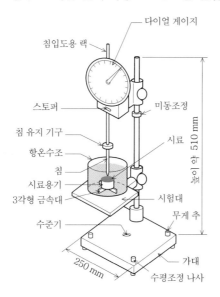

2. 결과 정리

동일 시료 용기에 대하여 침입도를 3회 측정한다. 측정치의 최대값과 최소값의
차가 허용차를 만족하면 3회 평균값을 아스팔트 침입도로 한다.

최대와 최소의 차의 허용량

(단위 : 0.1mm)

측정값 평균	허용차
0~50 미만	2.0
50 이상~150 미만	4.0
150 이상~250 미만	6.0
250 이상	8.0

측정 결과

관입량 [0.1mm]	제1회 95
	제2회 93
	제3회 93
평균 침입도	94

3. 결과 이용

(1) 포장용 아스팔트의 배합설계에 사용한다.

(2) 줄눈재 등은 공기를 보내 주며 블론 아스팔트로 침입도를 조정하여 사용한다.

포장용 석유아스팔트의 품질 규격

항목 \ 종류		40~60	60~80	80~100
침입도 (25℃)	[1/10 mm]	40 초과 60 이하	60 초과 80 이하	80 초과 100 이하
연화점	[℃]	47.0~55.0	44.0~52.0	42.0~50.0
신도 (15℃)	[cm]	10 이상	100 이상	100 이상
3염화에탄 가용분	[%]	99.0 이상	99.0 이상	99.0 이상
인화점	[℃]	260 이상	260 이상	260 이상
박막가열무게 변화율	[%]	0.6 이상	0.6 이상	0.6 이상
박막가열 침입도 잔유물	[%]	58 이상	55 이상	50 이상
증발 후의 침입도 비	[%]	110 이상	110 이상	110 이상
밀도 (15℃)	[g/cm³]	1.000 이상	1.000 이상	1.000 이상

(일본도로협회규격)

신도 시험

• • • • •

도로를 포장한 아스팔트의 열화 정도를 판단하고 아스팔트의 균열 발생 여부를 예
측한다.

1. 시료 준비

① 아스팔트를 전체적으로 천천히 가열하여 균질의 시료로 만든다.

② 금속판 위에 실리콘 그리스 등을 도포하고 몰드를 금속판 위에 조립한다.

③ 시료를 몰드 내에 유입시키고 30~40분 실온으로 식힌 다음 항온수조에 30분
담근다.

④ 금속판과 함께 꺼내 따뜻하게 한 칼로 거푸집에서 솟아오른 시료를 잘라내고
다시 항온수조에 1시간 담근다.

⑤ 측벽 철물을 떼어내고 철물의 구멍을 신도시험기의 지주에 끼워넣는다.

2. 시험 방법

① 금속판 위에 몰드를 조립하여 아스팔트를 유입시키고 30~40분 방치한다.

② 금속판에 올려 놓은 그대로 15±0.5℃의 항온수조에 넣고 1~1.5시간 방치한
다.

③ 신도 시험기의 수조 안에 있는 지주에 몰드 구멍을 세팅하고 측벽 철물을 떼어
낸다.

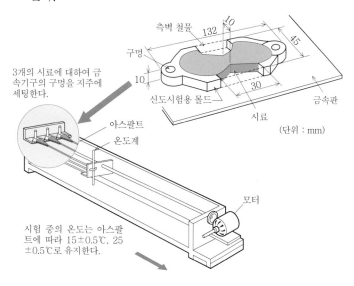

④ 시험기의 지침을 0에 맞추고 5±0.25/min의 속도로 당긴다. 도중에 뜨거나 가라앉는 것이 있을 때에는 염화나트륨 또는 메틸알코올을 첨가한다.

3. 결과 정리

측정한 데이터의 기록은 오른쪽 표와 같다. 일본도로협회에서는 다음과 같이 정하고 있다. 다만 JIS에는 이들의 규정은 없다.

(1) 신도가 100cm를 넘을 때는 신도 100으로 기록한다.

(2) 1~2개가 100cm 미만에서 끊어져도 시험을 계속하며, 최대와 최소의 차가 30cm 이상일 때도 재시험을 한다.

시 료		스트레이트 아스팔트
가열시의 온도	[℃]	105
식혔을 때의 온도	[℃]	20.5
항온수조의 온도	[℃]	15.0
시험온도	[℃]	15±0.2
신도 [cm]	제1회	90
	제2회	94
	제3회	끊어지지 않음 (100)
	평균	94 이상

4. 결과 이용

(1) 아스팔트 종류의 분류
- 스트레이트 아스팔트 5~10cm
- 블론 아스팔트 0~3cm

(2) JIS에는 신도 시험의 허용량에 대한 규정이 없다.

(3) 도로포장의 열화한 아스팔트는 15° 신도에서 20cm 정도이며, 이러한 장소에서는 균열이 보이지 않는다.

★ 연화점 시험

• • • • •

링에 올려 놓은 시료 위에 강구를 놓고 일정한 비율로 온도를 상승시켜 시료가
25.4cm 늘어졌을 때의 온도(연화점 온도)로 아스팔트의 융점을 조사한다.

1. 시험 준비

낮은 온도로 융해한 시료를 링에 붓고 30분간 냉각하고 항온수조에서 30분간 냉
각한다.

2. 시험 방법

① 끓인 후 5℃로 냉각하여 증류수 가열기에 넣는다.
② 시료가 채워진 링에 강구를 놓아 시료선반에 위치시킨 다음 15분간 정치한다.
③ 매분 5℃ 정도로 온도를 상승시켜 시료가 25.4cm 늘어져 밑판에 닿았을 때의
수온을 측정한다.

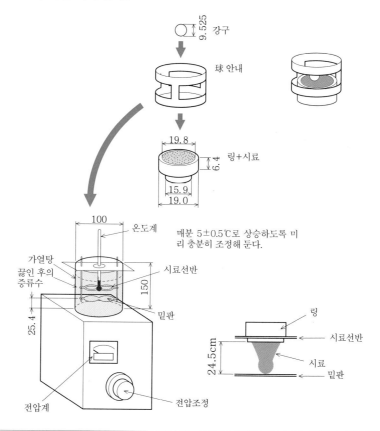

강구 9.525

球 안내

19.8 6.4 링+시료
15.9
19.0

100 온도계
가열탕
끓인 후의 증류수
시료선반
150
밑판
25.4
전압계 전압조정

매분 5±0.5℃로 상승하도록 미
리 충분히 조정해 둔다.

링
시료선반
24.5cm
시료
밑판

주) 아스팔트는 100℃ 이상의 온도가 되기 때문에 화상이나 화재에 충분히 주의할 것. 시험 후에도 사용한 기구 등의 온도가 고온으로 되어 있기 때문에 접촉에 의한 화재나 인화 등의 사고가 일어나기 쉬운 상태이다.

3. 결과 정리

(1) 연화점 : 동일 시료 용기에 대하여 3회 측정한다. 허용범위에 있으면 평균값을 연화점으로 한다. 아래의 허용차를 넘어서는 안 된다.

(2) 허용차

침입도	허용차 [℃]
80℃ 이하	1.0
80℃를 넘는 것	2.0

① 시료 가열시 온도 [℃]		98
② 실온으로 냉각 [℃]		22
③ 연화점 [℃]	제1회	47.5
	제2회	48.0
	평균	47.3
④ 가열 용액의 종류	끓인 후 냉각시킨 증류수	

마샬 안정도 시험

• • • • •

아스팔트 혼합물이 하중을 받았을 때의 변형에 대한 유동저항을 조사하기 위해 공시체를 압축시키고, 강도(안정성), 변형량(플로 값)을 구하여 배합설계에 이용한다.

1. 공시체 제작

(1) 가열기로 아스팔트 혼합물의 골재를 160~170℃로 가열하고, 여기에 150~158℃로 가열한 아스팔트를 아스팔트양이 전체 무게의 4.5, 5.0, 5.5, 6.0%가 되도록 계량하면서 투입한다.

(2) 잘 혼합하여 몰드에 채우고 양면 50회씩 래머로 다진다.

(3) 시료를 빼내서 12시간 방치한다.

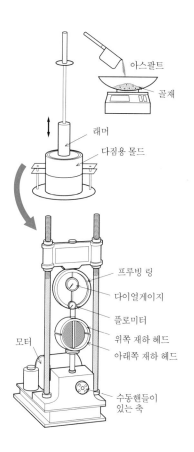

2. 안정도 시험

공시체를 재하 헤드에 설치하여 매분 5mm로 압축하고, 최대하중의 눈금[N]과 플로미터의 눈금[1/100cm]을 읽는다.

3. 결과 정리

다음 결과를 기록한다.

① 공시체의 밀도 ρ [g/cm³]

② 안정도 P [kN]

③ 플로 값 F [1/100cm]

④ 사용재료의 무게, 부피

⑤ 포화도 V_{fa} [%]

⑥ 공극률 V_v [%]

이들 결과로부터 최적의 아스팔트양을 결정하고 아스팔트 혼합물의 배합을 정한다.

⑦ 설계 아스팔트양은 그림의 4개 공통 부분으로 한다.

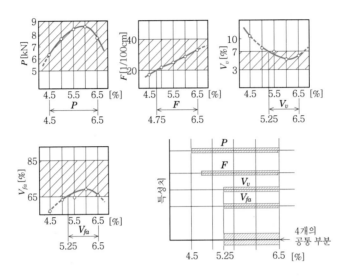

1. 원위치 시험

시험 No.	기 준	시 험 명	구하는 것	본서의 항
★1	JIS A 1219	표준 관입 시험	N값(타격 횟수)	24
★2	JIS A 1215	평판 재하 시험	K값(관입저항)	27
3	JIS A 1211	현장 CBR 시험	CBR값(관입저항)	30
4	JIS A 1221	스웨덴식 사운딩 시험	N_{sw}값 (관입저항)	33
5	JIS A 1214	모래 치환법에 의한 흙의 밀도 시험	ρ_d (밀도)	36
6	JIS A 1220	오렌드식 이중관 콘 관입 시험	q_c (관입저항)	40
7	JGS 1411	원위치 베인 전단 시험	τ_v (전단력)	44
8		탄성파 탐사	v (속도)	47
9		전기 탐사	r (비저항)	50

2. 흙 시료의 준비

시험 No.	기 준	시 험 명	구하는 것	본서의 항
10	JIS A 1201 JSF T 101	교란 시료 조제	시험시료 채취	53
11	JSF T 251	점토 광물 판정을 위한 시료 조제	시험시료 채취	56
12	JSF M 111	흙의 공학적 분류	흙의 명칭	60

3. 흙의 역학적 성질을 판단하는 시험

시험 No.	기 준	시 험 명	구하는 것	본서의 항
★13	JIS A 1210	흙의 다짐 시험	ρ_{dmax}(건조밀도) w_{opt}(최적함수비)	63
★14	JIS A 1211	실내 CBR 시험	CBR값	72
★15	JIS A 1216	일축 압축 시험	τ (전단력)	80
16	JSF T 524	삼축 압축 시험을 위한 공시체 제작		84
17	JSF T 524	삼축 압축 시험(UU 시험)		88
18	JSF T 524	삼축 압축 시험(CD 시험)	τ (전단력) ϕ (내부마찰각)	92
19	JSF T 524	삼축 압축 시험($\overline{CU}$ 시험)		96
20	JSF T 524	삼축 압축 시험(CU 시험)		100
21	JIS A 1218	흙의 정수위 투수 시험	k (투수계수)	104
22	JIS A 1218	흙의 변수위 투수 시험	k(투수계수)	107
★23	JIS A 1217	흙의 압밀 시험	δ(침하량), a_v(압축계수), t(침하시간), c_v(압밀계수)	110
24	JSF T 530	조립 재료의 삼축 압축 시험 공시체 제작	공시체	114
25	JSF T 531	조립 재료의 삼축 압축 시험(압밀 배수 : CD 시험)	τ, ϕ_d	117
26	JSF T 541	흙의 반복 비배수 삼축 압축 시험	F_1(전단저항률)	121

27	JSF T 811	안정처리 흙의 다짐에 의한 공시체 제작	공시체	125
28	JSF T 812	안정처리 흙의 정적 다짐에 의한 공시체 제작	공시체	128
29	JSF T 821	안정처리 흙의 다짐 하지 않은 공시체 제작	공시체	131
★30	JSF T 716	다짐한 흙의 콘 지수 시험	q_c(콘 지수)	134
31	JSF T 831	약액 주입에 의한 안정처리 흙의 공시체 제작	공시체	137

4. 흙의 물리적 성질을 판정하는 시험

시험 No.	기 준	시 험 명	구하는 것	본서의 항
★32	JIS A 1203 JSF T 121	흙의 함수비 시험	w(함수비)	140
★33	JIS A 1205 JIS A 1206	흙의 액성한계·소성한계 시험	w_L (액성한계) w_P (소성한계)	142
34	JIS A 1209 JSF T 145	흙의 수축한계 시험	w_s(수축한계)	145
35	JIS A 1204 JSF T 131	흙의 입도 시험	u(균등계수)	148
36	JSF T 191	흙의 습윤밀도 시험	ρ_t(밀도)	152
37	JIS A 1202 JSF T 111	흙 입자의 밀도 시험	ρ_s(밀도)	156
38	JSF T 161	모래의 최대밀도·최소밀도 시험	ρ_{max}(최대), ρ_{min}(최소)	159
39	JSF T 135	흙의 세립분 함유율 시험	P(함유율)	162

5. 흙의 화학적 성질을 판단하는 시험

시험 No.	기 준	시 험 명	구하는 것	본서의 항
40	JSF T 211	흙의 pH 시험	pH값	165
41	JSF T 151	흙의 pF 시험	pF값	169
42	JSF T 221	흙의 강열감량 시험	L_i(강열감량)	172
43	JSF T 231	흙의 유기물 함유량 시험	C_0 (함유율)	175
44	JSF T 232	흙의 부식 함유량 시험	H_u (함유량)	178
45	JSF T 241	흙의 수용성 성분 시험	S (함유량)	182

6. 골재 시험

시험 No.	기 준	시 험 명	구하는 것	본서의 항
1		골재시료의 채취	시험시료	186
★2	JIS A 1102	골재의 체가름 시험	FM(골재입도 분포)	189
3	JIS A 1111	잔골재의 표면수율 시험	P(표면수량)	193
4	JIS A 1109	잔골재의 밀도 및 흡수율 시험	ρ_s(밀도), P_s(흡수율)	197
5	JIS A 1105	잔골재의 유기불순물 시험	색상 변화의 유무	200
6	일본토목학회기준	바닷모래의 염분 함유량 시험	CL(염화물량)	203

9. 강재 시험

시험 No.	기 준	시 험 명	구하는 것	본서의 항
★38	JIS Z 2241	철근의 인장 시험	σ_s(항복강도)	299
39	JIS Z 2248	철근의 휨 시험	균열 유무	302

10. 아스팔트 시험

시험 No.	기 준	시 험 명	구하는 것	본서의 항
40		침입도 시험	매입량	305
41	JIS K 2207	신도 시험	신도	307
★42		연화점 시험	T(연화점온도)	309
43	ASTM(미국규격)	마샬 안정도 시험	P(안정도) F(플로값)	311

11. SI 단위계

```
       ┌ 7개의 기본단위
   ┌SI 단위┤ 2개의 보조단위
SI ┤       └ 다수의 유도단위(고유의 명칭을 갖는 것 19개 포함)
   └ SI 단위의 10의 거듭제곱
```

SI 기본단위

양	단위의 명칭	단위 기호
길이	미터	m
질량	킬로그램	kg
시간	초	s
전류	암페어	A
열역학적 온도	켈빈	K
물질량	몰	mol
광도	칸델라	cd

SI 보조단위

양	단위의 명칭	단위기호
평면각	라디안	rad
입체각	스테라디안	sr

SI 단위와 함께 사용할 수 있는 단위

양	단위의 명칭	단위기호	정 의
시간	분 시 일	min h d	1min=60s 1h=60min 1d=24h
평면각	도 분 초	° ′ ″	$1°=(\pi/180)$rad $1′=(1/60)°$ $1″=(1/60)′$
체적	리터	l, L	$1l=1$dm$^3=10^{-3}$m^3
질량	톤	t	$1t=10^3$kg

고유의 명칭을 갖는 SI 유도단위의 예

양	단위의 명칭	단위 기호	정 의
주파수	헤르츠	Hz	1Hz=1s^{-1}
힘	뉴턴	N	1N=1kg·m/s^2
에너지, 일	파스칼	Pa	1Pa 1Pa=1N/m^2
열량	줄	J	1J=1N·m
일률, 공률, 전력	와트	W	1W=1J/s
전기량, 전하	쿨롬	C	1C=1A·s
전압, 전위	볼트	V	1V=1J/C
정전용량	패럿	F	1F=1C/V
전기저항	옴	Ω	1Ω=1V/A

SI 접두어

단위에 곱하는 배수	접두어의 명칭	접두어의 기호	단위에 곱하는 배수	접두어의 명칭	접두어의 기호
10^{24}	요타	Y	10^{-1}	데시	d
10^{21}	제타	Z	10^{-2}	센티	c
10^{18}	엑사	E	10^{-3}	밀리	m
10^{15}	페타	P	10^{-6}	마이크로	μ
10^{12}	테라	T	10^{-9}	나노	n
10^{9}	기가	G	10^{-12}	피코	p
10^{6}	메가	M	10^{-15}	펨토	f
10^{3}	킬로	k	10^{-18}	아토	a
10^{2}	헥토	h	10^{-21}	젭토	z
10	데카	da	10^{-24}	욥토	y

12. 본 서에서 사용하는 주요 기호와 단위

기본량	예	양 기호	단위 기호
척도, 치수	길이, 높이, 깊이, 직경, 다이얼 게이지의 변위량, 슬럼프값, 침하량, 반경	$l, L, D, H, d,$ S, r, b, h	m, cm, mm, μm
무게	시료 무게, 래머 무게, 염화물 이온량	M, m, W, C, CL	kg, g
하중, 힘	압축력, 인장력, 재하하중, 안정량	P	N
압력, 응력	수압, 압밀압, 압밀응력, 인장응력, 항복응력, 휨응력, 전단강도, 콘지수	$p, q, c, f,$	N/m^2, N/mm^2, Pa
시간	경과시간	t	h, min, s
속도	관입속도, 침강속도, 재하속도	v	mm/s, cm/s
면적	공시체 단면적, 용기 단면적	A, a	mm^2, cm^2
체적	공시체 체적, 용기의 용적, 배수량, 적정량	V, v, T	l, ml, cm^2, m^2
밀도	단위체적질량, 공시체 밀도	ρ	g/cm^2, kg/m^2, g/mm^2
농도	몰농도, 농도		mol/l, g/l
온도	수온, 공시체 온도, 기온	T	℃
백분율	함수비, 물시멘트비, 변형, 오차, 실적률 공극률, 포화도, 파쇄값	$w, W/C, \varepsilon,$ A, V, G, V_c Vf_a, CV	%

기타 기호와 단위

용 어	기 호	단위 기호	용 어	기 호	단위기호
탄성계수 변형계수	E	N/m^2, N/mm^2	체적압축계수	m_v	cm^2/N
			침출액 환산 계수	f	g/ml
투수계수	k	cm/s, m/s	수소이온지수		pH
점성	η	Pa · s	증가계수	a	
중력가속도	g	m/s^2			
압밀계수	C_v	cm^2/d			

13. 그리스 문자

대문자	소문자	읽는 방법	대문자	소문자	읽는 방법	대문자	소문자	읽는 방법
A	α	알파	I	ι	이오타	P	ρ	로
B	β	베타	K	κ	카파	Σ	σ	시그마
Γ	γ	감마	Λ	λ	람다	T	τ	타우
Δ	δ	델타	M	μ	뮤	Υ	υ	웁실론
E	$\varepsilon,$	엡실론	N	ν	뉴	Φ	φ, ϕ	파이
Z	ζ	지타	Ξ	ξ	크사이	X	χ	카이
H	η	이타	O	o	오미크론	Ψ	ψ	프사이
Θ	θ	시타	Π	π	파이	Ω	ω	오메가

1. 수경성 시멘트의 표준 주도 시험 방법(KS L 5102)

(1) 적용 범위

이 규격은 수경성 시멘트의 표준 주도(稠度) 시험 방법에 대하여 규정한다.

(2) 인용 규격

다음에 나타내는 규격은 이 규격에 인용됨으로써 이 규격의 규정 일부를 구성한다.

KS L 5109 수경성 시멘트 페이스트 및 모르타르의 기계적 혼합 방법

(3) 취지 및 용도

이 규격은 시험을 위한 수경성 시멘트의 반죽을 준비하는 데 필요한 물의 양을 결정하는 데 사용된다.

(4) 장치

① 저울 : 용량 1000g

② 눈금 있는 유리 기구 : 용량 200ml 또는 250ml의 것.

③ 비카트 : 비카트(Vicat) 장치는 그림 1과 같으며, 각 부분의 치수는 다음과 같다.

    ⓐ 플런저의 무게 : 300±0.5g

    ⓑ 플런저의 굵은 끝의 지름 : 10±0.05mm

    ⓒ 침의 지름 : 1±0.05mm

    ⓓ 링 아랫부분의 안지름 : 70±3mm

    ⓔ 링 윗부분의 안지름 : 60±3mm

    ⓕ 링의 높이 : 40±1mm

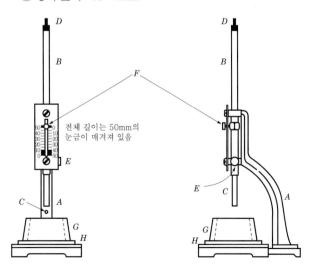

그림 1. 비카트 장치

(5) 온도와 습도

① 반죽판, 건조 시멘트, 몰드 틀 및 밑판 부근의 공기 온도는 20~27.5℃로 유지하여야 한다. 혼합수의 온도는 23±2.0℃의 범위 내에 있어야 한다.

② 시험실의 상대 습도는 50% 이상이어야 한다.

(6) 시험 방법

① 시멘트 반죽의 조제 : 시료 650g을 KS L 5109에 따라 반죽한다.

② 시험체의 성형

위 ①에 따라 준비한 시멘트 반죽은 고무 장갑을 낀 손으로 속히 구형(球形)으로 만들고, 두 손을 약 150mm 간격으로 벌려 한 손에서 다른 손으로 6번 던진다. 한쪽 손바닥 위에 올려 놓은 구를 다른 손에 쥔 원뿔형 링 (그림 1의 G)의 큰 쪽 끝으로 밀어 넣고, 링을 반죽으로 완전히 채운다. 큰 쪽 끝에 있는 여분은 손바닥으로 한 번에 떼어 낸다.

다음에 링의 큰 쪽 끝을 밑으로 하여 유리판 위에 놓고, 작은 쪽 끝에 있는 여분의 반죽은 링의 윗면에 대해서 조금 기울여 잡은 예리한 흙손 날로 한번에 경사지게 문질러 링 윗부분을 잘라낸다. 필요하다면 흙손의 뾰족한 끝을 몇 번 가볍게 대어 윗면을 매끄럽게 한다. 잘라 내고 매끄럽게 하는 작업 중 반죽을 압축하지 않도록 주의하여야 한다.

③ 표준 주도의 결정

판 위에 올려 놓은 링 안의 반죽은 그림 1의 로드(rod)의 밑에 중심을 맞추고, 그 플런저의 끝 C를 반죽의 표면에 접촉시켜 멈춤 나사 E를 쥔다. 다음에 가동 지침 F를 눈금자 위쪽에 있는 ○표에 맞추든가, 또는 처음 위치의 눈금을 읽어 놓고 혼합이 끝난 30초 뒤에 로드를 풀어 놓는다.

장치는 시험하는 동안 진동이 없어야 한다. 로드를 풀어 놓은 30초 뒤에 처음 면에서 10±1mm의 점까지 내려갔을 때의 반죽 상태를 표준 주도로 한다. 이 표준 주도를 얻을 때까지 물의 양을 변경하여 시험 반죽을 만든다. 각 시험 반죽은 새로운 시멘트로 만들어야 한다.

2. 수경성 시멘트 모르타르의 압축 강도 시험 방법(KS L 5105)

(1) 적용 범위
이 규격은 50mm의 입방 시험체를 사용한 수경성 시멘트 모르타르의 압축 강도 시험 방법에 대하여 규정한다.

(2) 장치
① 저울 용량 : 2000g
② 표준체 용량 : 297μ, 595μ
③ 메스실린더 용량 : 250ml, 500ml
④ 시험체 성형용 틀 : 50mm 입방 시험체의 틀은 물이 새지 않는 구조이어야 하며, 각 부분을 조립하였을 때는 견고하게 되어 있어야 한다. 틀은 시멘트 모르타르에 침식되지 않는 경질 금속으로, 틀의 옆면은 넓어지든가 휘어지는 일이 없도록 견고하여야 한다.
⑤ 혼합기, 혼합 용기 및 패들
혼합기는 전동 혼합기로서, KS L 5109(수경성 시멘트 반죽 및 모르타르의 기계적 혼합 방법)의 2.1, 2.2 및 2.3의 규정에 따른다(부록 B-5. (2)의 ①~③ 참조).
⑥ 플로 테이블 및 플로 틀
플로 테이블 및 플로 틀은 KS L 5111(시멘트 시험용 플로 테이블)의 규정에 따른다.
⑦ 탬 퍼
탬퍼는 비흡수성, 내마모성, 비취성인 재료로서, 단면을 13×25mm로 하여 적당한 길이(120~150mm)로 만든다. 찧는 면은 평평하여야 하며, 길이에 대하여 직각이어야 한다.
⑧ 흙손
길이 100~150mm
⑨ 시험기
시험기는 유압형이나 스크루(screw)형으로 한다.

(3) 온도와 습도
반죽판, 건조 재료, 틀, 밑판 및 혼합 용기 부근의 공기 온도는 20~27.5℃로 유지하여야 한다. 혼합수, 습기함, 습기실 및 저장 수조의 물 온도는 23±2℃이어야 한다. 시험실의 상대 습도는 50% 이상이어야 하며, 습기함이나 습기실은 95% 이상의 상대 습도에서 시험체가 저장되도록 제작되어야 한다.

(4) 표준사
시험체 제작에 사용하는 모래는 주문진산 천연사로서, KS L 5100(시멘트 강도 시험용 표준사)에 따른다.

(5) 시험체의 수
규정된 시험의 각 재령에 대하여 3개 이상씩 만들어야 한다.

(6) 시험체 틀의 준비

시험체 틀 내면은 광유(Mineral oil)나, 연한 컵 그리스(Cup Grease)를 엷게 바른다. 각 틀의 반쪽의 접촉면은 중광유(Heavy Mineral oil)나, 페트롤레이텀(petrolatum)과 같은 연한 컵 그리스를 엷게 바른다. 틀을 조립한 뒤, 각 틀의 내면 및 아래 윗면에서 여분의 기름을 닦아낸다. 다음에 틀을 비흡수성이고, 또 광유 페트롤레이텀 또는 연한 컵 그리스를 바른 밑판 위에 놓는다. 파라핀과 로진을 3 : 5의 무게비로 섞어 110~120℃로 가열하여, 이를 틀과 밑판과의 접촉선 바깥쪽에 바르면 두 사이의 수밀성을 갖게 된다.

(7) 배합 주도 및 모르타르의 혼합 반죽

표준 모르타르의 건조 재료 배합은, 시멘트와 표준사를 1 : 2.45 무게비로 섞는다. 6개의 시험체를 한 배치로 한 번에 반죽할 건조 재료의 양은 시멘트 510g에 표준사 1250g이다. 9개의 시험체를 한 배치로 한 번에 반죽할 건조 재료의 양은 시멘트 760g에 표준사 1862g이다. 혼합수의 양은 포틀랜드 시멘트는 사용 시멘트 무게의 48.5%로 하며, 기타 시멘트는 ml로 계량하고, 8.에 따라 플로가 110±5가 될만한 양으로 하고, 시멘트의 무게에 대한 백분율로서 표시한다. 혼합 반죽은 KS L 5109에 규정한 방법에 따라 기계적으로 하며, 반죽이 끝나면 혼합용 패들에 묻은 여분의 모르타르를 혼합 용기에 털어 넣는다.

(8) 플로의 결정

플로 테이블의 윗면을 깨끗이 마르게 주의해서 닦고, 플로 틀을 중앙에 놓는다. 모르타르를 약 2.5cm 두께의 층으로 하여, 틀 안에 넣고 탬퍼로 20번 찧는다. 찧는 압력은 틀에 균일하게 차는데 꼭 충분하도록 한다. 다음에 모르타르로 틀을 채우고, 처음 층에서와 같이 찧는다.

이어서 모르타르를 평면으로 잘라내고, 틀의 윗면에 맞추어 흙손은 곧은 날로 틀의 면에 거의 직각이 되게 세우고, 틀의 윗면을 따라서 톱질 운동으로 평평하게 한다. 테이블 윗면을 깨끗이 마르게 닦고, 특히 플로 틀의 변두리에서 물기를 완전히 없앤다. 반죽을 끝마친 후 1분 뒤에 틀을 모르타르로부터 들어 올린다. 즉시, 테이블을 15초 동안에 25회, 1.27cm의 높이로 낙하시킨다. 플로는 모르타르 평균 밑지름 증가를 적어도 거의 같은 간격으로 4개의 지름을 측정하여, 이것을 원지름의 백분율로 하여 표시한다. 규정된 플로를 얻을 때까지 물의 백분율을 변경하여 시험 모르타르를 만든다. 각 시험 모르타르는 새로운 시료로 모르타르를 만들어야 한다.

(9) 시험체의 성형

플로 시험이 끝나는 즉시로 모르타르를 플로 틀로부터 혼합 용기에 쏟는다. 혼합 용기의 벽에 붙은 모르타르를 속히 긁어내려 용기 안에 넣고, 전 배치를 보통 속도로 15초간 반죽한다. 모르타르 배치의 처음 반죽이 끝난 뒤로부터 2분 15초 이내에 시험체의 성형을 시작한다. 두께 약 2.5cm 모르타르 층을 모든 입방체 칸 안에 넣는다. 각 입방체 칸 안의 모르타르에 대하여 약 10초 동안에 4바퀴로 32회 찧는다. 한 바퀴마다 직각으로 방향을 바꾸고, 그림 2에 나타낸 대로 시험체 전면에 8회의 인접한 찧기를 한다. 찧는 압력은 모르타르 틀에 균일하게 차는 데 꼭 충분하도록 한다.

네 바퀴의 모르타르 찧기(32회 찧기)는 하나의 입방체를 끝낸 후 다음 것으로 옮긴다. 모든 입방체 칸에 대하여 제1층의 찧기를 끝내고, 모든 칸에 나머지 모르타르를 채우고, 제1층에서 규정한 대로 찧는다. 제2층을 찧는 동안한 바퀴마다 장갑을 낀 손가락과 탬퍼로써 밀려 나온 모르타르를 늘 위에 쌓아 올린다. 찧기가 끝났을 때는 각 입방체의 윗부분은 틀의 윗면보다 약간 나와 있어야 한다. 틀 윗면에 밀려나온 모르타르는 흙손으로 밀어 넣고, 흙손의 평평한 면을(진행 방향의 날을 약간 올리고) 틀의 길이 방향에 대하여 직각으로 각 입방체의 윗부분을 한 번 건너 당김으로써 입방체를 고르게 한다. 이어서 흙손의 곧은 날을(틀에 대하여 직각으로 대고) 틀의 길이에 따라서 톱질 운동을 하며, 당김으로써 틀의 윗면과 같은 면으로 모르타르를 잘라 맞춘다.

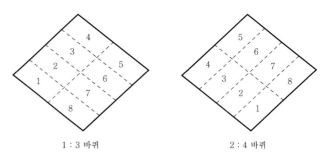

그림 2. 시험체를 성형할 때 찔는 순서

(10) 시험체의 저장

모든 시험체를 성형이 끝난 즉시로 틀에 넣은 그대로 밑판에 얹어서 습기함이나 습기실에 20~24시간 보관한다. 이 때, 윗부분 표면은 습기에 노출시키고, 물방울이 떨어지지 않도록 주의한다. 24시간 이전에 시험체를 틀에서 빼어 냈을 때는 24시간이 될 때까지 습기함이나 습기실 선반 위에 보관하고, 24시간 시험을 할 때만 제외하고는 시험체를 불침식성 재료로 만든 저장용 수조의 깨끗한 물 안에 담가 놓는다. 저장용 물은 자주 바꿔 넣어 깨끗이 해 놓아야 한다.

(11) 시험 방법

24시간 시험체에 대하여는 습기함에서 꺼내 놓은 직후, 그 이외의 시험체는 저장수에서 꺼내는 직후에 시험을 한다. 모든 시험체는 주어진 시험 기간 내(24시간±0.5시간, 3일±1시간, 7일±3시간, 28일±12시간)에 시험을 하여야 한다. 24시간 시험을 하기 위하여 습기함에서 1개보다 많은 시험체를 끄집어냈을 때는, 이것들을 시험할 때까지 젖은 헝겊으로 덮어 놓아야 한다. 만약, 시험을 하기 위하여 저장수에서 1개보다 많은 시험체를 끄집어냈을 때는, 이것들을 23±2℃ 온도의 물이 있는 용기에 넣어 완전히 잠기도록 해 두어야 한다.

각 시험체는 표면이 건조 상태가 되도록 물기를 닦고, 시험기의 지지 블록(Bearing Block)과 접촉 할 면에 붙어 있는 모래알이나 다른 부착물을 없게 한다. 이들 면은 곧은자를 사용해 검사한다. 만약, 눈에 띨 만큼 굽어 있으면, 그 면을 평평하게 만들거나, 그 시험체를 버린다. 하중은 틀의 정확한 평면과 접촉하고 있는 시험체 면에 대해서 부하한다. 시험체는 시험체의 윗부분 지지 블록의 중심에 맞추도록 주의한다. 쿠션재나 벳재는 사용하면 안 된다. 예측하는 최대 하중이 1350kg 이상인 시험체에 대하여는, 그 예측하는 초기 부하의 1/2까지는 임의의 속도로 하여도 좋다. 예측하는 최대 하중이 1350kg보다 작은 시험체에 대하여는 초기 부하를 가해서는 안 된다. 따라서, 하중 부하의 속도는 그 나머지 하중을(예측하는 최대 하중이 1350kg보다 작을 때는 전 하중) 끊임없이 가하여 시험체가 파괴되도록 한다. 이 때, 최대 하중이 20초 이상 80초 이내에 미치는 속도로 가한다. 시험체가 파괴 직전에 급속히 변형하고 있을 때는 시험기를 다루는 데 있어서 조절을 할 필요가 없다.

(12) 계산

시험기가 나타낸 최대 총 하중을 기록하고, 그 압축 강도를 N/mm²으로 계산한다.

시험한 전 시험체 중에서 평균값보다 10% 이상의 강도차가 있는 시험체는 압축 강도의 계산에 넣지 않는다.

3. 길모어 침에 의한 시멘트의 응결 시간 시험 방법(KS L 5103)

(1) 적용 범위

이 규격은 길모어 침에 의한 시멘트의 응결 시간 시험 방법에 대하여 규정한다.

이 규격의 관련 규격은 다음과 같다.

KS L 5109 수경성 시멘트 반죽 및 모르타르의 기계적 혼합 방법

(2) 장치

① 저울 : 용량 1000g

② 메스실린더 : 용량 150~200ml

③ 길모어 침 : 그림 3과 같으며 다음 조건에 맞아야 한다.

ⓐ 초결 침 : 무게 113.4±0.5g, 지름 2.12±0.05mm

ⓑ 종결 침 : 무게 453.6±0.5g, 지름 1.06±0.05mm

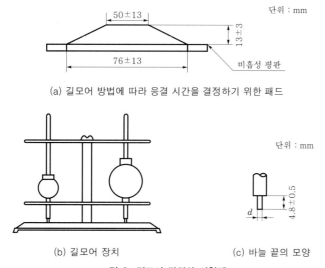

(a) 길모어 방법에 따라 응결 시간을 결정하기 위한 패드

(b) 길모어 장치   (c) 바늘 끝의 모양

그림 3. 길모어 장치와 시험체

(3) 온도와 습도

반죽판, 건조 시멘트 및 길모어 침 부근의 공기 온도는 20~27.5℃로 유지하여야 한다. 혼합수 및 습기함이나 흡기실의 온도는 23±2.0℃ 범위 내에 있어야 한다.

시험실의 상대 습도는 50% 이상이어야 하며, 습기함이나 습기실은 시험체를 90% 이상의 상대 습도에서 저장할 수 있는 구조이어야 한다.

(4) 시멘트 반죽 조제

KS L 5109의 5.에 따른다(부록 B-5. (5) 참조).

⑸ 시험 방법

① 시험체의 성형

위 ⑷의 방법으로 조제한 시멘트 반죽으로 약 10cm 정사각형의 깨끗한 유리판 위에 밑면 지름이 약 7.5cm, 윗면 지름은 약 5.0cm, 중앙면의 두께가 약 1.3cm이고, 바깥쪽으로 갈수록 점점 얇은 패드를 만든다[그림 3 (a) 참조].

패드를 만드는 데는 처음에 시멘트 반죽을 유리판 위에 편편하게 놓고 패드의 바깥쪽에서 안쪽으로 훑는 것 같이 흙손질을 하여 만든 뒤 윗면을 편편하게 한다. 이와 같이 하여 만든 패드는 습기함이나 습기실 안에 넣고 응결 시간을 측정하는 시간 이외에는 정치하여 둔다.

② 응결 시간의 결정

응결 시간을 측정하는 데는 침을 수직 위치로 놓고 패드의 표면에 가볍게 댄다. 알아 볼 만한 흔적을 내지 않고 패드가 길모어의 초결 침을 받치고 있을 때를 시멘트의 초결로 하고, 길모어 종결 침을 받치고 있을 때를 시멘트의 종결로 한다.

4. 비카트 침에 의한 수경성 시멘트의 응결 시간 시험 방법(KS L 5108)

(1) 적용 범위

이 규격은 비카트 침에 의한 수경성 시멘트(이하 시멘트라 한다.)의 응결 시간 시험 방법에 대하여 규정한다.

(2) 인용 규격

다음에 나타내는 규격은 이 규격에 인용됨으로써 이 규격의 규정 일부를 구성한다.

KS L 5102 수경성 시멘트의 표준 주도 시험 방법

KS L 5109 수경성 시멘트 반죽 및 모르타르의 기계적 혼합 방법

(3) 장치

KS L 5102에 따른다.

(4) 온도와 습도

반죽판 건조 시멘트 몰틀 및 밑판 부근의 공기 온도는 20~27.5℃로 유지하여야 한다. 혼합수의 온도는 23±2℃의 범위 내에 있어야 한다. 시험실의 표준 습도는 50% 이상이어야 한다. 습기함이나 습기실은 시험체를 90% 이상의 표준 습도에서 저장할 수 있는 구조이어야 한다.

(5) 시멘트 반죽의 조제

시멘트 시료 500g을 KS L 5109의 5.에 따른다(부록 B-5. (5) 참조).

(6) 시험 방법

① 시험체의 성형

위 (5)에 따라 준비한 시멘트 반죽은 고무장갑을 낀 손으로 속히 구형으로 만들어 두 손을 약 150mm 간격으로 벌리어, 한 손에서 다른 손으로 여섯 번 던진다. 한쪽 손바닥 위에 올려 놓은 구를 다른 손에 쥔 원추형 링 G의 큰 쪽으로 밀어 넣고, 링을 반죽으로 완전히 채운다. 큰 쪽 끝에 있는 여분은 손바닥으로 한 번에 떼어 낸다. 다음에 링의 큰쪽 끝을 밑으로 하여 유리판 위에 놓고, 작은 쪽 끝에 있는 여분의반죽은 링의 윗면에 대하여 조금 기울여 잡은 예리한 흙손 날로 한 번에 경사지게 문질러, 링 윗부분을 잘라 낸다. 만약 필요하다면 흙손의 뾰족한 끝을 몇 번 가볍게 대어 윗면을 매끄럽게 한다. 잘라내고 매끄럽게 하는 작업 중에 반죽을 압축하지 않도록 주의하여야 한다. 성형이 끝나면 곧 습기함이나 습기실 안에 시험체를 놓아 두고, 응결 시간을 측정하는 시간 이외에는 꺼내지 않는다. 시험할 동안 시험체는 원추형 몰드 안에 들어 있어야 하고, 유리판 위에 올려 놓여져 있어야 한다.

② 응결 시간의 결정

시험체는 성형한 다음 30분 동안 움직이지 않고, 습기함 속에 넣어 두어 응결할 시간을 준다. 30분 후부터 15분마다(제3종 시멘트는 10분 마다) 1mm의 침으로 25mm의 침입도를 얻을 때까지 시험한다. 침입도 시험에 있어서는 로드(rod) 아래에 있는 침 D의 끝을 시멘트 반죽의 표면에 접촉시킨다. 멈춤 나사 E를 조이고, 지침

F를 눈금자의 윗쪽 끝에 맞추든지 처음 위치의 눈금을 읽어 둔다.

멈춤 나사 E를 늦추어 빨리 로드를 풀어 놓고 30초 동안 바늘이 내려가도록 하여 침입도를 결정한다.(만약 초기에 반죽이 너무 연하다면 바늘이 휘어지므로 로드의 낙하를 뒤로 미루어야 하며, 로드는 실제 응결 시간을 측정할 때에만 멈춤 나사를 풀어 놓는다.) 침입도 시험은 이미 시험은 이미 시험한 곳의 어떤 곳에서나 6mm 이내로 접근시키면 안 되며, 몰드 내면에 9mm 이내로 접근시켜도 안 된다. 매번 시험한 침입도의 결과를 기록하고, 25mm의 침입도가 되었을 때까지의 시간을 초결 시간으로 하고 완전히 침의 흔적이 나타나지 않을 때를 종결 시간으로 한다.

5. 수경성 시멘트 페이스트 및 모르타르의 기계적 혼합 방법(KS L 5109)

(1) 적용 범위
이 규격은 수경성 시멘트 반죽 및 모르타르의 기계적 혼합 방법에 대하여 규정한다.

(2) 장치
① 혼합기
혼합기는 공전과 자전 운동을 하는 전동 혼합기로서, 혼합기 패들이 공전 운동과 동시에 자전 운동을 주는 것이어야 한다. 혼합기는 적어도 두 단계의 속도가 기계적 방법으로 조절 가능해야 한다.
② 패들
패들은 스테인리스 강제로서 떼어 내기가 쉬워야 하며, 그림 4에 나타낸 기준 설계에 맞아야 한다.

단위 : mm

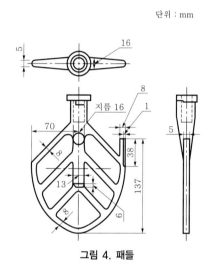

그림 4. 패들

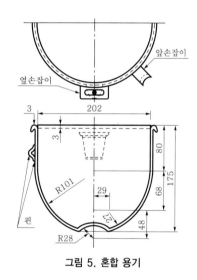

그림 5. 혼합 용기

③ 혼합 용기
혼합 용기는 스테인리스 강제로서 떼어낼 수 있어야 하고, 공칭 용량은 5.7l이며, 그림 5에 나타낸 모양과 한계 치수에 맞아야 한다. 용기는 혼합 조작 중 고정된 위치에서 견고하게 유지되어 있도록 하여야 한다. 시멘트에 의해 침식되지 않는 비흡수성 물질로 된 뚜껑을 준비하여야 한다.
④ 스크레이퍼
스크레이퍼는 반강성 고무날로 되어 있고, 길이 약 150mm의 자루가 달려 있어야 한다. 날은 길이가 약 75mm, 폭이 50mm로서 끝의 두께가 약 2mm로 얇은 것이어야 한다.

(3) 온도 및 습도
실온은 20~27.5℃로 유지하고, 건조 재료 패들 및 혼합 용기의 온도는 시험할 때 위에 규정한 범위 이내이어야 한다. 혼합수의 온도는 23±2.0℃이어야 한다.

시험실의 상대 습도는 50% 이상이어야 한다.

(4) 재료 배합 및 주도

재료와 그 배합비 및 양은 페이스트와 모르타르를 사용할 특정 시험 방법의 규정에 따라야 한다.

(5) 페이스트의 혼합 방법

건조한 패들 및 혼합 용기는 제자리에 놓는다. 다음에 1 배치의 재료를 다음 순서에 따라 혼합한다.

① 혼합수 전량을 혼합 용기 안에 붓는다.

② 시멘트를 물 안에 넣고 물을 흡수하도록 30초 동안 둔다.

③ 혼합기를 시동하여 30초 동안 제1속으로 혼합한다.

④ 혼합기를 정지하고 15초 동안에 반죽 전부를 긁어내려 모아 놓는다.

⑤ 혼합기를 제2속으로 변동하며 60초 동안 혼합한다.

(6) 모르타르의 혼합 방법

건조한 패들 및 혼합 용기를 혼합기의 제자리에 놓는다. 다음에 1 배치의 재료를 다음 순서에 따라 혼합한다.

① 혼합수 전량을 혼합 용기 안에 붓는다.

② 시멘트를 물 안에 넣고 혼합기를 시동하여 제1속으로 30초 동안 혼합한다.

③ 제1속으로 혼합하고 있는 동안 30초에 걸쳐 모래 전량을 서서히 가한다.

④ 혼합기를 정지하고 제2속으로 바꾸어 30초 동안 혼합한다.

⑤ 혼합기를 정지하고 모르타르를 90초 동안 방치한다. 이 기간의 처음 15초 동안에 용기의 측면에 부착한 모르타르를 전부 배치 안에 긁어내려고 이 기간의 나머지 시간은 용기에 뚜껑을 덮어 둔다.

⑥ 제2속으로 60초 동안 혼합하고 혼합을 끝마친다.

⑦ 재혼합을 요할 때에는 용기의 뒷면에 부착된 모르타르 전부를 재혼합 전에 스크레이퍼로 속히 배치 안에 긁어 내려야 한다.